泡の物理

大塚 正久・佐藤 英一・北薗 幸一
共 訳

内田老鶴圃

The Physics of Foams
by
Denis Weaire and Stefan Hutzler
Originally published in English in 2000, under the title
The Physics of Foams
This translation is published by arrangement with Oxford University Press
© Denis Weaire and Stefan Hutzler 2000

The Physics of Foams

DENIS WEAIRE

and

STEFAN HUTZLER

Department of Physics
Trinity College, Dublin

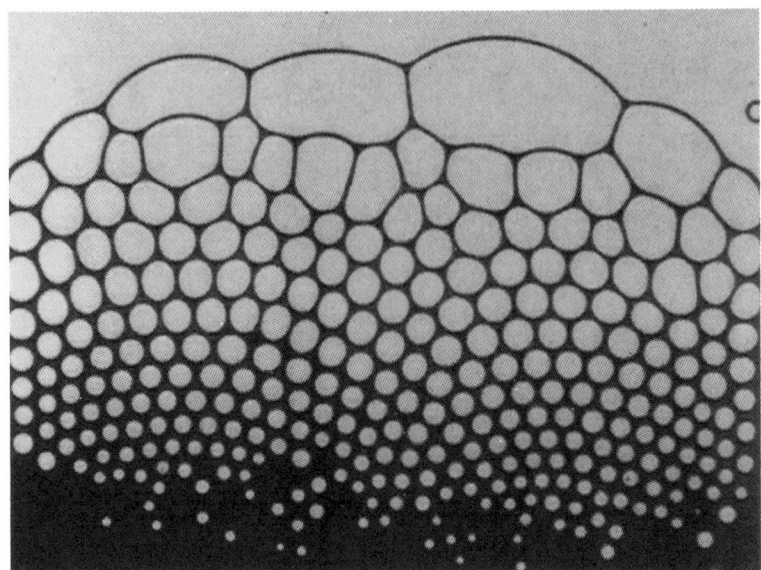

Elias, F., Bacri, J.-C., Henry de Mougins, F. and Spengler, T. (1999). Two-dimensional ferrofluid foam in an external force field: gravity arches and topological defects, *Philosophical Magazine Letters* **79**, 389–397.

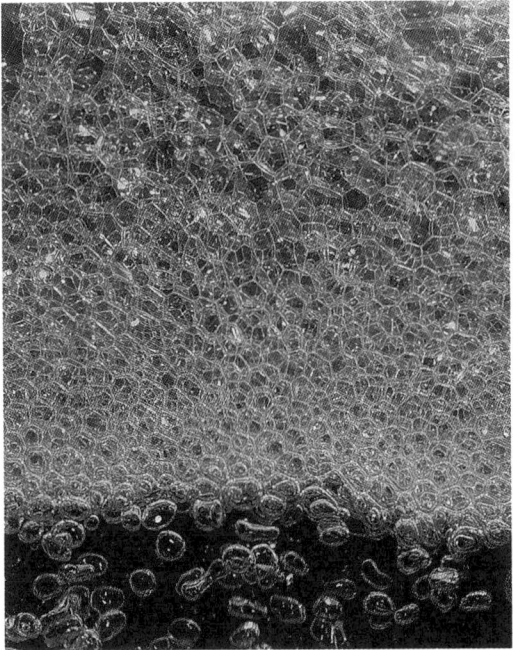

Cilliers, J. による

訳者まえがき

本書は，D. Weaire and S. Hutzler 著，*The Physics of Foams*（Oxford University Press, 1999）の邦訳である．

古来，泡の安定構造問題は，Plateau，Euler，Laplace，Young，Kelvin，Boyleら碩学の注意を引き，その名を冠した法則や用語も多い．タイトルに foam または soap を含む専門書は十指に余る．

著者らは本書において，それらの成果を踏まえつつ，1994年と1996年に欧州で開催された Foams Euroconference での発表論文や自らの研究成果を中心に，泡の集合体（フォーム）の物理的および幾何学的性質を簡潔にまとめている．19世紀末以来の懸案だったいわゆる Kelvin 問題「Kelvin 14 面体は表面エネルギー最小の多面体か」に対し，コンピュータシミュレーションによる否定的な解答を提示するなど，他書にはない重要な知見が盛り込まれている．金属学者 C. S. Smith が 2 次元石けんフォームの挙動から結晶粒成長をモデル化したことに言及しているのも，著者らの慧眼といえよう．

本書では，身近に例が多く，実験や解析が比較的容易な液体フォームの物理に主眼を置いている．このため，材料工学的に重要な固体フォームに関する記述は少ない（第16章）が，例えば溶解鋳造法などで作成したメタルフォームのセル構造を理解する際にも，本書の知識は大いに役立つであろう．

ところで，著者らが「固体フォーム分野の古典」とみなし，本書で何度か引用してもいる L. J. Gibson and M. F. Ashby, *Cellular Solids*（*Structure and Properties*）を，訳者の一人が『セル構造体』と題して上梓したのは1993年である．当時，専門誌に掲載される固体フォームの論文はごく少なかったが，その後の10年間で状況は一変し，固体フォームは材料工学の主要な研究対象としての地位を固めつつある．本書の出版がこの分野の更なる発展の契機になれば幸いである．

内容が特異で販路を見通しにくい原書の翻訳出版を英断したのは内田老鶴圃の内田悟社長であり，編集・校正の過程で名人芸を発揮したのは同社編集部の笠井千代樹氏

である．両氏にこの場を借りて厚くお礼申し上げる．

2004年5月

訳者一同

序　文

「よどみに浮かぶうたかたは，かつ消えかつ結びて，久しくとどまりたるためしなし．世中にある人と栖と，又かくのごとし」

（方丈記，1212 年）

　　鴨　長明は人生の移ろいやすさを，川面に生まれては消える泡にたとえてこのように記した．このことは我々が日夜取り組んでいる科学研究の多くにも当てはまるだろう．

　　とはいえ，普遍的な価値を有するものが少しはあってほしい，とも人は思う．物理学を客観的に調べればそのような期待が時には過剰でないことがわかる．

　　本書のようなテキストでは，泡に関わる初等的知識を必要とする読者のために，なるべく永続きする記述素材を集め，それに首尾一貫した描像を与えることが求められる．

　　著者らは本書において，これまでの研究成果すべてを網羅するのではなく，1994年と1996年のFoams Euroconferenceに参加した広い分野の研究者仲間の仕事を中心にまとめる方法をとった．その中には，初期の仕事がほとんど知られていない東欧やロシアの物理学者や化学者も含まれている．

　　また，本書では特定の文献よりも一般性の高い書誌文献を選んだ．ただし，図表を直接引用する場合や，2次的文献を介しては原典にたどり着けない場合はそれにこだわらず，必要に応じて本文中に出典を明記した．

　　本書を上梓するに際し，各方面から支援をいただいた．修士論文と博士論文から重要な研究成果を引用させていただいた F. Bolton 氏と R. Phelan 氏，校正を担当いただいた S. Cox 氏，表紙をデザインされた E. O'Carroll 氏に深甚なる謝意を表したい．また，次の方々にも厚くお礼申し上げる．J. Banhart, V. Bergeron, G. Bradley, K. Brakke, B. de Bruijn, R. Crawford, P. Curtayne, D. Durian, J. Earnshaw, F. Elias, S. Findlay, M. A. Fortes, K. Fuchizaki, J. Glazier, I. Goldfarb, J. Kelly, J. P. Kermode, A. M. Kraynik, R. Lemlich, S. McMurry, C. Monnereau, M. in het Panhuis, V. Pertsov, N. Pittet, H. M. Princen, G. Rämme, S. Shah, J. Sullivan, J.

Uhomoibhi, M. F. Vaz, G. Verbist，および HCM のネットワーク FOAMPHYS の全メンバー．

なお，本書は Enterprise Ireland（アイルランド政府）と Shell 財団から財政支援を受けた．

Dublin にて
1999 年 1 月

著　者

目　　次

訳者まえがき ……………………………………………………………… i
序　　文 …………………………………………………………………… iii

1 序　　論 ……………………………………………………………… 1

1.1 楽しい実験　*1*
1.2 本書の構成　*4*
1.3 フォームの構造要素　*6*
1.4 準安定性　*9*
1.5 フォームの基本的性質　*11*
　　固体でもあり液体でもあるフォーム　　排水　　気泡の粗大化　　気泡の崩壊
1.6 長さと時間のスケール　*14*
1.7 前史　*16*
1.8 プロトタイプとしてのフォーム　*19*
参考文献　*20*

2 局所平衡則 …………………………………………………………… 23

2.1 Laplace の法則　*23*
2.2 2 次元の Laplace の法則　*25*
2.3 Plateau の法則　*26*
2.4 Plateau 境界ジャンクションにおける Laplace の法則　*28*
2.5 気泡の相互作用　*28*
参考文献　*30*

3 フォーム構造の定量的記述 … 31

3.1 二,三の必要な定義　*31*

3.2 統計学　*32*

3.3 そのほかの定理と関係式　*34*

Aboav-Weaire則　2次元フォームにおける曲率の総和　3次元フォームにおける曲率の総和　Eulerの式　Eulerの式の2次元ウェットフォームへの適用

3.4 位相幾何学的な変化　*38*

3.5 ドライフォームの極限からの体系的な拡張　*40*

3.6 位相幾何学的な変化の定量的記述　*41*

3.7 浸透圧　*43*

3.8 頂点の安定性　*45*

3.9 他の不安定性　*46*

3.10 ウェットフォームの多重頂点　*47*

3.11 表面での液相体積率　*50*

4 フォームの製造法 … 51

4.1 フォームの組成　*51*

4.2 フォームの製造法　*52*

4.3 ガス吹き込み法で気泡を作る（二,三の助言）　*55*

4.4 フォームの試験法　*55*

4.5 微小重力下でのフォーム　*57*

4.6 2次元フォーム　*58*

参考文献　*60*

5 フォーム構造の視覚化と探査 … 61

5.1 Matzkeの実験　*61*

5.2 可視化と光学トモグラフィ　*62*

5.3 Archimedesの原理　*68*

5.4　キャパシタンスと電気抵抗の分離測定　*69*

　　　　　キャパシタンスの測定　　コンダクタンス測定

　　5.5　MRI　*73*

　　5.6　光ファイバによる計測　*75*

　　5.7　膜厚の光学的測定　*77*

　　5.8　光の散乱　*78*

　　5.9　蛍光　*80*

　　参考文献　*81*

6　モデル化とシミュレーション　……………………………… *82*

　　6.1　2次元ドライフォームのシミュレーション　*82*

　　6.2　2次元ウェットフォーム　*84*

　　6.3　3次元フォーム　*85*

　　6.4　そのほかのフォームのモデル　*88*

　　　　　頂点モデル　　Q-Pottsモデル

　　6.5　気泡間相互作用に基づくモデル　*93*

　　参考文献　*94*

7　粗　大　化　……………………………………………………… *95*

　　7.1　スケーリング則の予測　*95*

　　7.2　Neumann則　*98*

　　7.3　スケーリング則の観察　*100*

　　7.4　遷移領域　*103*

　　7.5　ウェットフォームの粗大化　*105*

　　7.6　3次元セルの統計量　*106*

　　7.7　粗大化理論　*106*

　　7.8　混合気体のフォームの粗大化　*108*

　　参考文献　*109*

8　粘性挙動 ……………………………………………………………… 110

8.1　軟らかい物質としてのフォーム　*110*
8.2　異なった様式のせん断　*113*
8.3　ドライフォームの極限　*113*
8.4　塑性変形領域　*115*
8.5　ウェットフォーム　*116*
8.6　ウェットフォームの限界　*116*
8.7　なだれ現象　*118*
8.8　粘性挙動測定　*120*
8.9　繰り返しひずみ試験による弾性率の決定　*121*
8.10　クリープ　*122*
8.11　ひずみ速度依存性　*122*
　　　極低速度での挙動　　準静的描像
参考文献　*125*

9　フォームの電気伝導 ……………………………………………… 126

9.1　電気伝導のモデル　*126*
9.2　フィルムの影響　*128*
9.3　電気伝導度の有用性　*129*

10　重力下での平衡 …………………………………………………… 131

10.1　垂直方向の密度分布　*131*
10.2　重力下での気泡の大きさ選別　*133*

11　フォームの排水 …………………………………………………… 136

11.1　均一な排水　*136*
　　　Poiseuille 流れ　　Plateau 境界内の重力による流れ　　フォームの排水と電気伝導との類似性　　フォームの排水性の定式化

11.2　強制排水における孤立波　*141*
　　11.3　フォームの排水方程式　*142*
　　11.4　自由排水　*145*
　　11.5　定量的予測　*146*
　　11.6　排水方程式の限界　*147*
　　11.7　ジャンクション部律速の排水　*148*
　　11.8　定常的排水の不安定性　*149*
　　11.9　排水状況の実験的測定　*150*
　　参考文献　*153*

12　フォームの崩壊　　**154**

　　12.1　表面張力と膜の安定性　*154*
　　12.2　膜内部の力　*156*
　　12.3　膜の薄化　*157*
　　12.4　膜の安定性と破壊　*159*
　　12.5　発泡抑制剤　*160*
　　参考文献　*161*

13　規則フォーム　　**162**

　　13.1　規則性と不規則性　*162*
　　13.2　2次元規則フォーム　*162*
　　13.3　3次元単分散フォームの表面　*164*
　　13.4　3次元規則フォーム：Kelvin 問題　*164*
　　13.5　3次元単分散ドライフォームの新しい理想的構造　*170*
　　13.6　実験的観察　*172*
　　13.7　関連する規則構造　*173*
　　13.8　単分散ウェットフォーム　*173*
　　13.9　表面セルと板状フォーム　*175*
　　13.10　ミツバチのジレンマ　*177*
　　13.11　柱状フォーム　*178*

13.12 フラクタルフォーム　*182*
参考文献　*184*

14　液体フォームの応用法　……………………………………*186*

14.1　ビールとシャンペン　*187*
14.2　食物フォーム　*187*
14.3　フォーム分留　*188*
14.4　浮遊選鉱　*188*
14.5　消火用フォーム　*188*
14.6　石油回収におけるフォーム　*190*
参考文献　*190*

15　フォームと類似の物理系　……………………………………*191*

15.1　巨大フォームと微小フォーム　*191*
15.2　粒成長　*191*
15.3　エマルジョン　*194*
15.4　2次元の磁性泡　*195*
15.5　Langmuir 単分子層　*199*
15.6　アンチバブル　*201*
参考文献　*203*

16　固体フォーム　……………………………………………*205*

16.1　軽量で多機能の材料　*205*
16.2　固体フォームの製造　*207*
16.3　機械的性質　*208*
16.4　シミュレーションのための2次元モデル　*209*
16.5　熱伝導度　*212*
16.6　不均一な固体フォーム　*215*
16.7　金属フォーム　*215*

参考文献　*220*

17　いくつかの天然フォーム……………………………………………*221*

17.1　海の嵐　*221*
17.2　生物のセル　*222*
17.3　コルク　*223*
17.4　アワフキムシ　*224*
17.5　海綿骨　*224*
参考文献　*226*

18　おわりに……………………………………………………………*228*

付　　録…………………………………………………………………*231*

A　単一の石けん膜および石けん泡の形状―物理と数学　*231*
B　Lamarle の定理　*234*
C　バブルクラスター　*237*
D　修飾定理　*239*
E　電気伝導に関する Lemlich 式　*242*
F　排水方程式　*244*
G　葉序　*246*
H　液体フォームのシミュレーション　*248*
I　2 次元固体フォームのシミュレーション　*257*

索　引……………………………………………………………………*259*

第1章 序論

「周到な1つの実験は，頭の中で考えた20の公式より貴重なことがある」
——**Albert Einstein**
「現象の本質は，しばしば細やかな実験によって明らかとなる」
——**Pierre-Gilles de Gennes**

1.1 楽しい実験

　ビールをグラスに注いでみよう．そしてのどの渇きを我慢して，その泡の踊りに見入ってみよう．気泡が次々と生まれ，上昇し，表面に集合する．こうしてフォーム（またはフロート*1）が速やかに生成する．この際，液体の大半は逃げ去り，気泡は優美な多面体形のセルとなってすき間なく詰め込まれる．十分な時間がたつと，気泡と気泡の間にガスの拡散が生じ，構造が変化する．このゆっくりした変化は，ところどころで時々起こる気泡の再配列によって中断される．どんな銘柄のビールでも，やがては個々の膜が破れフォームの崩壊が起こる．ここでようやくビールを飲むと，フォームが完全には液体でないことがわかる．逆説的だが，気泡が小さいとき，フォームは極端に軟らかい固体となり，クリームのような舌触りがある．乾杯！

---

*1　英語を母語としない人々から「フォーム（foam）とフロート（froth）の違いは何か」とよく聞かれる．実は，フロートとは液体の上部にできるフォームを意味し，固体フォームを意味することはない．Congreve の芝居に登場する Lord Froth や Lady Froth，あるいは，本書第13章冒頭の引用文のように，話しことばとしてのフロートには一般に「ほめられない，尊敬できない」といった否定的な意味が込められている．ビール業界でフォームという前向きのことばが使われるのはこのためである．
　英語フォームの語源は中世のドイツ語 veim にある．ただし，veim は「ビールを注いだばかりのグラスの上部にあるはずの泡がない」すなわち「疑いを招きやすい」という意味の ausgefeim に名残を留めるのみで，現代の標準的ドイツ語ではほとんど使われない．フォームはドイツ語のバイエルン（ミュンヘン）方言にもあるが，発音はまったく異なる（Hietsch, O.(1994). *Bavarian into English*. Andreas Dick Verlag, Straubing）．

2　第1章　序　　論

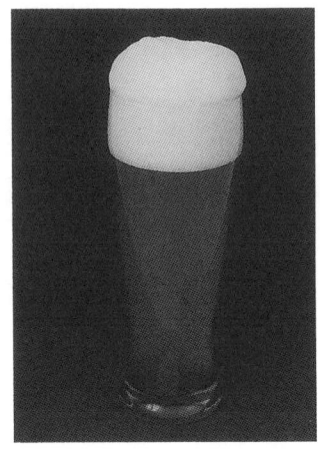

図1.1　物理は実験室の外でも学べる．ビールの泡には本書で述べる様々な事項が含まれている．

図1.2　石けん泡．

本書の内容のほとんどは，この楽しい実験で観察できる現象に含まれている．以下に述べるのは，主としてごく普通の液体フォームについてである．フォームの諸性質を定量化するには，上述の泡実験より少しだけ気のきいた実験をすればよい．そのような実験のいくつかを研究へのいざないとして，またこの話題を授業で取り上げるき

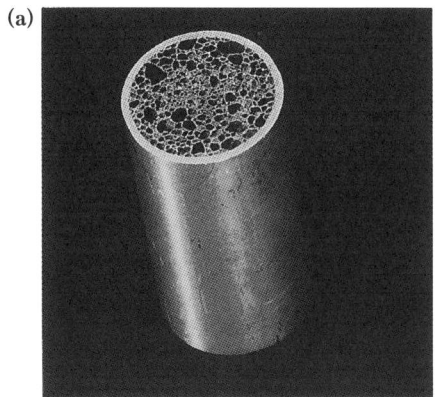

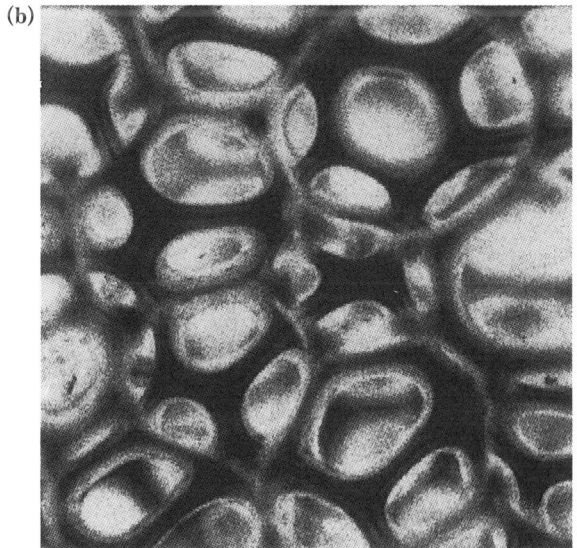

図1.3 固体フォームは多種多様である．
（a） 金属フォーム，（b） ポリウレタンフォーム．
((a) Banhart, J. and Baumeister, J. (1998). Deformation characteristics of metal foams. *Journal of Materials Science* **33**, 1431-1440. (b) Phelan, R., Verbist, G. and Weaire, D. (1999). Electrical and thermal transport in foams. (In Sadoc and Rivier (1999), 315-322)

っかけとして紹介しよう．フォームの理論は簡単ではないが，基本的な考え方は単純である．多くの問題に関わりのある特性は表面張力 γ であり，他には幾何学があるのみである．むろんフォームが変形を受けたり，フォームから液体が排出される場合はその限りではない．そのような場合，排出速度を支配する液体の粘度や他の動的特性も考慮する必要がある．

このような単純明快さは技術的論文でも常に得られているわけではない．「Occamのかみそり」[*2] は多くのものを排除するに十分ではなかったのである．我々は，本書でOccamのかみそりを用いて，液体フォームの一般的性質の大半を理解するための枠組みを得る．これは物理学の基本的な方法である．この種の洗練化に対し，世の中ではこれらの骨格に肉づけをしていく研究がなされている．各章末に簡単ではあるが，単行本，プロシーディングス，解説などの文献リストを掲げた．これらはフォームの物理の密林に分け入る出発点として役立つだろう．

1.2 本書の構成

本書の主題は洗剤やビール泡に代表される液体-気体系のフォームである．その基本的な形態は，様々な天然物や人工物によく見られるセルすなわち気泡とそれを取り囲む液膜からなる．

フォームとよく似た構造をもつものがエマルジョンで，2種類の液体がフォームのセルと同じ構造をとる．液相のサイズが著しく小さくない限り，エマルジョンは本書で述べる理論に従うことが多い．実際，表面張力の影響が強く現れるセル構造体の基本的性質を理解するため，フォームより実験しやすいエマルジョンを用いることもあった．実験者にとってエマルジョンが有利なのは，2液の密度，屈折率，その他の物性値を調整できることと，事実上セルの成長がないこと，にある．エマルジョンはまたセル壁の膜が壊れにくい特徴をもつが，シェフが苦労の末に秘訣を会得するサラダ用ドレッシングのように例外もある．

固体フォームにも液体-気体フォームとの類似点がある．固体フォームは液体フォームをそのまま凝固させて作ることが多く，したがってセル構造も類似したものとなる．すでに古典となっているGibsonとAshbyのテキスト *"Cellular Solids"* とは異

[*2] （訳注）Occamのかみそり：ある事柄を説明するために持ち出す仮説は，必要以上にふやしてはならない，という格言．これによりOccamは無用な形而上学的思考を排除しようとした．

なり，本書では固体フォームについては略記するにとどめる．

表面張力によって決まるフォーム構造のその他の例には，多結晶の粒構造，2相Langmuir-Blodgett膜，ガーネット膜中の磁気ドメイン他，たくさんある．宇宙でさえフォームのようなセル構造を有している（図1.4）．

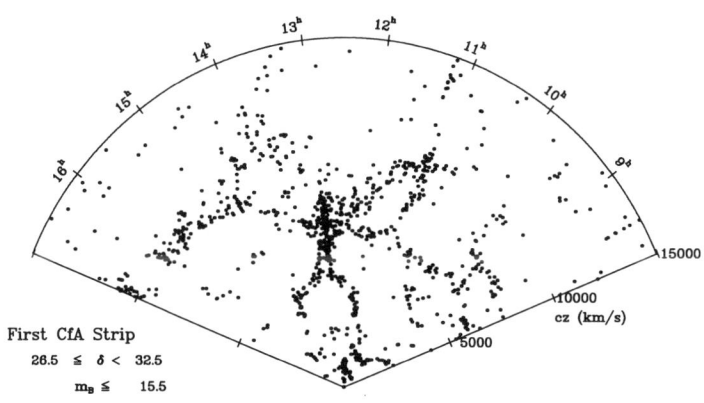

図1.4 銀河の分布図（一部）．銀河のかたまりもフォームと類似の構造をもつことがわかる．Lapparentはこれを「石けん泡」組織と呼んだ．
(de Lapparent, V., Geller, M. J. and Huchra, J. P. (1986). A slice of the universe. *The Astrophysical Journal Letters* **30**, L1-L6)

生物学の分野でも，例えば生体細胞の配列は液体-気体フォームのセル構造とよく似ている．エコロジーや地理学における動植物やヒトの縄張りも類似の構造を示す．

これらのすべての事例の間の異同を見出すことは，他分野をさまよってみたいと思う人にとってわくわくするゲームである．実際これらの各分野の間には，例えば幾何学的または位相幾何学的な必然性に由来する共通のテーマがある．

これまで物理学者の強い関心を引いてきたのは2次元フォームである（図1.5）．難問に対処するための一般的な方法は次元を下げることであり，ここでもこれがよく当てはまる．例えば普通のフォームを2枚のガラス板で押し挟むことによってできる2次元フォームは，観察が容易な上，シミュレーションや画像化も簡単である．このような2次元フォームの知見は，3次元フォームの構造解析の糸口を与えるものと期待される．よって本書では，この2次元フォームに力点を置いて記述する．

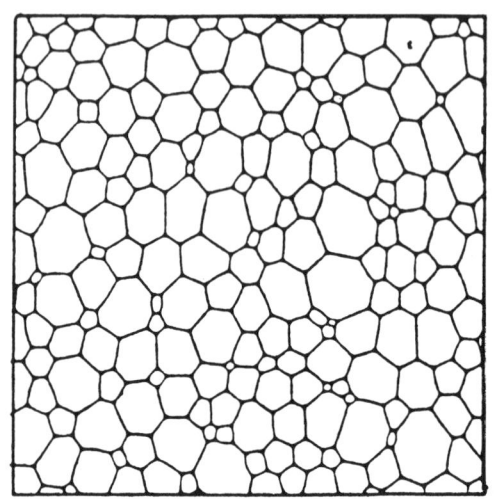

図 1.5 2次元石けん泡を写しとったもの．
(Glazier, J. A., Gross, S. P. and Stavans, J. (1987). Dynamics of two-dimensional soap froths. *Physical Review* **A36**, 306-312)

1.3 フォームの構造要素

　フォームはセル状の気相とそれを取り囲む液相の2相系である（図1.6）．これとよく似た構造をもつエマルジョン（すなわち2液フォーム）の場合，2つの構成相をそれぞれ分散相，連続相という．エマルジョンを構成する2つの成分の役割は簡単に逆転し得るが，気相-液相系フォームの場合には逆転し得ない（ただし，薄い気相膜から成る独立したアンチバブルを液体中で作ることは可能である）．
　本章ではまずこの種のセル構造を定性的に述べ，続く第2章，第3章でより厳密な定義を与える．
　フォームは，状況にもよるが，多かれ少なかれ液体を含んでいる．ドライフォームはわずかしか水分を含まず，単一面とも見なし得る薄い膜から成る．気泡の形状は，平面でないいくつかの薄膜フェースから構成される多面体である．多面体のフェースとフェースの交線が多面体のエッジ（稜）であり，これを Plateau 境界とも呼ぶ．エッジとエッジの交点がジャンクション（結合点）である．2次元のドライフォーム

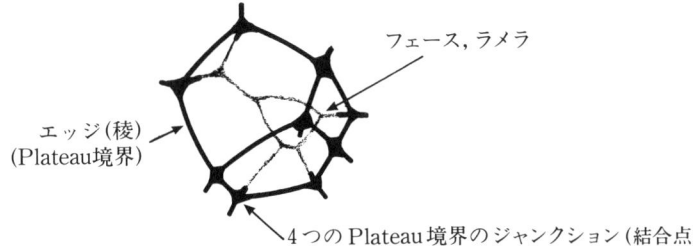

図 1.6 3次元フォームは薄膜で囲まれたセルから成る．薄膜同士の交線が Plateau 境界である．

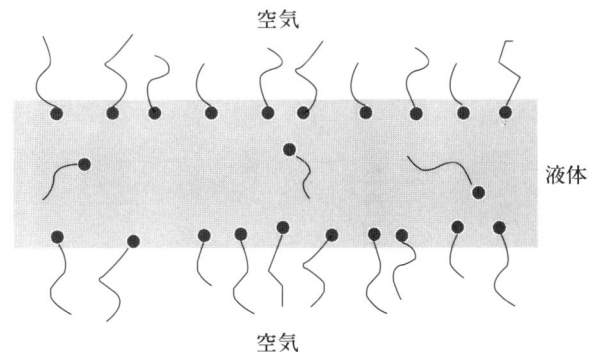

図 1.7 界面活性剤の分子は薄膜を安定化する．

は多角形状のセルから成る．

　フォームが存在できるのは多くの場合，界面活性剤を含んでいるからである．界面活性剤は表面に濃縮される．一般に，界面活性剤の役割は表面エネルギーを低減することであるが，より重要な役割は，薄膜を破れにくくすることにある．水系のフォームに使われる界面活性剤分子は両極性（amphiphilic）で[*3]，親水基と疎水基から成り，水の表面では図 1.7 のように分子両端に最適なものを捉えることができる．

[*3] amphiphile の語源は 2 つのギリシア語で，物理学，化学の分野では「何を好むかわからない」化合物を意味する．この種の化合物を「何が嫌いかわからない」の意で amphiphobic と呼ぶこともある．主にコロイド科学の分野ではあるが，乾燥させる際に系が再分散しやすいか，しにくいかよって lyophilic（親溶媒）と lyophobic（疎溶媒）とを区別している（Hunter, R. J.(1993). *Introduction to Colloid Science*. Oxford University Press）．

体積比で1%以上の液体を含むフォームは上述のような幾何学的特徴をもたない．この種のフォームのPlateau境界はドライフォームのそれのような線状ではなく，ある幅をもった液柱と見なすことができる（図1.8, 図1.9）．これに対応して，個々の多面体状セルのエッジと頂点は丸みを帯びている．液体の割合が増すと，Plateau境界が膨らみ，ついにはウェットフォームの限界状態に至る（図1.10）．このときの気泡は球形で，これ以上液体が増すと気泡の分離が起こる．その結果，フォームは剛性を失い，単に「気泡を含む液体」に過ぎなくなる．2次元フォームについても同じ

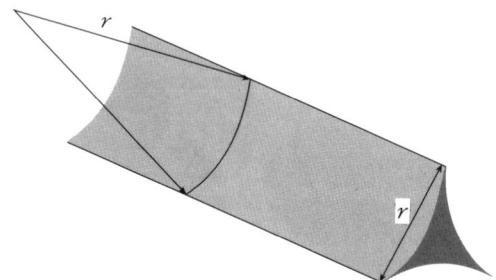

図1.8 Plateau境界の横断面は凹辺3角形である．

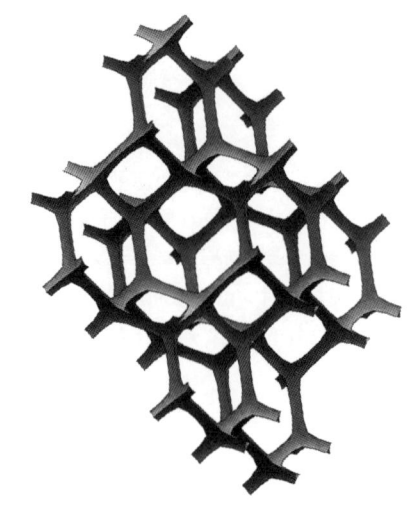

図1.9 フォームのPlateau境界は連続ネットワークを形成する．

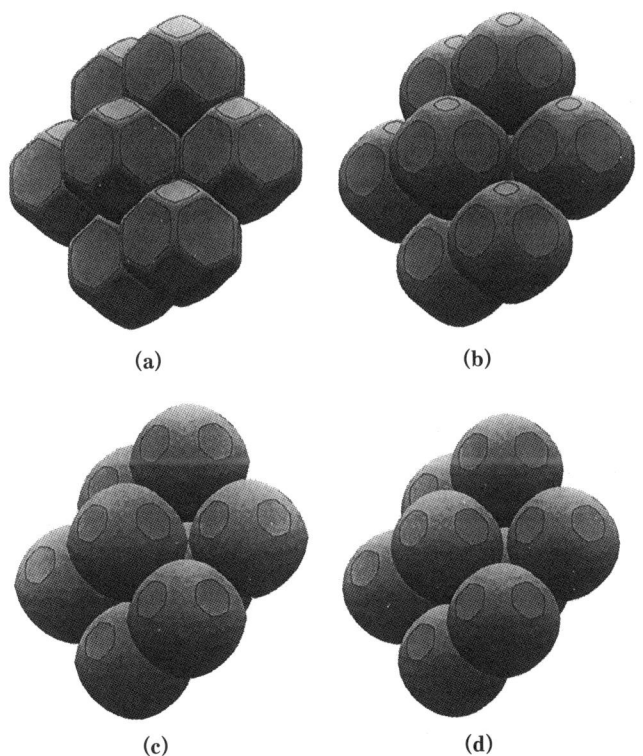

図1.10 ウェットフォームのシミュレーションの例.

ことがいえる.この場合,ウェットフォームの限界における気泡の形状は円である.

1.4 準安定性

　規則構造をもつフォームの研究もそれなりにおもしろいが,一般的な不規則構造の方が我々の興味を引く.振盪法,核生成法といった通常の方法で作ったフォームは,ランダムに詰まった様々な大きさの泡から成る.たとえ苦労して単分散型の(すなわち同一寸法の気泡から成る)フォームを作り得たとしても,気泡が自発的に3次元規則構造をとることはない.ここで取り扱っているのはマクロな系であり,その構成要素は,別のエネルギー極小をとるほど大きな熱揺動を受けない.この意味で,気泡の合体が起こらない場合,フォームは常に準安定状態にあるといえる.この状態は,エ

ネルギー極小状態のうちの1つであり，特定の履歴によって決まるものである．

辞書にはまだ収められていない C. S. Smith の造語を借りれば，フォームは fueneous すなわち記憶力がよい．この語は，Borges の短編小説[*4] に登場する何でも憶えてしまう人物の名前に由来している．例えば，低速で繰り返しせん断変形を与えても，フォームは（厳密には変形前の状態とは異なるが），ひずみ 0（あるいは応力 0）の状態に戻る．

熱力学に詳しい物理学者にとって，これは悩ましい問題である．系の現在の状態（圧力，体積など）を含めてすべての履歴がわからない限り，確かなことは何もいえないからである．この fueneous な性質に影響されやすい実験を行ったり，これを無視した理論を取り扱う際には注意を要するが，反面，過大評価してもいけない．さらに，あるフォームに対し正規の構造を定義することにより，この困難を以下のようにある程度解決することができる．

作り方やその後の扱い方がどうであれ，フォームを自由に粗大化させておくと，ついにはある1つのスケーリング状態に近づく．これについては第7章で詳述する．

このように気泡は絶えず粗大化しているので，厳密にいえばフォームは準安定状態にさえないことになる（図1.11）．しかし，この粗大化過程は遅く，何十分もかかる．このため，フォームはその一部を除いて，真の平衡状態にきわめて近い状態を保っているといえる．一部で起こる位相幾何学的な変化は急激で，これによってフォームの表面エネルギーが急減し，エネルギーロスは熱として散逸する．この現象は粗大化などよりずっと速やかに起こるので，瞬間的な現象と見なされることが多い．ただ

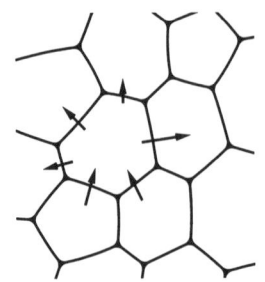

図 1.11 セルとセルの圧力差によって気体がセル壁中を拡散し，セルの粗大化を引き起こす．

[*4] （訳注）ホルヘス著，篠田一士訳，記憶の人・フネス，筑摩書房（1990）．

し，実際には，液体の粘度によって決まる一定の時間を要する．このため，本書で「フォームは平衡状態にある」というとき，厳密には正しくないがよい近似ではある．

1.5 フォームの基本的性質
1.5.1 固体でもあり液体でもあるフォーム

付加応力が低いとき，フォームは固体である（図 1.12）．このため，シェービングフォームは顔にはりついたままで，重力の下でも流動することはない．

この種のフォームに対しても等方的な固体材料と同じようにせん断弾性係数（剛性率）を定義できる．フォームの剛性率は泡径と水分に依存する．代表的な洗浄用フォームの剛性率は 10 Pa 程度である（ちなみに鋼の剛性率は 8×10^{10} Pa）．

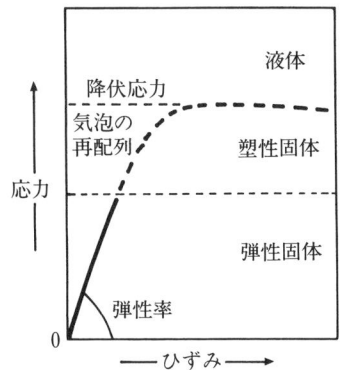

図 1.12 液体フォームの応力-ひずみ曲線（模式図）．

フォームの弾性率がこのように低いのは，それが表面特性（すなわち石けん膜の表面張力）に由来するからである．表面張力は体積弾性率に対しても 10 Pa 程度の寄与をするが，気泡の中のガスの寄与（$\simeq 10^5$ Pa）に比べて無視できるほど小さい．ただし，泡径がミクロンオーダーと非常に小さな場合は，表面張力の影響を無視できない．このように微小な気泡より成るフォームは，興味はあるものの実験的アプローチが難しいため，ほとんど未開拓の領域である．

変形量が十分に大きいとき，変形を元に戻してもすぐには復元しないような位相幾

何学的な変化が起こる．フォームはしだいに塑性的になるのである．

ある降伏応力を超えると，フォームは流動するが，その際の位相幾何学的な変化は不明確に進行する．降伏応力はフォームのレオロジー的な性質を特徴づけるもう1つの重要なパラメータである．これもまた，泡径と水分に強く依存する（図1.13）．ドライフォームの降伏応力は剛性率と同程度の大きさである．塑性流動は約1のせん断ひずみにおいて始まるからである．ウェットフォームの降伏応力はずっと小さい．

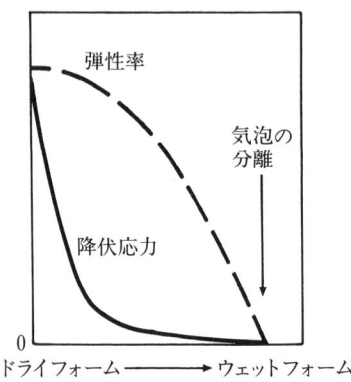

図1.13 せん断弾性率も降伏応力も液相の体積率に強く依存する．

1.5.2 排　　水

できたてのフォームが平衡状態に至るプロセスを含め，様々な状況下で液体の排出が起こる．この現象を排水という（図1.14）．第11章で述べるように，この現象は排水の経路がPlateau境界のネットワークに限定される，との仮定に基づいて理論的にうまく説明できる．

1.5.3 気泡の粗大化

フォームの漸近的なスケーリング則を研究する者にとって，粗大化則は特に興味深い．あらゆる（合理的）構造が到達しようとするスケーリング構造は長時間経過後に存在するだろうか．長さの尺度である平均の泡径はしだいに変化するだろうか．あるいは短い経過時間における遷移過程で興味をひく挙動が見られるだろうか．この種の疑問を様々な物理系に対して発することができる．他の系の場合と同様，フォームに

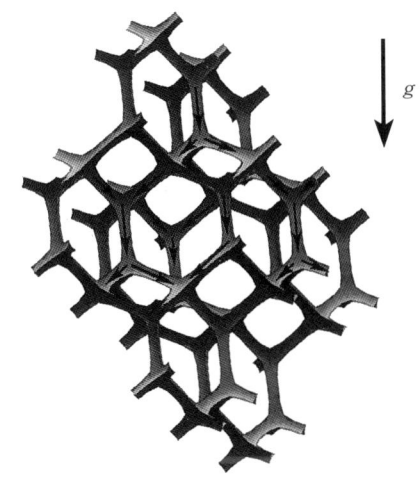

図 1.14 重力や圧力勾配が存在すると，フォーム内で液体の輸送が起こる．

ついての答を見出すための実験的試みも多くの困難に直面している．長時間経過後の状態とは，実際には到達が困難であり，到達したとする報告の多くは根拠が薄弱である．

コンピュータシミュレーションにも同様の不具合が存在する．しかし，いろいろな牽制や警告を受けながらも，少しずつ満足すべき合意に到達している．第7章で実際にスケーリング構造のモデル化を行うことができるのもこのためである．

1.5.4 気泡の崩壊

膜の破裂に起因する不安定性と崩壊がフォームの寿命の最後を飾る．この分野は未知のことが多いが，最近著しい進歩を見せている．

膜の安定性が化学組成に強く依存する場合，崩壊は化学の問題として取り扱われることが多い．本書では，これまで膜は比較的安定であると暗に仮定してきたが，これは界面活性剤分子が液体の表面を覆うことを前提としている．活性剤の割合を減らしたり，他の発泡抑制剤を添加したりすると，フォームの寿命は激減する．

本書での主な対象は非常に安定なフォームである．不安定性については第12章で触れるにとどめる．

1.6 長さと時間のスケール

一般化しすぎのきらいはあるが，第2章以降で扱うことになる長さスケールと時間スケールについて若干の説明を加えておく（図1.15）．

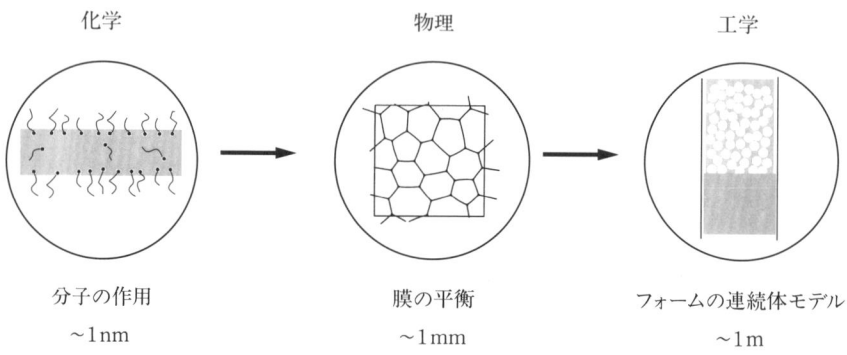

図 1.15 ミクロからマクロまでの広い寸法範囲でフォームの理論的，実験的研究が行われる．

図 1.16 フォーム科学の祖 Joseph Plateau．

1.6　長さと時間のスケール　15

図 1.17　William Thomson 卿（Kelvin 卿）がフォームの研究に魅せられたのは 1887 年である．

図 1.18　Cyril Stanley Smith は，2 次元の石けん泡が金属結晶粒の成長過程のモデルになり得ることを明示した．

もっとも小さなスケールは界面活性剤分子のそれで，nm オーダーである．膜厚は分子間の斥力によって決まり，ドライフォームで 5 nm～10 nm の範囲にある．

気泡の大きさは広範囲にわたるが，本書で紹介する実験に用いられる寸法はおおむね数 mm である．また，Plateau 境界の幅はだいたい 1 mm 以下である（図 1.8）．

できたてのフォームが，重力の作用下での排水によって平衡状態に達するまでの所要時間はおよそ 1 分である．

気泡の粗大化は時には実験時間で制限される現象であるが，例えば平均セル径が倍増するための時間スケールは 10 分のオーダーである．

フォームの崩壊は非常に広い時間スケールで起こる．特殊な混合液で作った気泡の寿命は非常に長いという論文も時々ある（例：98％グリセリンにオレイン酸とトリエタノールアミンの混合液を加えた Kay 溶液）．Dewer 卿は，フラスコ内に封入した気泡の体積が拡散によって減少する様子を何年間にもわたって観測した．市販の洗剤で食器を洗う際にできるフォームがきわめて安定であることは我々自身も日ごろ目にしている．ゆえに，この種のフォームでは外気にさらされている自由表面が特に大きくない限り，崩壊の時間スケールを考えなくてよい．逆に，化学反応の阻害要因としてのフォームの生成を抑制する場合には，崩壊時間スケールはきわめて重要となる．

他の時間スケールはレオロジーの細部に現れる．フォームが位相幾何学的な変化を経て局部的平衡に落ち着くまでにどのくらいの時間を要するだろうか．観察によれば，それは 1 秒以内である．系が常に平衡状態にあることを前提にしている準静的理論をこの種の事例に適用することはできない．準静的理論が有効となるのは，せん断速度が十分に低く，フォームの局部的な構造緩和のための時間的余裕がある場合に限られる．

1.7 前　　史

石けん膜，気泡，フォームの研究の歴史をひもとくと，Joseph Antoine Ferdinand Plateau が 1873 年に著した "*Statique Experimentale et Theorique des Liquides soumis aux seules Forces Moleculaires*"[*5] にたどり着く．この概説書で著者はそれまでの歴史を総括するとともに，自身の研究成果を提示してその後の発展の基礎を据えた．この書名はなぞめいている．"seules Forces Moleculaires" とは，液体が

---

*5 （訳注）分子間力のみを受ける液体の静力学に関する実験的，理論的研究．

1.7 前　　史

重力の影響をほとんど受けず内部力のみを受ける，の意であろう．この理想状態は達成困難であり，そのような場合には宇宙の微小重力環境下での実験が重要となる．当時そのような手段はなかったので，Plateau はしばしば重力効果の少ない液体–液体界面について研究した．

科学への献身を賛美する人々にとって，Plateau の生涯は英雄的なものといえる．観察実験に多用した太陽光が原因で，彼は生涯の半ばで失明した．そのときすでに彼の名は広く知られていた．Faraday は悩める彼に書簡を送り，「精神が大いに償ってくれます．また，身体の暗黒を明るい光で照らしてくれます」と書いて彼を喜ばせた．そして，実際そのとおりになった．彼は高齢に至るまで研究を続けた．前述の本を出したのは 71 歳のときである．この本で彼は石けん膜その他の平衡の法則を詳述したが，それは視力が落ち始めたころから完全に見えなくなった後にかけて行った実験の結果に基づくものだった．Maxwell[*6] は次のように述べている．

> 「さて，自分でシャボン玉を飛ばすエトルリアの少年と，友人たちにシャボン玉の飛ばし方を教え，Q と A という退屈な方法で今までに見たこともない形や色を作り出す条件をほのめかす盲目の科学者とでは，どちらが詩的だろうか」

Plateau の本の完全な英訳は出ていないが，重要な 1 節は Henry の論文や，Fomenko の本で英語で読むことができる．

Mysels, Shinoda, Frankel が著した石けん膜の排水に関する最も入手しやすい本には，主として Plateau に依拠した非常に充実した文献目録が載っている．

これらの文献をたどると，自身の尿を使った Boyle の実験のように，印象的なエピソードなど魅惑的なことがらに出会うことができるが，個々の膜や気泡やジャンクションでなく，より広範囲にわたるフォームについての記述は少ない．Plateau 自身もフォームの基本法則を述べると明言しておきながら，実際には以下の文章のように，フォームに少しだけ言及しているに留まる．

> 「188．上述の 2 つの法則はすべての層状集合体に対しても当てはまると考えるべきである．その結果，次のような注目すべき結論が導かれる．例えば，シャンペン，ビールあるいは，かき混ぜた石けん水のような液体の表面にできるフォームは明らかに液膜の集合体であり，少量のガスを内包し，互いに交わる多数の小さな膜から成っている．それゆえ，フォームの内部ではすべ

[*6] Maxwell, J. C. (1874). *Nature* **10**, 119.

てが偶然によって支配されているように思われがちだが，実は先と同じ法則に従う．すなわち，無数の隔膜（フェース）は3つずつが互いに等しい角度（120°）で出会い，膜面の交線（エッジ）は4本が1点で互いに等しい角度（109.5°）で交わる」

Plateau の本は，当初 Maxwell[*7] が幾分皮肉をこめて次のように要約したものの，広く受け入れられたと思われる．

「今ここに我々は有能な科学者がシャボン玉の理論と実際について書いた八つ折り判の2巻本をもった．この泡の詩は著者より永く生きられるだろうか」

William Thomson（後の Kelvin 卿）は1887年に，この本からひらめきを得て，単一分散型フォームの理想的な構造を推測した（第13章参照）．彼は一連の研究と今日に至る論争を開始した．

Boys は Plateau の難しい説明をより大衆的なレベルで若い聴衆に向けて頻繁に講演した．Boys の本には，大衆相手のパフォーマンスを成功させるための秘訣が書かれている．ただし，その内容のすべてが今日でも通じるわけではないが．

D'Arcy Wentworth Thompson はその著 *On Growth and Form*（初版1917年）において，表面エネルギー最小化の考え方を生物学に適用した．英語の科学的読み物として最高水準のスタイルで書かれたため，数理生物学に関するこの壮大な見通しは当時大きな反響を呼んだし，今日でも大変おもしろく読むことができる．

20世紀の中頃に高みに立ったのは，自身では3次元フォームの研究をほとんど行っていない Cyril Stanley Smith である．金属学者として天然物の構造にも強い興味を抱いていた彼は，不規則構造，階層性，スケーリング，複雑さといった問題への関心が当時（1950年代）としては抜きん出ていた．いずれも身近な石けん泡に集約される性質である．彼がこの問題に関心を抱いたのは，金属の結晶粒成長を研究していたことによる．そのようにあいまいな性質に関心のある者にとって，2次元フォームは格好の解析対象であることを Smith は示した．しかし，当時そのような試みをする者は少なかった．

その少ない1人が，ロンドンの民間企業に勤めていた Aboav であった．やがて Aboav は自らの名を冠されることになる1つの統計的法則を発見した．ついに，名もない物理学者団体が，どれが最新の研究テーマになり得るかを選定し，Aboav の

[*7] Maxwell, J. C. (1874). *Nature* **10**, 119.

法則も"軟らかい物質"という課題に取り込まれた．このあと，当然のことながら多くの学位論文が提出された．

ここまでの本書の記述は非常に偏ったものである．というのは，企業の研究所に所属する化学系研究者の膨大な文献を無視しているからである．率直にいって，彼らの方法は経験的である．彼らの結果は直ちに役立ったが，1870年代の盲目のベルギー人の洞察に加えるべきものはほとんどなかった．むろん，重要な例外はあったが．

フォームのレオロジーに関するPrincen（Exxon研究所）や後述する他の研究者たちの仕事がそれである．

今日この問題は，学際的なアプローチを必要としている．物理現象や化学現象が様々なスケールで混ざり合い，これを解き明かすには広範な科学的才能を要するからである．そして，この種の科学の最終的な到達点はむろん工学（応用）である．

1.8 プロトタイプとしてのフォーム

本書の気体-液体混合系は，より一般的な効果や性質を，複雑でなく目に見える形で明示することのできる最も単純な方法である．数学的に表現すれば，平衡状態のフォームは（拘束条件下での）全表面積の最小化，ということができる．固体の粒成長の研究を困難にしている複雑さも，フォームには生じない．フォームの場合，降伏応力やヒステリシスを示すような位相幾何学的な挙動の起源は単純で，なだれ的に起こる位相幾何学的な変化も，このような位相幾何学的な挙動の一環と見なせる．フォームのぬれの問題は定常波の特徴をよく表すある数学的理論で取り扱うことができる．この意味で，本書の主題は当初考えたよりはずっと大きい．

最近，石けん泡の実験で得られる教育的効果が，Rämmeによる「楽しい授業と読み物」の誘因になっている．彼のある工夫によると，電気撹拌器に取り付けたプラスチックカップに泡を入れ，それぞれに回転と振動を与えると，特定振動数において泡表面に対称共鳴構造が形成される（図1.19）．この定常波は球面高周波とよく似ているので，量子力学の基礎を理解するのに利用できるに違いない．

石けん水に少量の蛍光塗料ピレンを加え，泡表面にピレンの微粒子を載せて紫外線を当てると，微粒子の正弦軌道を観察することができる．

Rämmeはまた，互いに接触する2個の振動する石けん泡の相互作用を調べ，それらの合体を2原子分子の形成に関係づけている．

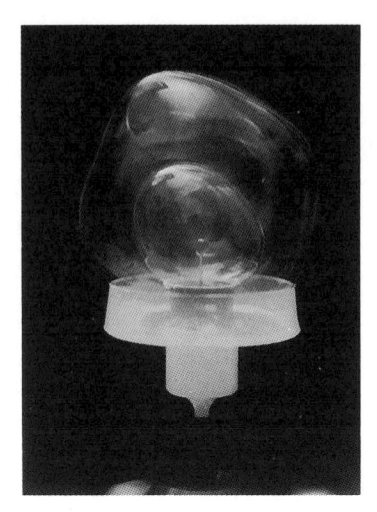

図 1.19 Rämme は石けん泡に振動や回転を与えるなどして，様々なトリックショーを考案した．

付　　録

本文の流れを維持するため，技術的な重要事項は巻末の付録に載せた．この 10 年間にコンピュータシミュレーションの有効性が明らかとなったが，その技法に関する実際的な情報も付録に収めた．

参考文献

フォーム研究の前史については Mysels らの "*Soap Films*" (1959) が非常にわかりやすい．20 世紀に出版された他の興味ある本についても以下に記す．その他の参考文献については各章の末尾に収めた．

Ayers, R. J. (ed.) (1976). *Foams*. Academic Press, London.
Berkman, S. and Egloff, G. (1941). *Emulsions and Foams*. Reinhold Publishing Corp., New York.
Bikerman, J. J. (1973). *Foams*. Springer-Verlag, Berlin.
Boys, C. V. (1959). *Soap Bubbles and the Forces which Mould Them*, SPCK, London 1890; enlarged edition *Soap Bubbles, their Colours and the Forces*

which Mould Them, Dover Publications, New York.
Dickinson, E. (1992). *An Introduction to Food Colloids*, Oxford University Press.
Emmer, M. (1991). *Bolle di sapone : un viaggio tra arte, scienza a fantasia*. La Nuova Italia Editrice, Scandicci (Firenze).
Exerowa, D. and Kruglyakov, P. M. (1998). *Foam and Foam Films*. Elsevier, Amsterdam.
Fomenko, A. T. (1989). *The Plateau Problem. (Studies in the Development of Modern Mathematics)*. Translated from the Russian, 2 vols. Gordon and Breach Science Publishers, New York.
Gibson, L. J. and Ashby, M. F. (1997). *Cellular Solids (Structure and Properties)* (2nd edition). Cambridge University Press. (邦訳：大塚正久訳, セル構造体, 内田老鶴圃 (1993))
Henry, J. *Ammual Report of the Board of Regents of the Smithsonian Institution* (1863), 207-285 ; (1864), 285-369 ; (1865), 411-435 ; (1866), 255-289.
Hildebrandt, S. and Tromba, A. (1996). *The Parsimonious Universe : Shape and Form in the Natural World*. Springer-Verlag, New York.
Hutzler, S. (1997). *The Physics of Foams* (Ph. D. thesis). Verlag MIT Tiedemann, Bremen.
Hyde, S., Andersson, S., Larsson, K., Blum, Z., Landh, T., Lidin, S. and Ninham, B. W. (1998). *The Language of Shape*. Elsevier Science, Amsterdam.
Isenberg, C. (1987). *The Science of Soap Films and Soap Bubbles*, Clevedon, Avon, England : Tieto ; reprinted (1992) New York, Dover.
Lawrence,A. S. C. (1929). *Soap Films*. G. Bell & Sons Ltd., London.
Lovett, D. R. (1994). *Demonstrating Science with Soap Films*. Institute of Physics Publishing, Bristol and Philadephia.
Manegold, E. (1953). *Schaum*. Straßenbau, Chemie und Technik Verlagsgesellschaft m. b. H., Heidelberg.
Mysels, K. J., Shinoda, K. and Frankel, S. (1959). *Soap Films (Studies of their Thinning and a Bibliography)*. Pergamon Press, London.
Nitsche, J. C. (1989). *Lectures on Minimal Surfaces, Vol. 1*, Cambridge University Press.
Pearce, P. (1978). *Structure in Nature is a Strategy for Design*, MIT Press, Cambridge, Mass.
Plateau, J. A. F. (1873). *Statique Expérimentale et Théorique des Liquides soumis aux seules Forces Moléculaires*, 2 vols. Gauthier-Villars, Paris.
Rämme, G. (1998). *Soap Bubbles in Art and Education*. Science Culture Technology Publishing, Singapore.
Sadoc, J. F. and Rivier, N. (eds.) (1999). *Foams ad Emulsions*. Kluwer, Dordrecht.
Smith, C. S. (1981). *A Search for Structure : Selected Essays on Science, Art and History*. MIT Press, Cambridge, Mass.
Thompson, D. W. (2nd edition 1942). *On Growh and Form*. Abridged edition 1961,

Cambridge University Press.（初版（1917）の抄訳：柳田友道ほか共訳, 生物のかたち, 東京大学出版会（1973））

Weaire, D. and Rivier, N.（1984）. Soap, cells and statistics. *Contemporary Physics* **25**, 59-99.

Weaire, D.（ed.）（1997）. *The Kelvin Problem*. Taylor and Francis, London.

Weaire, D. and Banhart, J.（eds.）（1999）. *Foams and Films*. Verlag MIT, Bremen.

Wilson, A. J.（ed.）（1989）. *Foams : Physics, Chemistry and Structure*. Springer-Verlag, Berlin.

第2章 局所平衡則

「しかし，圧力があまりに強すぎた．彼には平衡にすべき何かを見出す必要があった．その何かは彼の心にぽっかりあいた空洞に入り込み，それを満たし，内と外の圧力を釣り合わせたに違いなかった．こうして，来る日も来る日も彼はますます泡のように感じるのあった」
——D. H. Lawrence, *Women in Love*

2.1 Laplaceの法則

気体と液体の界面は普通Laplaceの法則[*1]に従う．この法則は界面の両側の圧力差Δpと表面の要素に作用する表面張力との釣り合いを示し，次式で表される．

$$\Delta p = \frac{2\gamma}{r} \tag{2.1}$$

ここに，γは表面張力（すなわち単位面積あたりの表面エネルギー），rは表面の局部的な曲率半径である．上式の$2/r$は平均の曲率を表し，2つの主曲率との間に次の関係がある．

$$\frac{2}{r} = \frac{1}{r_1} + \frac{1}{r_2} \tag{2.2}$$

なお，これを$(r_1 r_2)^{-1/2}$で定義されるGauss曲率と混同しないように注意されたい．$r_1 = r_2$，すなわち球形の気泡の場合，式(2.1)というよく知られた式が得られる．しかし，この式は一般にフォームでは成り立たないことに注意しよう．石けん膜が球面となるのは小さい気泡の集合体に限られる（付録C）．

普通の石けん泡（すなわちフォーム内部の膜）の場合，2つの表面が含まれるので，式(2.1)は次の式のように修正する必要がある．

$$\Delta p = \frac{4\gamma}{r} \quad (3D) \tag{2.3}$$

[*1] Laplace-Youngの法則とも呼ばれる（付録A参照）．

ただし，この式で 2γ の代わりに γ を用いることもある．2次元では次式が成り立つ．

$$\Delta p = \frac{2\gamma}{r} \quad \text{(2D)} \tag{2.4}$$

図2.1は式(2.1)と式(2.3)の説明図である．Laplaceの法則をフォームの個々の薄膜に適用しようとすると矛盾が生じる．膜内の圧力は隣接するセル内の2つのガス圧の平均値となるが，これは，液体中ではどこでも圧力は一定でなければならない，ということとは両立しない．なぜならPlateau境界内の液体は，ずっと高い圧力 p_b となっているはずだからである．この不一致を説明するには，膜が薄くなると2つの表

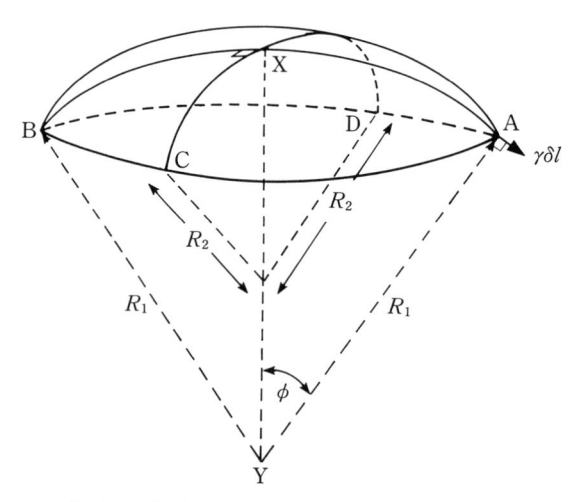

図2.1 Laplaceの法則は平衡状態にある表面の平均曲率と圧力差との関係を表す．(Hunter, R. J. (1993). *Introduction to Modern Colloid Science*. Oxford University Press)

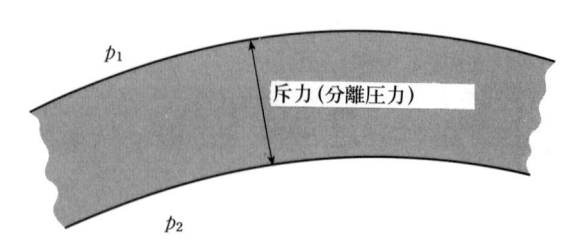

図2.2 膜の2つの表面間に働く斥力（分離圧力）を考慮する必要がある．

面の間に斥力が働くため，膜厚は無限に小さくなることはありえない，ということを知っていなければならない．この斥力には配置力，静電力などいろいろある．単位面積あたりの斥力は平衡状態での圧力の関数となるだろう．この斥力を分離圧力という（図2.2）．

分離圧力の存在を考えれば薄膜が崩壊しにくいことを理解できる反面，別の多くの疑問が発生する．例えば，膜は揺らぎに対して安定か，有効表面張力はいかなる条件でも一定と見なせるか，などである．しかし，さしあたり本書ではこの問題には立ち入らない．特に断らない限り，膜厚は無視できるほど薄く，表面張力は一定であること，すなわち分離圧力の影響はないものと仮定する．

2.2 2次元の Laplace の法則

2次元では曲率はどこでも1種類であり，界面形状はすべて円弧である（図2.3）．これにより状況は非常に単純化される．

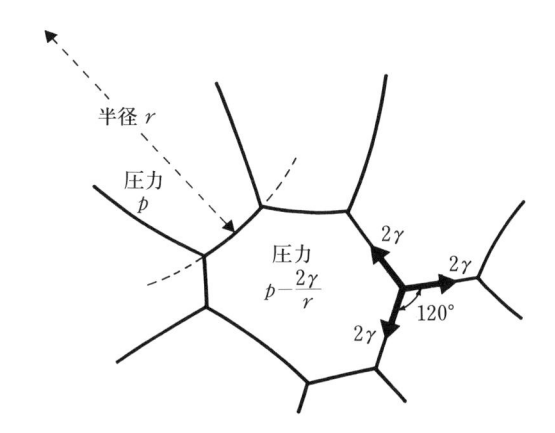

図 2.3 2次元ドライフォームは，曲率がセル間の圧力差で決まる円弧で囲まれる．

しかし，実験用の2次元石けん泡は，実際には3次元フォームであることに注意されたい．気泡の寸法は気泡を挟んでいる2枚のガラス板の間隔よりはるかに大きい．2次元フォームとして描かれる図は，通常このサンドイッチの中央部の切り口である．しかし，セルサイズが非常に小さいと，Rayleigh の不安定性によって3次元の効果が現れる（3.9節参照）．

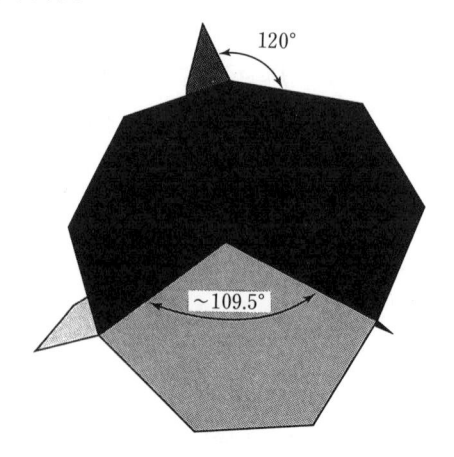

図 2.4 3次元ドライフォームでは，膜面は互いに 120° で交わり，頂点でエッジは互いに 109.5° で交わる．

比較的ドライな 3 次元フォーム（図 2.4）の中の Plateau 境界でも同様の近似問題が生じる．横方向の曲率が縦方向の曲率よりはるかに大きいためである．この場合，後者を無視すれば Plateau 境界の横断面の形状を一定と見なすことができ，曲率半径 r は式(2.1)で与えられる．

2.3 Plateau の法則

Plateau は平衡を保つのに必要ないくつかの法則を Laplace の法則とは別に見出している．これらの法則とガスの圧縮性に関する仮定に基づいてシミュレーションが行われる．これらの法則はドライフォームやさらに一般的なフォームに適用される．

平衡則 A1 ドライフォームの場合，1つの線（エッジ）で交わることのできる膜面（フェース）の数は 3 つのみで，それらの交角は 120° である．2次元フォームでは，セルとセルの境界線エッジ（辺）について同じことがいえる．

この法則は元来経験的に導かれたものであるが，許されない種類の交切を考えることによって，理想化されたモデルの範囲内で理論的にも容易に証明することができる．すなわち，この交切を 2 つに分解してエネルギーを分解させるような微小変形を常に定義することができるのである．この種の分解は図 2.5 のような交切が形成され

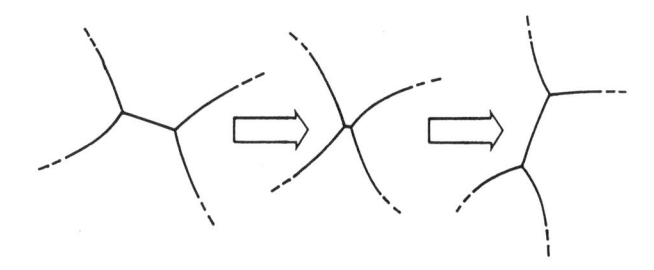

図 2.5 T1 過程では，4 重点が 2 個の 3 重点に分かれる．

ると直ちに起こることが観察されている（3.8 節参照）．

120°則が必要なのは交切点において大きさの等しい 3 つの表面張力が釣り合うためである．

平衡則 A2 Plateau によれば，ドライフォームの場合，頂点で 4 つ以上の交線（または 6 つ以上の表面）が出会うことはない．また，この 4 面体頂点は完全に対称的で，交線と交線のなす角度は $\phi = \cos^{-1}(-1/3) = 109.5°$ である．ϕ を Maradi 角ともいう．

この法則の前半部は初等的ではない．アメリカの数学者 J. Taylor によってこれが完全に証明されたのはやっと 1976 年になってからである．それまでは，Plateau の同時代人である Lamarle をはじめ誰も厳密な証明を与えられなかった（付録 B）．

法則 A2 の後半部すなわち 4 面体頂点の対称性は，法則 A1 の交切する膜面の対称性から必然的に導かれるもので，厳密にいえばこの部分は重複である．

ウェットフォームの場合，法則 A2 は再検討を要する．膜厚は無限に小さいと見なせば，この場合の表面張力の釣り合いは次のように表せる．

平衡則 B Plateau 境界で隣接する膜がつながるとき，表面は滑らかにつながる．すなわち，面法線はこの両側で同一となる．

これは，Plateau 境界の先端部が尖っていることを意味する（図 2.6）．しかし，Plateau 境界における多重交切の安定性に関する一般則はない．ドライフォームの諸特性を見出せるのは，有限の横断面をもつ Plateau 境界を含んだかなりドライなフォームに限られる．

2 次元では Plateau 境界でフォーム構造を修飾するというこの考え方は，いわゆる「修飾定理」によって厳密に表記される．

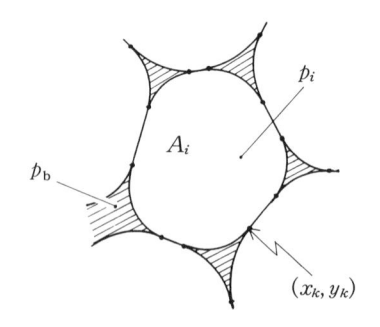

図 2.6 この 2 次元シミュレーションが示すように，ウェットフォームでは Plateau 境界は隣接する膜とスムーズにつながる．

修飾定理 どの 2 次元ドライフォーム構造も，各頂点において Plateau 境界の重畳によって修飾されることにより，平衡状態でのウェットフォーム構造に変わる．ただし，Plateau 境界は互いに重なり合わないものとする．

この定理は初等的な方法によって証明できる（付録 D）．しかし，この定理は決して瑣末ではない．一般に Plateau 境界は対称でなく，3 つの異なる曲率をもつ（Laplace の法則を参照）．修飾定理は厳密な意味で対応する 3 次元形をもたないが，3 次元まがいのものは近似的に成り立つ．

液相体積率がより高くなると，安定な多重 Plateau 境界とジャンクションがしだいに形成されるようになる（図 3.13(a)）．

2.4 Plateau 境界ジャンクションにおける Laplace の法則

3 次元の Plateau 境界が出会うジャンクションは，図 2.7 に示すように，Laplace の法則に従って巧妙な形状となる．この形状を数学的に表現するのは困難である．図 2.7 は数値計算による結果である（第 6 章参照）．

2.5 気泡の相互作用

液相体積率の高いフォームの気泡は球形か，それに近い．注いだばかりのビールが

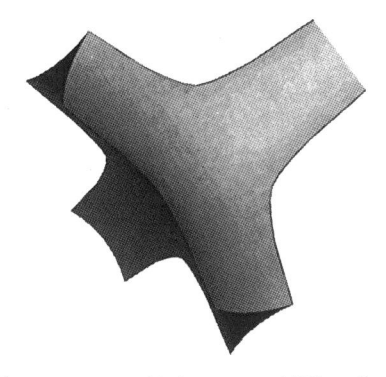

図 2.7　3 次元フォームにおける Plateau 境界のジャンクション．

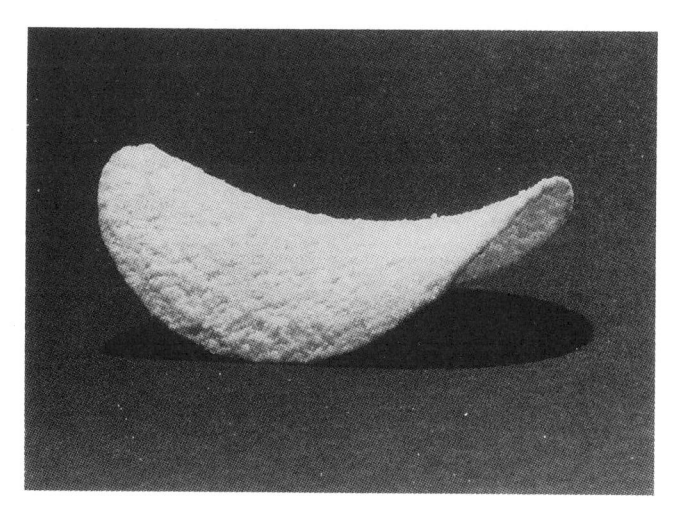

図 2.8　2 重曲率面の身近な例（Wohlfeld, U. による）．

そのよい例である．しかし，重力の作用で液体が排除されるので，個々の気泡の形状は多面体に変わる．浸透圧の考え方を用いて，気泡同士が近づいたときに生じる反発力に見合う力の平均値を求めることができる．浸透圧の定義と計算は 3.7 節で改めて取り上げる．

　ウェットフォームの場合，気泡をフォームの主要構成要素と見なして相互作用を記述するのが望ましい．この方法は洞察には適するが，難点も多い．気泡の相互作用ポ

テンシャルに最もふさわしい二体調和ポテンシャルは，近似度は高いものの，厳密には正確でない．3次元の気泡のポテンシャルは厄介であり，クラスタ内の種々の気泡形態について定める必要がある．

参 考 文 献

Almgren, F. J. and Taylor, J. E. (1976). The geometry of soap films and soap bubbles. *Scientific American* **235**, 82-93.
Fomenko, A. T. (1989). *The Plateau Problen* (*Studies in the Development of Modern Mathematics*) (Translated from Russian, 2 vols.). Gordom and Breach Science Publishers, New York.
Lamarle, E. (1864-7). Sur la stabilité des systèmes liquides en lames minces. *Mém. Acad. R. Belg.* **35**, **36**.
Stewart, I. (1998). Double bubble, toil and trouble. *Scientific American*, January, 82-85.

第3章 フォーム構造の定量的記述

「自然はすべて正4面体から構成されている」
—— Buckminster Fuller

3.1 二，三の必要な定義

フォーム構造の記述に不可欠の表式をいくつか挙げておこう．
セルまたは気泡の体積を V_b とすると，有効直径 d は次式で定義される．

$$V_b = \frac{4}{3}\pi\left(\frac{d}{2}\right)^3 \tag{3.1}$$

フォームのぬれ性は液体の体積分率（以下，液相体積率）ϕ_l または気体の体積分率（以下，気相体積率）ϕ_g で表される．両者の間に次の関係がある．

$$\phi_l = 1 - \phi_g \tag{3.2}$$

単位体積あたりの気泡の数（気泡の数密度）を N_v とすると

$$N_v V_b = \phi_g \tag{3.3}$$

ドライフォーム（$\phi_g \to 1$）の場合，単位体積あたりのエッジ長さ l_v を定義しておくと便利である．例えば，Kelvin 構造の場合（第13章参照），l_v と V_b の間に次の関係がある．

$$l_v \simeq \frac{5.35}{V_b^{2/3}} \tag{3.4}$$

ドライフォームと見なせるフォームでは l_v と ϕ_l の関係は次式で表せる．

$$\phi_l = l_v A_p \tag{3.5}$$

ここに，A_p は Plateau 境界の断面積で一定と見なしてよい（図1.8，図1.9参照）．
A_p と Plateau 境界の凹辺の曲率半径 r の関係は

$$A_p = \left(\sqrt{3} - \frac{\pi}{2}\right) r^2 \simeq 0.161 r^2 \tag{3.6}$$

また，Plateau 境界における気体と液体の Laplace の圧力差 Δp_b と r の関係は次

のようになる．

$$\Delta p_b = \frac{\gamma}{r} \tag{3.7}$$

ただし，ドライフォームの極限（$r \to 0$）でよく行われるように，曲率の2次の項と，3つのエッジの間の曲率のわずかな差は無視している．

ϕ_l と，Plateau 境界の凹辺および気泡の半径比との間に次の関係がある．

$$\phi_l = \tilde{c} \frac{r^2}{(d/2)^2} \tag{3.8}$$

ここに，$\tilde{c}$ はフォーム構造によって決まる幾何学因子で，Kelvin 構造の場合 $\tilde{c}_{\text{Kelvin}} \approx 0.333$ である（13.4 節参照）．

以上の定義式は3次元に関するものであるが，2次元ではより簡単になる．すなわち有効半径 $d/2$ と気泡の面積 A_b との関係は次式で与えられる．

$$A_b = \pi (d/2)^2 \tag{3.9}$$

単位面積あたりの気泡（またはセル）の数 N_A と気相面積率 ϕ_g との関係は

$$N_A A_b = \phi_g \tag{3.10}$$

液相面積率は先と同様に

$$\phi_l = 1 - \phi_g \tag{3.11}$$

また，式(3.6)と式(3.7)は2次元でも成り立つ．

3.2 統 計 学

3次元フォームを構成するセルの体積 V_b とフェース数 F_b は $p(V_b), p(F_b)$ なる分布をもつとする[*1]．このときセルの数密度 N_v，液相体積率 $\phi_l, p(V_b)$ の間に次式が成り立つ．

$$N_v \int V_b \, p(V_b) \, dV_b = 1 - \phi_l \tag{3.12}$$

2次元フォームでは，セルの面積の分布関数 $p(A_b)$ とエッジ数（隣接セル数）n の分布関数 $p(n)$ との間に同様の関係が成立する．無限大の大きさをもつ2次元ドライフォームでは，厳密に

$$\bar{n} = 6 \quad (2D) \tag{3.13}$$

となり，各セルは平均で6個のエッジ（したがって6個の頂点）をもつ．

[*1] 本書では分布関数を $p(x)$ で表す．p の具体形はフォームごとに異なる．しかし，p の総和もしくは積分は例外なく1である．

式(3.13)をEulerの式といい，位相幾何学に関するEulerのより一般的な定理(3.3.4項参照)から簡単に求まる．しかし，以下に示すように，より単純明快な方法でも上式を導くことができる．

ドライフォームの各頂点を直線で結ぶと多角形のネットワークができる（図3.1）．どのセルについても次式が成り立つ．

$$\sum_{頂点}(外角)=2\pi \tag{3.14}$$

他方，各頂点に集まる3つのセルの内角の和は

$$\sum_{角}^{3}(内角)=2\pi \tag{3.15}$$

これより，外角，内角の平均値はそれぞれ$2\pi/n$, $2\pi/3$となる．両者の和はπに等しいから，$2\pi/n+2\pi/3=\pi$．これより式(3.13)が導かれる．この種の粗い議論では，二，三の特異な事例に関わる問題点は見過されてしまうが，式の基本的性質，一般的性質を示すにはこれで十分である．ただし，式(3.13)をより厳密な形で表したい場合には，この種の議論は明確さを欠く．

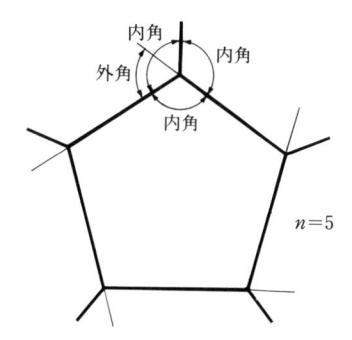

図3.1 n角形セルの外角の平均値は$2\pi/n$．また，ネットワーク内のすべての外角の平均値は$2\pi/\bar{n}$．

セルの辺数nの分布関数$p(n)$は3次元より2次元についてずっと詳しく調べられている（5.2節参照）．実験が容易だからである．ここでいう辺とは，3次元ではフェース（面）を意味し，2次元ではエッジ（稜）を意味する．次式で定義される$p(n)$の2次モーメントμ_2がしばしば有効となる．

$$\mu_2=\sum_n(n-\bar{n})^2p(n) \tag{3.16}$$

関数$p(n)$は一般に単一ピークの簡単な形をもつので，その特徴を示すには$\bar{n}$とμ_2で十分である．辺数nなるセルに隣接するセルの辺数は関数$m(n)$で表すことがで

きる.

n と m の相関を無視すると，2次元ドライフォームの場合 $m(n)=6$ となりそうだが，Aboav によれば $m(n)$ は次のように表される．

$$m(n)=A+\frac{B}{n} \tag{3.17}$$

これについては次節でさらに検討する.

他方，2次元のウェットフォームでは，頂点は必ずしも3重点にならない．このため，1つの頂点に集まる辺の数 n_v の分布関数 $p(n_v)$ を定義する．ウェットフォームの統計学については 3.3.5 項で論じる．

3.3 そのほかの定理と関係式

関数 $m(n)$ は2次元でも3次元でも，次の条件に従わねばならない．

$$\sum_n m(n)\, n\, p(n) = \sum_n n^2\, p(n) \tag{3.18}$$

この式が成り立つのは，左辺の量が，1個の n 角形セル（隣接セル数も n）を n 回数える方法ですべてのセルの辺数を数えているからである．この式は 3.3.1 項で明らかとなるように Aboav の経験式(3.17)の定数 A, B を特定するのに有効である．

3.3.1 Aboav-Weaire 則

単純な議論を用いて，2次元ドライフォームにおける A, B を求めてみよう．まず 3.2 節で行ったのと同様に，セルの各頂点を直線で結ぶ．辺数を n とすると，内角の平均値は $\pi - 2\pi/n$. 1つの頂点に集まる残りの2つの角の平均値は $(1/2)(\pi + 2\pi/n)$. これらの角は隣接するセルに（内角として）属しており，これら3つの隣接セルの内角の平均値は $2\pi/3$ である．この辺数 m なる隣接セルの外角を式(3.14)を用いて合計すると式(3.17)が得られ，$A=5, B=6$ となる．ここでは，これ以上厳密な議論に立ち入らないが，このことは Aboav の式が一般的に成立することのある種の裏づけを与える．

恒等式(3.18)に μ_2 の定義式(3.16)と式(3.13)を用いれば次式が得られる．

$$\sum_n m(n)np(n) = 36 + \mu_2 \tag{3.19}$$

この式と両立する単純な相関式として，次式が得られる．

$$m = 5 + \frac{6 + \mu_2}{n} \tag{3.20}$$

式(3.20)は多結晶 MgO の結晶粒構造に関する Aboav の解析結果 ($m=5+8/n$) と一致する．この場合には 2 次モーメントは $\mu_2=2.0$ である．

総和則に合致するより一般的な形は，実際に代入すれば確かめられるように，次式で与えられる．

$$m(n)=6-a-b\mu_2+\frac{6a+(1+6b)\mu_2}{n} \quad (3.21)$$

実際には $b=0$ とおき，

$$m=6-a+\frac{6a+\mu_2}{n} \quad (3.22)$$

としてよいことが知られている．式(3.22)を Aboav-Weaire 則という．a に 1 に近い値を入れると，この式は種々のセル構造に対してよくあてはまる．例えば不規則な石けん泡の場合 $a=1.2$ となる．

たしかに式(3.22)は経験則だが，その妥当性には驚くべきものがある．本書で用いた方法よりも洗練された方法でこの式の物理的意味を明らかにしようとする試みが，エントロピーや統計的手法を使ってなされた．そのうち正確な $m(n)$ を与えることに成功したのは，Godrèche ら[*2]（1992）のやや人工的なセルモデルのみである．それによると，$m(n)$ はほぼ $1/n$ と線形である．Godrèche 以後，Aboav-Weaire 則の導出の試みは減ったが，パラメータ a の厳密な意味に対する関心は依然として高い．

3.3.2　2次元フォームにおける曲率の総和

2 次元ドライフォームを構成する各セルの辺についてもう 1 つの重要な総和則が成立する．セルの拡散成長に関する Neumann 則（7.2 節）はこの関係から導かれる．

各辺を反時計まわりにたどってゆくと，接線は角度

$$\Delta\theta_i=\frac{l_i}{r_i} \quad (3.23)$$

だけ回転する．ただし l_i と $1/r_i$ はそれぞれ辺の長さと曲率である．頂点数を n とすると，Plateau の釣り合い法則により，各頂点では接線の方向が $\pi/3$ だけ急変するから，次式が成立する．

$$\sum_i \frac{l_i}{r_i}+n\frac{\pi}{3}=2\pi \quad (3.24)$$

これより，次の総和則が得られる．

[*2] Godrèche, C., Kostov, I. and Yekutieli, I. (1992). "Topological correlations in cellular structures and planar graph-theory". *Phys. Rev. Lett.* **69**, 2674-77.

$$\sum_i \frac{l_i}{r_i} = 2\pi\left(1 - \frac{n}{6}\right) \qquad (3.25)$$

3.3.3　3次元フォームにおける曲率の総和

　3次元の場合の曲率の総和則は2次元ほど単純ではない．Gauss-Bonnetの定理によれば，この種の総和則を満たすのはGaussの曲率 K のみである．n 個の辺で囲まれたフェース S に対して，この定理は次のように書くことができる．

$$\iint_S K dS = 2\pi - n(\pi - \theta_0) \qquad (3.26)$$

ただし，θ_0 は4面体角で，$\cos\theta_0 = -1/3$（すなわち $\theta_0 \approx 1.9106$ rad $= 109.47°$）である．この式を展開すれば1個のセルの全表面にわたる総和則を導くことはできるが，あまり意味はない．これは平均曲率であって，物理的意味をもつGauss曲率ではないからである．

　B. Kusnerは3次元フォームを構成するセルの内圧が等しい場合にこの方法を適用することにより，数学的に興味ある結果を得た．それによると，セル1個あたりの平均フェース数の下限は，

$$\langle f \rangle_{\min} = 2 + \frac{2\pi}{3\arccos(1/3) - \pi} \approx 13.4 \qquad (3.27)$$

この値は空間をすき間なく満たす理想的（仮想的）な正多面体のフェース数に等しい．

　この結果の適用範囲は実際には非常に限られている．体積の等しいセルから成るフォームは作れるが，内圧を制御することは容易でないからである．それゆえ，この定理は規則構造をもつフォームに対してのみ有効性を発揮する．特記すべきは，同一寸法のセルが安定なフォームを作るとき，少なくとも14個のフェースが必要となることである．

　ここで2次元での修飾定理を思い出そう（2.3節参照）．この定理は厳密にいえば3次元では成立しない．

3.3.4　Euler の式

　セル数 C，フェース数 F，エッジ数 E，頂点数 V の間に次の Euler の式が成り立つ．

$$F - E + V = \chi \text{(2D)} \qquad (3.28)$$

$$-C + F - E + V = \xi \text{(3D)} \qquad (3.29)$$

右辺の量 χ と ξ は 1 に近い整数で，セル構造を定義する空間に固有の位相幾何学的な不変量である．例えば，球状または楕円体状の空間の場合，$\chi=2$ となり，円環状，ドーナツ状，コーヒーカップ状の空間では $\chi=1$ となる．また，2 次元の平面では $\chi=1$，3 次元ユークリッド空間では $\xi=1$ である（ただし，無限遠にあるフェースやセルは考えない）．

2 次元ドライフォームでは各頂点は 3 つのエッジで構成されるから，$E=(3/2)V$．これと $\chi=1$ を式(3.28)に入れると，面数無限大（$F\to\infty$）の極限では $E/F=3$ となる．ゆえにエッジの数はフェースの数の 3 倍である．各エッジは 2 つのセルの境界でもあるから，セルあたりの平均辺数は $n=6$ となる．この関係は別の方法ですでに 3.2 節で導入ずみである．しかし，この方法でも，対象としている領域の表面の寄与を無視していること，すなわち試料サイズが無限大，という制約に関わる技術的困難は相変わらず隠されている．

上と同様の手法により，3 次元フォームにおけるセル 1 個あたりのフェース数 $\langle f \rangle$ とフェースあたりのエッジ数 $\langle n \rangle$ の関係として次式を導くことができる．

$$\langle f \rangle = \frac{12}{6-\langle n \rangle} \tag{3.30}$$

これを Coxeter の式という．これに式(3.26)を用いれば，$\langle f \rangle$ と Gauss 曲率 K を結びつけることができる．

3.3.5　Euler の式の 2 次元ウェットフォームへの適用

2 次元ウェットフォームでは頂点を（多重）Plateau 境界で置き換えることができる．位相幾何学的な解析のため，我々の理想化モデルでは，Plateau 境界を 3 重点に限定されない頂点と見なすことにする．そのためには Euler 式(3.28)を改良する必要がある．この場合，平均配位数 Z（1 つのセルと接するセルの数），Plateau 境界の平均辺数 I（1 つの頂点に集まるセルの数）を用いるのがよい．$2E=ZF$ を Euler 式に入れて，セル数無限大の極限（$F\to\infty$）を考えると，$1-Z/2+Z/I=0$ となる．よって

$$Z=\frac{2I}{I-2} \tag{3.31}$$

ドライフォームの極限では $I=3$ だから $Z=6$ となり，先に求めた結果（式(3.13)）と一致する．

3.4 位相幾何学的な変化

フォームの魅惑的性質の大半はその位相幾何学的な変化に由来する．2 次元フォームでは，2 つの基本的な位相幾何学的な変化を定義できる．他の変化はすべてこの 2 つの組み合わせと見なせる．辺数 3 のセルは図 3.2 に示す T2 過程によって消滅する．このような消滅はセルが粗大化する際に起きるが（第 7 章），逆の過程（発生）は起こらない．

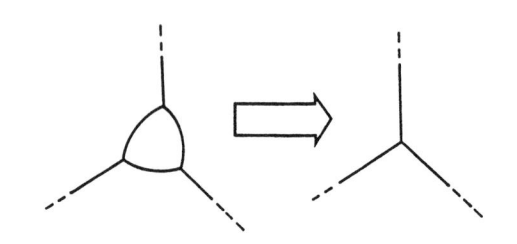

図 3.2 T2 過程では，3 辺形のセルは消滅する．

ただし，辺数の多いセルが絶対に消滅しないわけではない．多辺セルの消滅は T2 型の過程と以下に述べる過程が混ざったものとみることができ，実際に観察されてもいる．

隣接するセルは，図 2.5 の T1 過程によって入れ替わる．粗大化あるいは外力付加に由来するフォーム構造のゆっくりした変化は，急速な T1 過程によって遮断される．2 次元ウェットフォームの塑性降伏を考える場合，この T1 過程も重要である（第 8 章参照）．

辺数 2 のセルはめったに観察されない．粗大化や低速負荷に起因するゆっくりとした構造変化では，T1 過程によって 2 辺セルが形成されることはないことが示されている[*3]．仮に形成されたとしても，2 辺セルは，エネルギー変化なしにそれを挟む辺に沿って移動することができるという点で準安定である．そして，結局は頂点に達して再び T1 過程が起こるだろう．

2 次元ウェットフォームは Plateau の 3 重頂点の条件に縛られないから，この可能

[*3] Weaire, D. and Kermode, J. P. (1983). Computer simulation of a two-demensional soap froth. I. Method and motivation. *Phil. Mag.* **B48,** 245-259.

3.4 位相幾何学的な変化

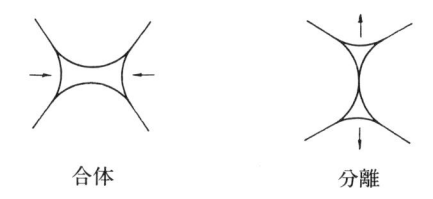

合体　　　　　　分離

図 3.3 ウェットフォームにおける隣接する 2 つの Plateau 境界の合体と分解は，T1 過程（図 2.5）と等価である．

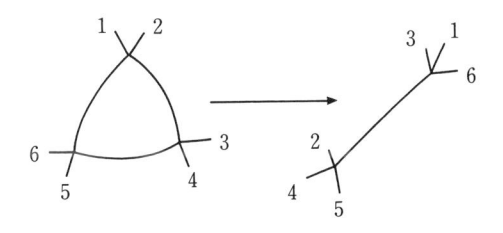

xy 面内のフェース ⟶ z 方向のエッジ

図 3.4 3 次元ドライフォームにおける基本的再配列（2 次元の T1 過程に対応）．

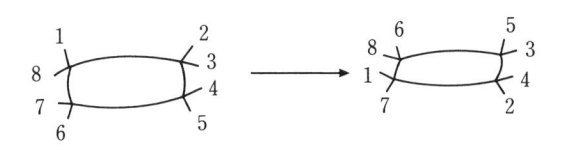

xy 面内のフェース ⟶ yz 面内のフェース

図 3.5 この種の再配列は図 3.4 の再配列より頻繁に見られる．

性はさらに高まり，安定で多様な多重頂点が存在し得る．ゆえに，T1 型の位相幾何学的変化を，中間状態が安定となる図 3.3 のような変化で置き換えてよい．

これに対応して，3 次元ドライフォームで最も基本的な再配列は図 3.4 で示される．その方向に応じてこの変化は 3 角面またはセルエッジの消滅によって起こる．実際には，他の変化と組み合わさって図 3.5 のように変化することもよくある．3 次元ウェットフォームでは，2 次元の場合と同様に，多様な多重頂点が安定に存在するこ

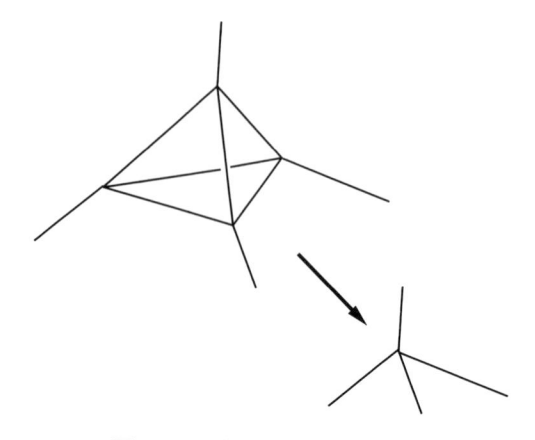

図 3.6 3 次元における T2 過程．

とができる．これについては 3.8 節で述べる．最後に，図 3.6 は 3 次元セルの消滅過程を示すが，これは 3 次元の T2 変化といえる．

セルフェースの破壊やその結果としてのセル合体はエマルジョンではよく起こるが，フォームではあまり起こらない．不安定なフォームは外表面から内側に向かって崩壊することが多い．

位相幾何学的な変化に起因する構造上の再配列はシミュレーションでは瞬間的事象と見なされるが，実際には一定の時間を要する動的な緩和過程である．

3.5 ドライフォームの極限からの体系的な拡張

わずかにウェットなフォームを記述するため，出発点をドライフォームにおき，液相体積率 ϕ_l のべき乗関数に展開する方法がよく用いられる．他方，Plateau 境界の半径 r（図 1.8）も展開に便利なパラメータである．例えば単位体積あたりの表面積は次式で表される．

$$a = a_{\text{dry}} + c_1 l_v r + (\text{高次の項}) \tag{3.32}$$

ただし，$c_1 \approx -0.32$．また，薄膜部分を無視すると，液相体積率は次式で与えられる．

$$\phi_l = c_2 l_v r^2 + (\text{高次の項}) \tag{3.33}$$

ただし，$c_2=\sqrt{3}-\pi/2\approx 0.161$

この種の式は，構造が不規則な一般のフォームでは厳密には成り立たない．どのような小さな ϕ_l であっても，位相幾何学的な変化が生じてしまい，構造が不変とは保証できないからである．数学的には確かに非解析的な関数を用いざるを得ない．しかし，実際上は，簡単な実際的公式を見つけさえすればよい．

この方法を電気伝導度に適用したときの結果を第9章で述べる．

3.6 位相幾何学的な変化の定量的記述

位相幾何学的な変化を定量的に取り扱うためには，3.5節のドライフォームの展開式の線に沿って進めるのがよさそうである．ここでは，いずれ有効性が明らかとなる道すじを素描するのみに留めよう．

ウェットフォームのエネルギーは次のように書けるだろう．

$$E=E_{\text{dry}}+E_{\text{line}}+E_{\text{vertex}} \tag{3.34}$$

右辺第3項に頂点のエネルギー E_{vertex} が含まれる分だけ，上式は3.5節の展開式と異なる．この E_{vertex} は各頂点で Plateau 境界をつなぐための補正項と見なせる．ドライフォームのエネルギーは E_{dry} で与えられるが，E_{line} は Plateau 境界の形状に関わっており，その大きさは Plateau 半径 r の程度である．同様に E_{vertex} も r^2 程度の大きさと思われる．

単一の Plateau 境界とそのジャンクションの形状を計算することにより，E_{line} と E_{vertex} が求まる．

ウェットフォームでどんな位相幾何学的変化が起ころうとも，最も興味があるのは E_{vertex} であるが，これだけを単独に扱うわけにはゆかない．E_{dry} と E_{line} が不可避的に関与するからである．

図3.7は規則配列した Kelvin フォームと Weaire-Phelan フォームについて Surface Evolver ソフトを用いて計算した表面エネルギーと液相体積率 ϕ_l の関係である．曲線は次式でよく近似できる．

$$E=b_0+b_1\phi_l^{1/2}+b_2\phi_l \tag{3.35}$$

ここに，b_0 はドライフォームのエネルギー，b_1 と b_2 は最小2乗法でカーブフィッティングしたときの係数である（粗い近似で $\phi_l \propto r^2$ と見なせば式(3.35)は式(3.34)と同形であることに注意されたい）．

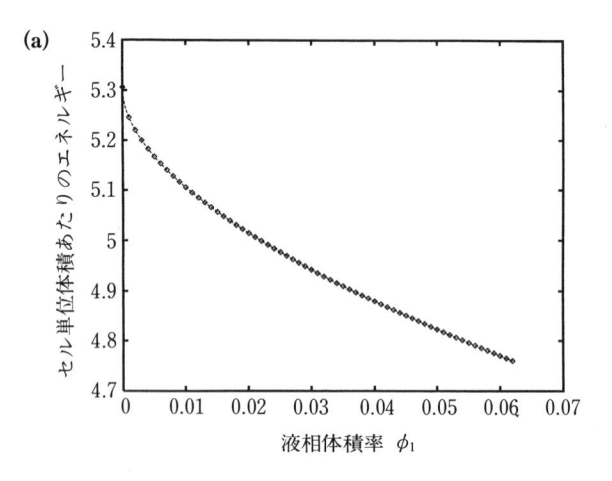

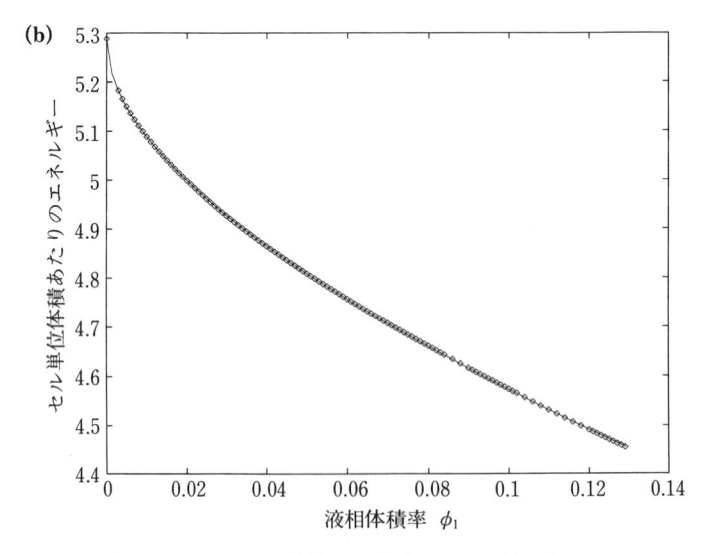

図 3.7 Surface Evolver ソフトで計算した(a) Kelvin 型規則フォーム,および(b) Weaire-Phelan 型規則フォームにおける表面エネルギーと液相体積率の関係.データは展開式(3.35)に一致するよう調整済み(Phelan, R. の未発表データによる).

3.7 浸 透 圧

フォームを構成する気泡がすべて球状となるぎりぎりの気相体積率を $\phi_{g,crit}$ とする（ウェットフォームの限界）。$\phi_g > \phi_{g,crit}$ のとき，気泡の形状は球から多面体的なものに変化し，そのため表面積と表面エネルギーが上昇する。

2次元の単一分散型（6角形）フォームの場合，簡単な計算により $\phi_{g,crit} = \pi/2\sqrt{3} \approx 0.907$ が，また多分散型（不規則）フォームの場合はコンピュータシミュレーションにより $\phi_{g,crit} \approx 0.84$ が導かれる。他方，単一分散型で不規則な3次元フォームの $\phi_{g,crit}$ は Bernal の剛球充填密度に等しく $\phi_{g,crit} \approx 0.64$ となる。

ϕ_g の増加に伴う表面積（または表面のエネルギー）の増加を最初に調べたのは Princen で，彼は通常の溶液の浸透圧との類推からフォームやエマルジョンに対しても浸透圧の概念を取り入れた。

図 3.8 は体積 V なる均一なフォーム，液相，両者を隔てる膜，の3つから成る閉じた容器を示す。膜はフォームの中の液体は適すが気体は適さない。フォーム内の気相体積率が $\phi_g > \phi_{g,crit}$ であるためには，液体をフォームから液相へ押し出す力が膜に作用しなくてはならない。この圧力を Princen は浸透圧 Π と呼んだ。これは気相が単位面積の膜に及ぼす力である。ただし，重力は0か無視できるほど小さいと仮定しているので ϕ_g はフォーム内では一定である。

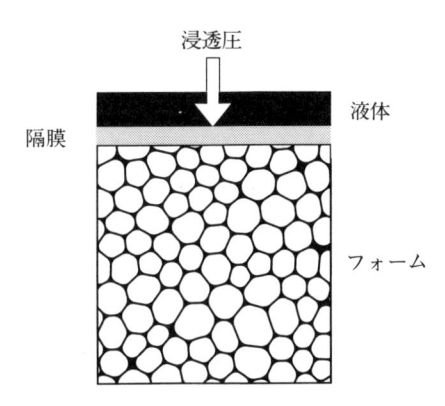

図 3.8 フォームが平衡状態で液体のみを透過する可動膜と接触しているとき，平衡状態を保つためには膜に一定の力が作用する必要がある。単位面積あたりのこの力を浸透圧という。

膜をフォーム側に変位させると，フォーム内の微小体積 dV なる液体が膜を通って液相側へ移行する．よって次式が成立つ．

$$-\Pi dV = \gamma dS \tag{3.36}$$

ただし，dS は気泡の表面積の増加分である．

気体の体積分率は次式で定義される．

$$\phi_g = \frac{V_g}{V_g + V_l} \tag{3.37}$$

V_g と V_l はそれぞれ気体と液体の体積である（$V_g + V_l = V$）．気体は膜を通過できないから V_g は一定である．さらに，気体は非圧縮性と仮定している．ゆえに

$$dV = dV_l = -V_g \frac{d\phi_g}{\phi_g^2} \tag{3.38}$$

式(3.38)を式(3.36)に入れると，

$$\Pi = \gamma \phi_g^2 \frac{d(S/V_g)}{d\phi_g} \tag{3.39}$$

S/V_g はフォーム内の気体単位体積あたりの表面積である．

フォームの全表面エネルギーは $E = \gamma S$ と書けるから，式(3.39)は浸透圧の定義ともいえる次式に帰着する．

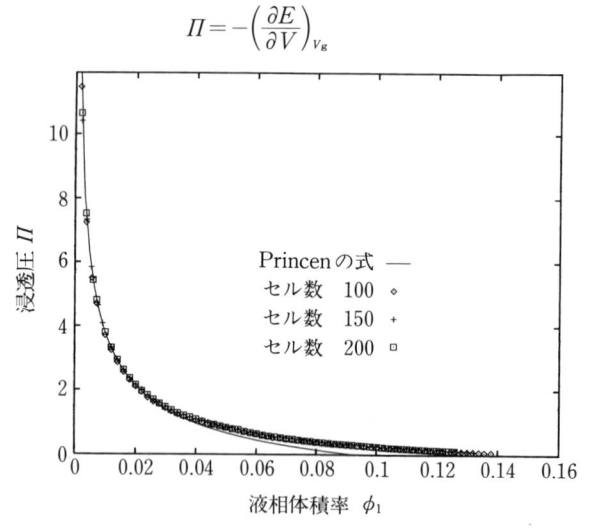

$$\Pi = -\left(\frac{\partial E}{\partial V}\right)_{V_g} \tag{3.40}$$

図 3.9　2次元フォームにおける浸透圧．曲線は6角形セルの規則配列フォームに関する解析結果を示し，3種類の記号は不規則フォームについてのシミュレーション結果を示す．

ϕ_g が $\phi_{g,\text{crit}}$ に近づくと，すなわち，気泡が互いに接触しなくなるとき（ウェット限界），浸透圧は消滅する．逆にドライフォームの極限（$\phi_g \to 1$）では，Π は ∞ に発散する．$\phi_{g,\text{crit}} < \phi_g < 1$ では $\Pi \approx \gamma/d$ となる（d は気泡直径）．図 3.9 に 2 次元規則フォームと不規則フォームにおける Π の理論値を示す．

重力下の平衡状態で排水がないとき，局部的浸透圧と局部的気相体積率との間に次式が成立する．

$$\Pi(\phi_g) = \rho g \int_x^{x_b} \phi_g(x) \mathrm{d}x \tag{3.41}$$

ここで，x_b はフォームと気相の境界位置である．右辺は高さ x における単位面積の水平面の下部にあるすべての気泡にはたらく浮力である．重力場におけるフォームの挙動に関する Princen の単純モデルは 10.1 節で扱う．これを用いれば式(3.41)の積分を実行することができる．

3.8 頂点の安定性

「2 次元または 3 次元ドライフォームのあらゆる頂点は最も基本的で最も対称性のよい形をもたねばならない」という Plateau の規則は，彼自身の観察結果に基づいている．

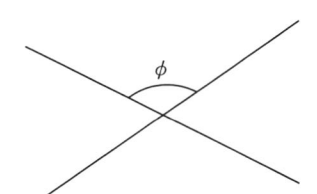

図 3.10 不安定平衡状態の 4 重点．

2 次元ドライフォームの 4 重点が安定であり得ない理由は次のように考えられる．力の釣り合い条件から，4 重点は図 3.10 のような対称性をもつ必要がある．とくに，現実の 2 次元フォームにおいて，2 つの 3 重点が合体してこの種の 4 重点が瞬間的にできるとすると，角 ϕ は 120° である．ここで図 3.11 のように 4 重点から 3 重点に変化したときの辺の長さ変化を考えよう．この変化が起こる領域は狭い（$\delta \gg \varepsilon$）．ドライフォームではこの変化量はいくらでも小さくできるから，セルエッジは直線と見なせる．

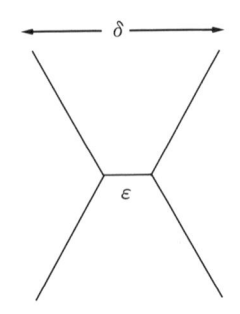

図 3.11 4 重点は間隔 ε なる 2 つの 3 重点よりも不安定である．

エッジ長さ（したがってエネルギー）の減少分は ε の線形である．この変化に伴う隣接セルの面積変化も考慮する必要があるが，これもまた ε の線形（厳密には $\varepsilon\delta$ 程度）である．セル面積は，エッジ全長（≈ 1）の残部にわたりエッジを曲げることによりこの変化を打ち消すことができる．面積変化 $\varepsilon\delta$ に対応する長さ変化は $\varepsilon^2\delta^2$ 程度である．したがって，セル面積を保存しエッジ長を線形に減少するある種の不安定を定義することができる．この証明は任意の n 重点（$n>3$）に一般化できる．

3 次元における位相幾何学的な可能性ははるかに豊かで，対応する証明はそれほど明白ではないが（付録 B），同じ結論がドライフォームにもあてはまる．すなわち最も基本的な頂点だけが安定である．

3.9 他の不安定性

前節で，圧力と表面張力との釣り合い条件を満たしても，安定性は保証されないことを知った．3 次元ウェットフォームの場合，多重頂点，すなわち 3 つ以上の膜が出会っている多重 Plateau 境界は不安定となり得る．

同類の構造不安定性は他にもある．最小表面積の不安定性がそれである．この場合，系はそれを定義するパラメータ空間のエネルギー鞍点に存在する．原理的にこれは様々な仕方で起こり得る．例えば，泡吹き器でよく見られるように，細長いパイプ状の石けん泡は一連の独立した気泡に分かれる．これは Rayleigh 不安定とよばれ，2 枚の板で挟んだ単一の筒状の気泡を用いて模擬できる．すなわち板の間隔を広げてゆくと，筒の長さが太さの π 倍を超えたところで不安定になる（図 3.12）．バルクフォームではこの種の微妙な変化が起こる可能性はあるものの，フォームにおける急激

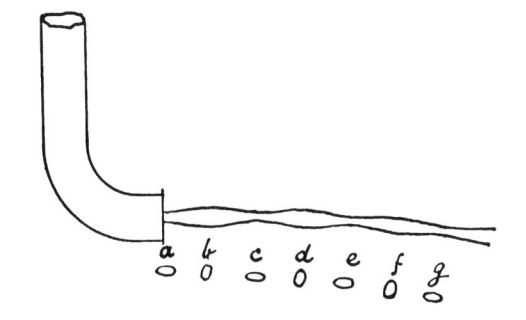

図 3.12 Boys が描いた円筒状石けん膜の Reileigh 不安定（Dover Pub. Inc. による）．

な構造変化の大半は頂点の不安定性によって生じる．ただし，このように一般化できるのは平衡状態に近い準静的領域に限定される．振盪法による製泡のようにフォームに急速なせん断が加わる場合，Rayleigh 型の不安定性が重要となる．排水速度が大きい場合には別の不安定性が生じる．

3.10　ウェットフォームの多重頂点

　Plateau の規則はドライフォームに適用されるべきものであって，有限な液相体積率（$\phi_l \neq 0$）をもつフォームへの適用性は自明ではない．禁じられた多重ジャンクションを安定化させるのに必要な Plateau 境界の大きさはどのくらいだろうか．

　不規則フォームの 2 次元シミュレーション（6.2 節）によれば，安定な 4 重接続（すなわち 4 つのエッジからなる Plateau 境界）は $\phi_l \approx 0.03$ 近傍で現れ始める．さらに ϕ_l が増すと 5 エッジ境界が安定となる（$\phi_l \approx 0.06$）．剛性消滅限界（$\phi_l \approx 0.16$）では，Plateau 境界は辺数を増しながらフォームからしみ出てくる（第 8 章）．図 3.13（a）は，辺数 n なる Plateau 境界の存在確率および平均辺数 l と ϕ_l の関係を示す．図 3.13（b）は対応する n 辺セルの存在確率を示す．

　辺数の多い Plateau 境界の安定性問題はきわめて微妙で，これまでに調べられているのは著者らの知る限り，4 つの固定点に終端をもつ単一の 4 重境界（または 2 つの 3 重境界）についてのみである（矩形対称をもつ境界について図 3.14 に示す）．正方対称の場合，$\phi_l > 0.04$ のときにこの境界は安定である．

　辺数 4 の Plateau 境界の 3 次元等価，すなわち 8 重頂点の理論的解析はさらに難

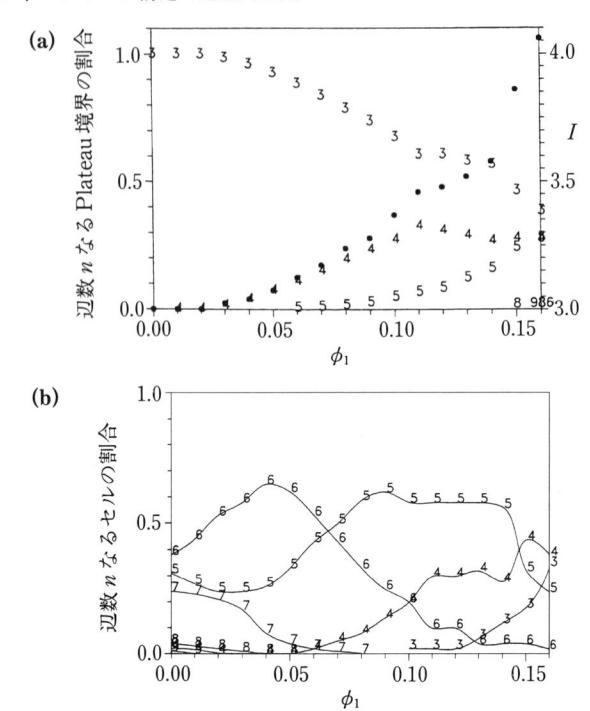

図 3.13 2次元ウェットフォームでは，辺数 n なる Plateau 境界の割合は液相体積率とともに(a)のように変化する．Plateau 境界の辺の平均値 I を・で示した．辺数 n なるセルの割合は(b)のように変わる．

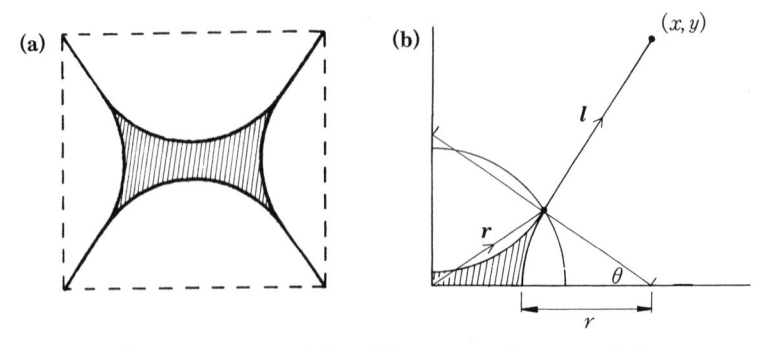

図 3.14 4つの固定点に端部をもつ4重 Plateau 境界．

しい．Surface Evolver ソフトを用いた計算によると，この種の頂点は ϕ_l のいかんにかかわらず安定らしい(6.3節)．しかし，この結果については異論もあり，解決までにはさらなる研究が必要である．

8重頂点は Plateau のワイヤフレームを利用することにより実験的に得ることができる．このワイヤフレームは金属製で，規則的な幾何学形状を有している．石けん水につけると，エッジとエッジの間に石けん膜ができる．

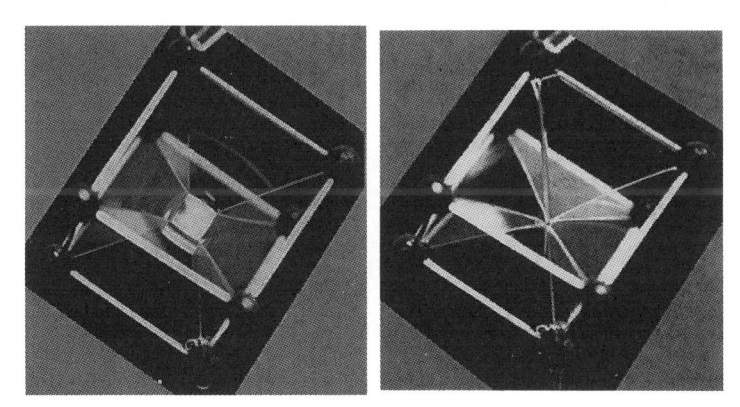

図 3.15 上部から液体を入れることにより，フレームの中に Plateau 境界の 8 重ジャンクションを作ることができる．

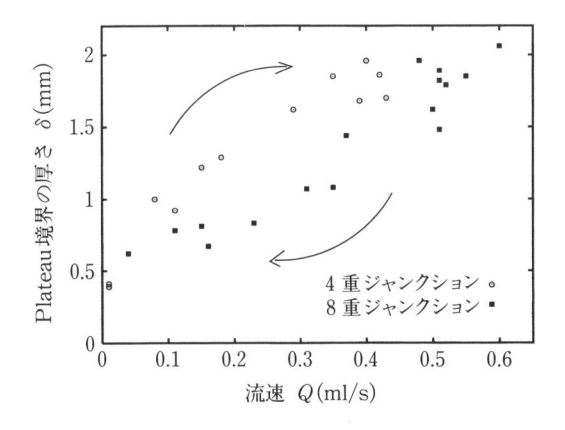

図 3.16 図 3.15 の 8 重点が生成し，ついで分解する場合，Plateau 境界厚さと流速との関係はヒステリシスを描く．

Plateau はこの膜を広範に活用し,平衡則を導いた (2.3 節).立方体フレームの上面に石けん水をかけると,流速が十分速ければ 8 重頂点が形成される (図 3.15).この頂点はいったん形成されると,非常におそい流速まで安定であるが,ついには再び 2 つの 4 重頂点に分解してしまう (図 3.16).

最近,天井から吊り下げた 2 本のナイロン繊維の間に巨大な石けん膜を張るデモンストレーションが多くの人々の目を楽しませている.上から絶えず石けん水を供給する仕掛けを考案したのは Rutgers[*4] である.

この壮大なデモンストレーションの改良型が直ちに思い浮かぶ.膜を複数にして,長い Plateau 境界とそれをつなぐジャンクションを作ることができるであろう.Plateau の発明精神は今も健在である.

3.11 表面での液相体積率

容器の中の 3 次元フォームの表面液相体積率に注目すると役立つことがある.表面液相体積率とは,表面にくっついている Plateau 境界が表面に占める面積率をいう.これにより次のような問題が提起される.すなわち,バルクと表面で気泡の密度が等しいとすると (この仮定もあやしいが),表面の液相体積率とバルクの液相体積率の間にどんな関係があるだろうか.

液体が表面をぬらすという仮定をすると,小さな ϕ_l に対しても次式が成り立つ.

$$\frac{\phi_g}{\phi_g^{\mathrm{surface}}} = 1 - \frac{4b_0}{3b_1}\phi_l^{1/2} \tag{3.42}$$

この式はフォーム表面部の薄い層に平衡論を適用することにより得られる.ここに,b_0 と b_1 はエネルギー展開式(3.35)の係数である.

[*4] http://www.physics.ohio.state.edu/~maarten

第4章
フォームの製造法

「シャボン玉を一度も飛ばしたことのない人はいないだろうし,その形の完璧さと色あいの美しさに感嘆しつつ,いったいどのようにしてこのすばらしい物体がかくも容易に作れるのか,と考えない人もいないだろう」
——**C. V. Boys**

　Boys のこの言葉はそのままフォームの製造にもあてはまる.本章で述べるフォームの製造は単純だが,結果は魅惑的な複雑さを秘めている.

4.1　フォームの組成

　水のフォームですら様々な界面活性剤と尨大な関連文献がある.ただし以下に述べる種々の効果を実証するには,普通の食器洗い用洗剤水溶液で十分である(芳香剤を含まない方がさらによいという説もある).この種の商品が単純な界面活性剤であることは決してない.目的によっては溶液中の成分の特性がよくわかっていて,かつより少なく,かつ純度が正確にわかっていることが重要である.しかし,そのような純度を実験で求めるのは容易でない.ごく微量の界面活性不純物質の影響を受けるからである.

　石けんでおなじみの界面活性剤は伝統的に油脂から作られており,油脂は脂肪酸に転換され,Na 塩として取り込まれる.粘度を増し排水を防ぐための添加剤として実験室でよく使われるのが高濃度のグリセリンである.

　非水系のフォームではいうまでもなく別種の界面活性剤が使われる.固体フォームを形成するポリマーは非常に簡単に発泡化できるが,工業的に生産する場合には界面活性剤が添加される.市販のフォームにも「発泡剤」と呼ばれる薬品が微量含まれている.発泡剤は界面活性剤の働きを促進することが知られているが,促進のメカニズムはわかっていない.

4.2 フォームの製造法

フォームは様々な方法で作られるが,代表的なものとして以下がある.
a) ガス吹き込み法:液体中に細い一本のノズルを介して気体を吹き込む.
b) スパージング法:液体中に多孔体の栓を介して気体を吹き込む.
c) 核生成法:過飽和な液体中に気泡を核生成させる.
d) 振盪法:液体を激しく揺する.

c)とd)は日用のフォームの製造に適し,a)とb)は実験用サンプルを作るのに向いている.

気泡の寸法分布を除けば,どの方法で作ったフォームにも大差はない.気体ブロー法で気体流入速度を低くかつ一定に保てば,単分散の試料が得られる(図4.1).(気体流速を低くかつ一定に保つには,ノズルを容器の底にとりつければよい.これにより周囲の液体の流れが乱れにくくなるからである.)流速が増すと,多分散のフォームを作り出すより高速での無秩序な(カオス的)挙動への第一段階として,まず気泡寸法分布は2つのピークをもつ.類似の不連続性(断続性)はTrittonとEgdellのいわゆる「無秩序泡形成」においても見られる.このようにノズルを利用した発泡法は無秩序ダイナミックスの最も単純な例と考えることができる.蛇口からの液滴の滴下も類似の例である.

(c)の方法を用いればサイズがかなり均一な気泡を作ることができる.気泡は表面に向かって上昇しながら成長し,ほぼ同じ大きさになるからである.このよい例がビールの泡である.しかし,シェービングフォームの場合には状況がやや異なる.気泡がきわめて小さいため,短時間ではほとんど上昇しないのである.シェービングフォームが白く見えるのは,気泡が非常に小さいためである.

ビールとシェービングフォームとでは気泡の生成プロセスも異なる.ビールではグラス表面の不均一部(小さなへこみなど)に気泡ができる.酒造業者はこの現象を利用してグラス表面にレーザー加工で多数の微孔を注意深く施している.もしこれを行わないと気泡のでき具合がグラスの古さや表面状態の影響を受けるからである.(d)の方法でできる気泡の寸法は広い分布をとる.この方法では気泡が何度も細分化される結果,気泡寸法は対数正規分布をとるものと考えられている.

図4.2はこれら4つの方法で作った3次元フォームを押しつぶし,2次元フォームとして示したものである.この種の写真は気泡の寸法分布$p(V)$を測定するのに有効

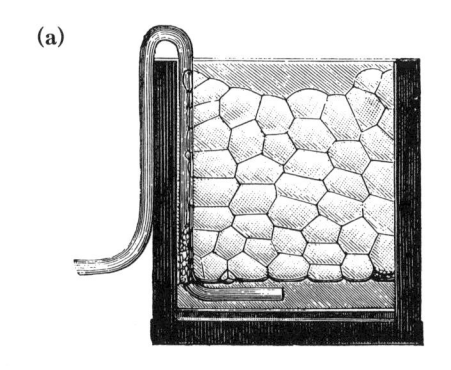

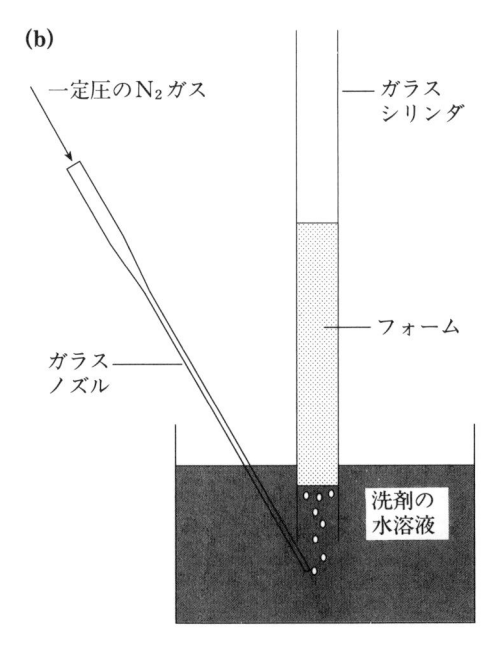

図 4.1 （a）Boys がスケッチした模擬実験用の2次元フォーム作成装置 (Dover Pub. Inc. による). （b）実際に2次元もしくは3次元フォームを作る際にはガラスノズルを用いるとよい.

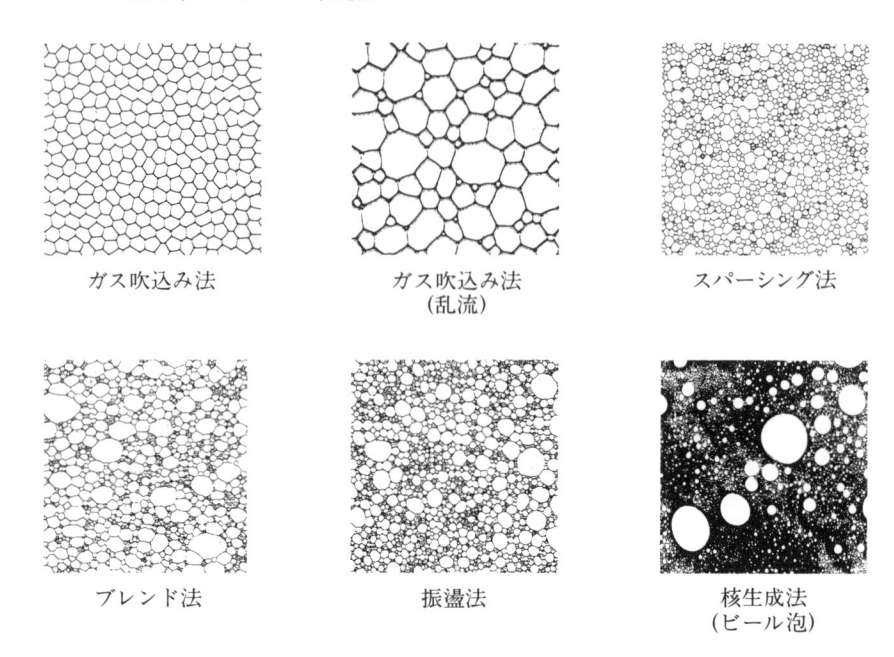

ガス吹込み法　　　　ガス吹込み法　　　　スパーシング法
　　　　　　　　　　　（乱流）

ブレンド法　　　　　振盪法　　　　　　核生成法
　　　　　　　　　　　　　　　　　　　（ビール泡）

図 4.2　種々の方法で作られた 2 次元フォーム．

である．2 次元フォームを作る他の方法として図 4.1(b) のガラス管の代わりにガラス板を用意し，その間に気泡を導入する方法がある．また，最近考案されたもう 1 つの方法として，液体表面と 1 枚のガラス板の間に気泡をとらえる方法があり，フォーム構造を変えるのに便利である．

　Hirt らは，液体を高速で叩くことにより非常に微細なフォームを作る方法を提案している．気体と液体の混合物をポンプでロータリーミキサーの中心部に送り込むと，回転子（ロータ）に取り付けられた羽根の間で気液混合体が羽根の間でせん断変形を受け，出口から送り出される．

　普通の洗剤水溶液で微細フォームを作るのは難しいが，ある種の目的に関しては普通のキッチンブレンダーでも十分である．

　拡散波スペクトロスコピーによる実験には，シェービングフォームが広く用いられている（5.8 節と 7.3 節を参照）．そこでは，Gillette Foamy Regular[*1] が用いられ

[*1]　The Gillette Co,. Box 61, Boston MA, 02199, USA.

ているようである．このフォームは大きさ 20 μm のほぼ球形の気泡から成り，気相体積率は $\phi_g = 0.92 \pm 0.01$ である．しかも1日以上安定で，液体の粘度が高いために排水も無視できる．

4.3 ガス吹き込み法で気泡を作る（二，三の助言）

　単分散型のフォームを作る最も有効で簡単な方法は，ノズルを介して液体中にガスを吹き込む方法である．ノズルは薄肉ガラス管をブンゼンバーナーで溶かして引き伸ばすことにより容易に作れる．この種のノズルはなるべく多めに作っておくことを勧める．その理由はガラスノズルが割れやすいことと，ある範囲の泡径（例えば 0.2 mm〜1 mm）に対応できることにある．これに代るノズルとして，皮下注射用の針も利用できる．

　単分散型の気泡を作るには，気体圧を一定に保つ必要がある．これを達成するには圧縮ガスを用いればよい．N_2 ガスや空気を含む気泡は CO_2 ガスを含む気泡より成長速度が遅いが，これは石けん膜中の拡散速度を支配しているのが主に気体溶解反応だからである．模擬実験用の定圧ガス源としては小型の空気ポンプが便利である．空気ポンプだけでは十分安定な圧力が得られない場合は，エアコンデンサ（大き目のガラス容器）を気体供給ラインに導入することにより圧力を安定化することができる．

　ノズルから排出される気泡の寸法はいくつかのパラメータに依存する．気泡の径はガス流量が大きいほど，またノズル径が大きいほど増大する．しかし，ガス流量をあまり大きくすると単分散型でなく複分散型のフォームができてしまう．

　筆者らは実験のほとんどを普通の食器洗浄液を使って行っているが，特段の問題はない．またいったんガラス管に捕集してしまえば気泡はきわめて安定であり，ある種の実験の時間は気泡の粗大化速度で決まるともいえる．石けん液に少量の砂糖やグリセリンを加えるのは，粘度を増すことで排水を抑えるためである．

4.4 フォームの試験法

　ある液体が発泡しやすいかどうかを定量的に評価する場合，発泡性（foamability）という用法がよく使われる．発泡性を計測するには，例えばメスシリンダーに一定量の液体を入れ，機械的に撹拌したときの体積と時間の関係を記録すればよい．より優れた方法として，発泡したい溶液を所定の容器に入れ，これに所定量のガスを所定の

速度で吹き込む方法がある．吹き込み終了直後に計測されるフォームの高さが発泡性の指標となる（Bikerman 試験）．

比較的不安定なフォームの発泡性を評価するために次のような方法も用いられる．円筒容器の液体に下部から絶えず気泡を吹き込み続けると，気泡の生成と消滅がバランスして溶液の上部にできるフォーム層の高さが一定となる．この高さを発泡性の尺度とする．円筒容器の代わりに円錐容器を使う方法もある．

溶液の上部から連続的に溶液を供給する方法でも発泡性を測定することができる（強制排水試験，第 11 章参照）．

このように発泡試験の条件を明らかにした上で，Bikerman 試験について，第 11 章で述べる気泡の排水理論を用いて発泡過程を定式化することができる．フォームの高さと生成速度との関係を決定するため，溶液の表面を除いて気泡と気泡の間の膜は壊れないこと，したがってフォームの全域で気泡の大きさは同一であることを仮定する．

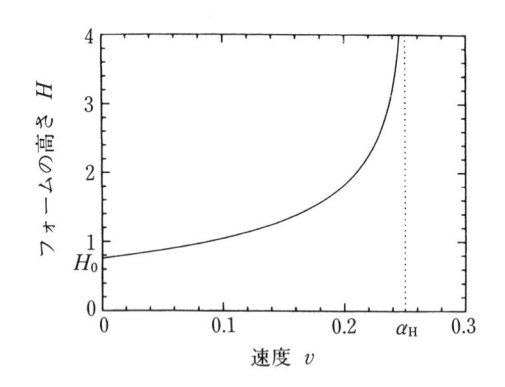

図 4.3 単純な発泡性試験の理論に基づくフォーム高さと気体速度の関係．

図 4.3 はこのようにして求めたフォーム高さと気泡の上昇速度との関係である．この上昇速度が試料上部での液体の定常流速に近づくにつれてフォーム層の高さは急増するものと予測される．前述の強制排水試験は未だ適用例がない．

フォームの安定性はビール醸造業界にとってはとりわけ重要な問題である．Irish スタウト，German Pils，Weißbier などは，飲み干すまで泡が残る理想的なビールといえる．

ビール醸造工場では，気泡の安定性を定量的に評価するために Rudin テストとい

う方法を使って液面保留時間（HRV）を求める．すなわち，太さ 27 mm，高さ 350 mm のガラス容器に脱気したビールを高さ 100 mm の目盛まで注ぎ，ついで底部の多孔質ガラスを介して CO_2 ガスを吹き込み，1 分以内で気泡が高さ 325 mm に達したところでガスを止める．液面が 50 mm から 75 mm まで上昇するのに要する時間（HRV）を計測し，この時間が最大となる気泡を最適の気泡とする．きわめて安定なフォームの場合，HRV はフォームの排水速度に対応する（第 11 章参照）．

この方法とは別に NIBEM 法で気泡の安定性を評価する醸造業者もいる．

NIBEM 法ではガラスキュベットにビールを取り分け，普通の太さのオリフィスを介してこれに CO_2 ガスを吹き込んで気泡を作る．気泡の上面（外気との界面）の位置を可動式のプローブで感知し，その時間変化を測定する．プローブには電極がついており電気伝導度が測れるようになっている．出力信号を利用して気泡の崩壊中もプローブが常にフォームと気体の界面にくるようモーターで制御する．

NIBEM 法はフォーム上部の空気の動きにきわめて敏感である．また，キュベットの表面で起こるかもしれない局所的な気泡の崩壊を検出することもできない．

4.5　微小重力下でのフォーム

落下塔，放物線飛行する航空機，ロケット，人工衛星などを用いると重力の影響を減らすことができる．重力が小さいと，ウェットフォームの気泡は球形のまま保たれるが，重力が増すと排水が起こって気泡は多面体になる（図 4.4）．

微小重力状態は地上でも種々の方法で実現できる．例えば Plateau は，密度のほぼ等しい 2 種類の液体のエマルジョンを用いて重力の影響を除いた．また非常に小さな気泡から成る系（多くはエマルジョン）を調べる方法もある（第 10 章で，重力と釣り合うウェットフォームの高さは気泡の寸法で決まることを示す）．さらに，定常的な流れを供給して絶えず排水を起こさせることにより，重力下でも寸法が一定で均一な気泡から成るウェットフォームを作る方法もある（11.1.4 項参照）．

いずれの方法もフォームの基本物性を調べるのには適しているが，工学的な研究には適さない．例えば金属フォームの生成条件を変えて，より均一な評価用サンプルを作りたい場合（16.7 節），宇宙空間での製造が魅力的なものとなる．将来的には，スペースステーションが完成した際には宇宙でのフォーム製造が可能となるだろう．

$t=0$ s $t=1$ s

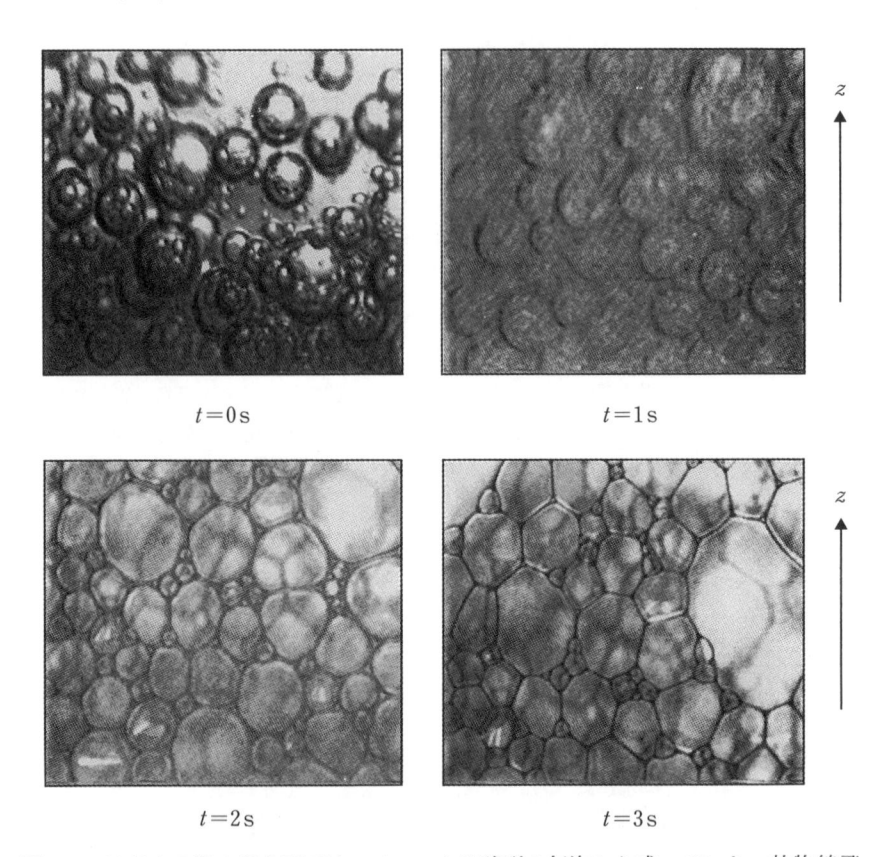

$t=2$ s $t=3$ s

図 4.4 はじめの微小重力下では,フォームは球形の気泡から成っていた.放物線飛行の過程で重力が増すにつれ,液体の排水が起こり,ついにはセルは多角形となる.(Vignes-Adler, M. and Kronberg, K. (1999). Influence of gravity on foams. *Journal de Chimie Physique* **96**, 958-967)

4.6　2次元フォーム

　2次元のフォームは,3次元フォームを2枚のガラス板でしぼり出したり,垂直に立てた2枚のガラス板の間で気泡を自由に上昇させることにより生成できる.吸い取り紙で水分を抜き取りドライフォームを保つことができる.得られたサンプルはスキ

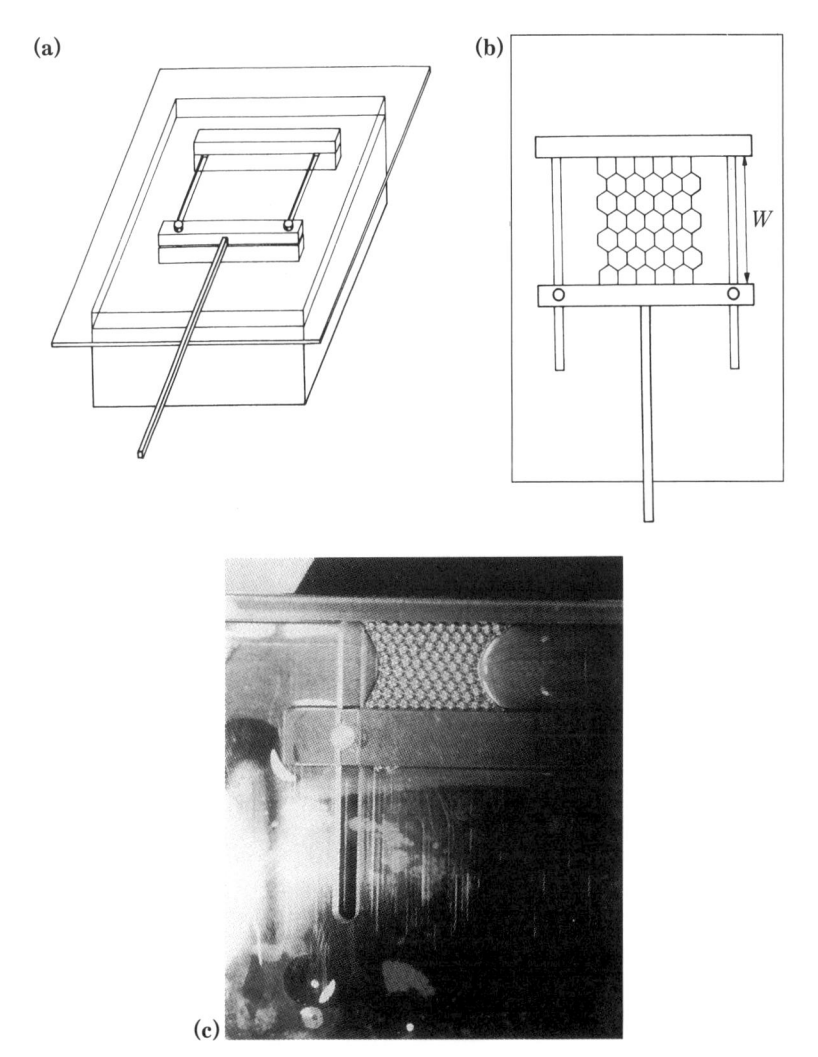

図4.5 （a），（b）2次元フォームの変形挙動を調べるための実験装置．（c）単分散型フォームにおける転位運動を調べるのに使える．
(Rosa, M. E. and Fortes, M. A. (1998). Nucleation and glide of dislocations in a monodisperse two-dimensional foam under uniaxial deformation. *Philosophical Magazine* **A77**, 1423-1446)

ャニングあるいはコピーによって記録することができる．

2次元フォームは別の2つの方法で作ることもできる．第1のいわゆる Bragg のいかだは液面に浮かんだ単層の泡のことで，当初はそう呼ばれなかったけれども紛れもなく2次元フォームである．フォームの寿命を長くするには，ガラス板で泡を閉じ込めればよい．この方法は M. A. Fortes らのグループにより考案されたもので，単分散型2次元フォームの作成と変形にきわめて適している（図4.5参照）．

ガラス板を用いるこの種の実験では，ガラス表面を十分清浄にしておかなければならない．溶液がガラスに全く濡れない場合（すなわち接触角が0のとき），表面の汚れに起因する不具合が生じる恐れがあるからである．

参考文献

Dickinson, E. (1992). *An Introduction to Food Colloids*. Oxford University Press.
Garrett, P. R. (1993). *Chemical Engineering Science* **48**, 367.
Hirt, E. D., Prud'homme, R. K. and Rebenfeld, L. (1987). *J. Disp. Sci. Tech.* 8, 55-73.
Tritton, D. J. and Egdell, C. (1993). Chaotic bubbling. *Physics of Fluids* **A5**, 503-505.
Wilson, A. J. (ed.) (1989). *Foams : Physics, Chemistry and Structure*. Springer-Verlag, Berlin.

第5章 フォーム構造の視覚化と探査

「しかし，石けん水のように粘度のある液体の場合には大量の空気が捕獲されて，いわゆる「泡」の外観を呈する」
——Philosophy in Sport Made Science in Earnest (1853),
John Murray, London

5.1 Matzke の実験

よく話題にされるが，追認されることのない大きな仕事を1940年代に成し遂げたのが植物学者 Matzke である．彼はまず石けん水に注射器で空気を吹き込む方法で大きさの揃った石けん泡を作った．ついで気泡を1つ1つガラス容器に移した．以下は原論文からの引用である．

> 「容器の容積は 188 cc なので，これを満たすのに約 1900 個の気泡が必要であった．本実験ではこの充填作業を 16 回繰り返した．結局約 25000 個の気泡を作って1つ1つ容器に移したことになる」[*1]

解剖用の双眼顕微鏡を用いて，Matzke は気泡の性状を1つ1つ調べることに成功した．

> 「容器の中のどの気泡も意のままにとり出して調べることができた．例えばある実験の気泡の総数が 1600 個として，そのうちどの1つについても，それに焦点を合わせるだけで6角形，5角形，…などのフェースの数を精査することができた」

この分類学的方法では，個々の気泡について撮影された写真をもとに 40 枚のスケ

[*1] Matzke, E. B. (1945). "The three-dimensional shape of bubbles in foam—an analysis of the rôle of the surface forces in three-dimensional cell shape determination". *Amer. J. of Botany* **33**, 58-80.

ッチが描かれた．容器の中央部と周縁部に分けて気泡1個あたりのフェースの数とフェース1個あたりの辺の数が計測された．Matzke はフェースとフェースの特殊な組み合わせにも注目している．

これによると，中央部の気泡 600 個について求めた気泡1個あたりの平均フェース数は $\bar{f} \simeq 13.7$，周縁部の気泡 400 個について求めた平均フェース数は $\bar{f} \simeq 11.0$ であった．Plateau の規則に反する事例は見つからなかった．この研究の重要な結論は，Kelvin が予測した単分散型の理想的構造をもつセル（いわゆる Kelvin セル，13.4 節参照）は1つも認められない，というものだった．気泡を1つずつ容器に移す際に「気泡の再配列が起こった」．その理由として，Matzke は Kelvin 充塡に必要な「完全な空間」がないことをほのめかしている．このことから彼は個々の気泡をジグソーパズルのように本来収めるべき場所に正しく置けば Kelvin 充塡は可能であると考えていたように思われる．しかし，後述のように実際には Kelvin 充塡は不可能であるから，規則配列はないことになる（第 13 章参照）．

Matzke は気泡の粗大化の問題に気づいており，これを避ける努力もしたが，彼の実験方法は本質的に長時間を要するものであった．この意味で Matzke の実験は「ギリシア王シシファスの仕事」と同様に徒労だったのかもしれない．

もう1人の植物学者 Dodd は Matzke の失敗にもめげなかった．彼は少数の気泡に限定することで完全充塡が可能であることを示唆した．気泡は円筒形または球形の容器に注意深くかつ正確に配置する必要があるという．

Dodd[*2] は 1955 年に Kelvin セルの写真を初めて公にした．自らも認めていたように，彼の方法は「時間がかかる上，成功率も 1% 以下と低かった」．多少経験のある人が1分以内につなぐことのできる Kelvin セルの長さについては 13.4 節で述べる．

5.2　可視化と光学トモグラフィ

フォームの実験では今でも直接観察に頼ることが大きい．第4章で述べたように（4.6 節），2枚のガラス板で気泡を挟んで作成される2次元フォームの場合には，容易に気泡の構造を見ることができる．このサンプルは気泡の粗大化を調べるのに適している（第7章参照）．一定の時間間隔で2次元フォームのコピーをとっておくこと

[*2] Dodd, J. D. (1955). An approximation of minimal tetrahaidecahedron. *Amer. J. of Botany* **42**, 566-569.

で，気体がセル壁を通り抜けて気泡が粗大化する様子を追跡することができる（図5.1）．

この方法を3次元フォームに用いることは一般にできない．きわめてドライなフォームでない限り，3次元フォームを奥深くまで見ることは難しいからである．フォームが乳白色に見える原因でもある，光の多重散乱を利用した別種の観察方法がある．このような散乱に特有の統計的な性質を拡散モデルを使って解析することができる．かくして，適切な多重光散乱実験より，フォームの構造に関する情報が得られる

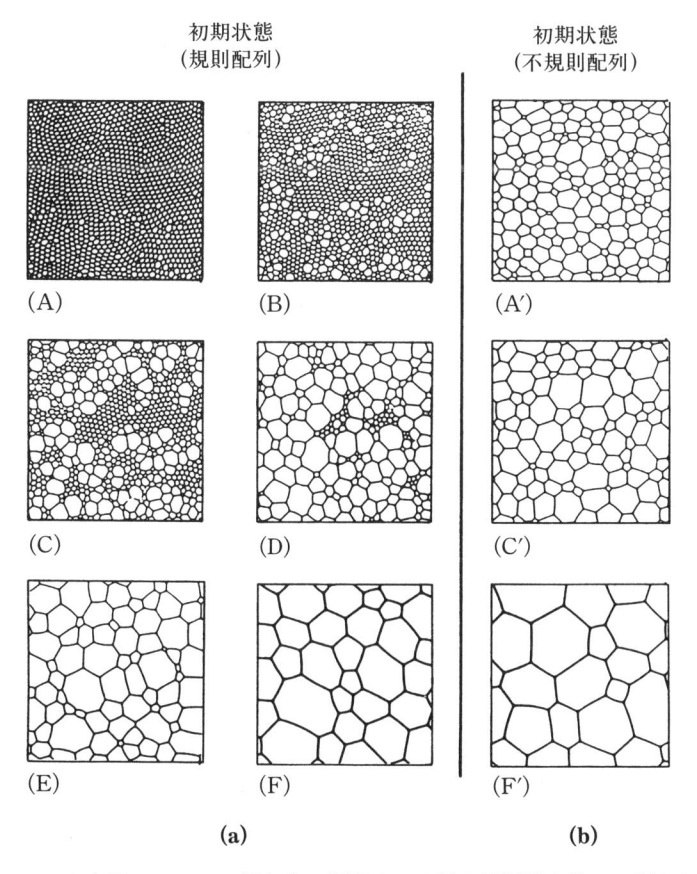

図 5.1 この2次元フォームの粗大化の観察は，はじめ複写機を使って行われた．(Glazier, J. A., Gross, S. P. and Stavans, J. (1987). Dynamics of two-dimensional soap froths. *Physical Review* **A36**, 306-312)

(5.8節参照).

しかし，ドライフォームのように好ましい条件の下では立体写真あるいはトモグラフィ，およびその数値解析を利用することができる．

フォームの画像化に電算処理光学トモグラフィが使われたのはごく最近のことである．図 5.2 に Thomas らが用いた実験装置の構成を示す．自然光（白色光）を光源とし，狭いスリットのついた CCD カメラで観察する．フォームの内部では主に Plateau 境界によって光が散乱されるので，この CCD カメラで影を検出できるのである．フォームサンプルをのせたターンテーブルをゆっくり回転させながら画像化する．

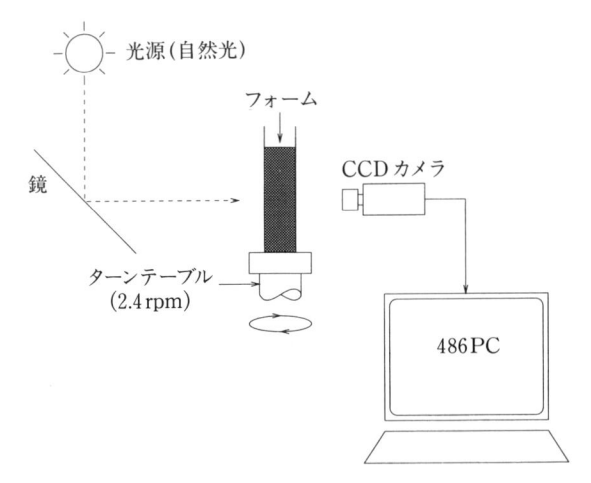

図 5.2 液体フォームの光学トモグラフィ実験装置．

焦点深度の非常に小さな対物レンズを用いると，フォームを輪切りにしたときの各薄片内の 2 次元的画像が得られるので，これを電算処理して 3 次元画像に組み立てるのである．この方法は，例えばセル壁によりたまたま生じた影を Plateau 境界に由来する影と区別しなければならないなど，この節の冒頭で述べた直接観察法に比べると厄介である．図 5.3 は光学トモグラフィを用いて画像化したセルの一例である．13.11 節で述べる円柱状のフォームは，回転対称性に由来してデータ解析が容易なため，光学トモグラフィに好適である．

最先端の装置では，CCD カメラを使ってフォーム内部の一連の 2 次元断層画像を撮影し，これを画像処理して 3 次元構造を再構築する．具体的には図 5.4 に示すよう

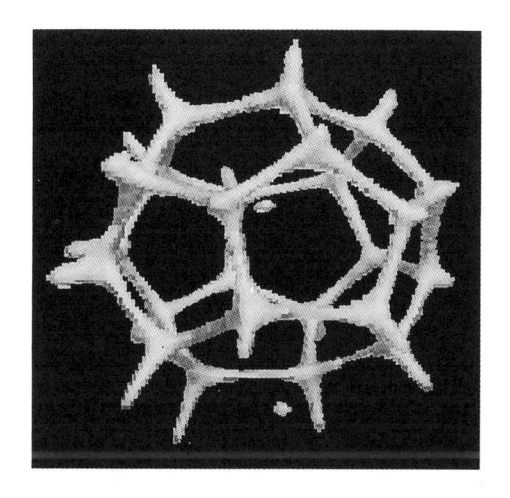

図 5.3 円柱形フォームにおけるセルのトモグラフ (13.11 節参照).
(R. C. Darton. http://www.eng.ox.ac.uk/chemeng/people/darton.html. Thomas, P. D., Darton, R. C. and Whalley, P. B. (1998). Resolving the structure of cellular foams by the use of optical tomography. *Industrial and Engineering Chemistry Research* **37**, 710-717)

に,ガラス容器に納めたフォームを上から観察する.カメラの焦点深度は非常に浅い(約1mm)ので,フォームサンプルの一部だけに焦点が合う.撮影後,サンプルを上下方向に Δz だけずらして同じ作業を繰り返す.得られた結果を図5.5に示す.この場合,断層の数は28,撮影所要時間は45秒である.

断層写真を3次元画像に組み立てるための第1歩は,すべての焦点の位置を決めることである.焦点が決まると,それを通る平面から成るフォームの多面体構造も決まる(図5.6(a)).

しかし,フォームは表面積が最小となるような構造をとるので,そのための処理が施される.すなわち,得られた多面体セルをSurface Evolverというソフトウェア(第6章参照)に入力することにより表面積を最小にすることができる.その結果が図5.6(b)である.

完全なドライフォームでない場合 ($\phi_l \neq 0$) の解析はさらに面倒である.

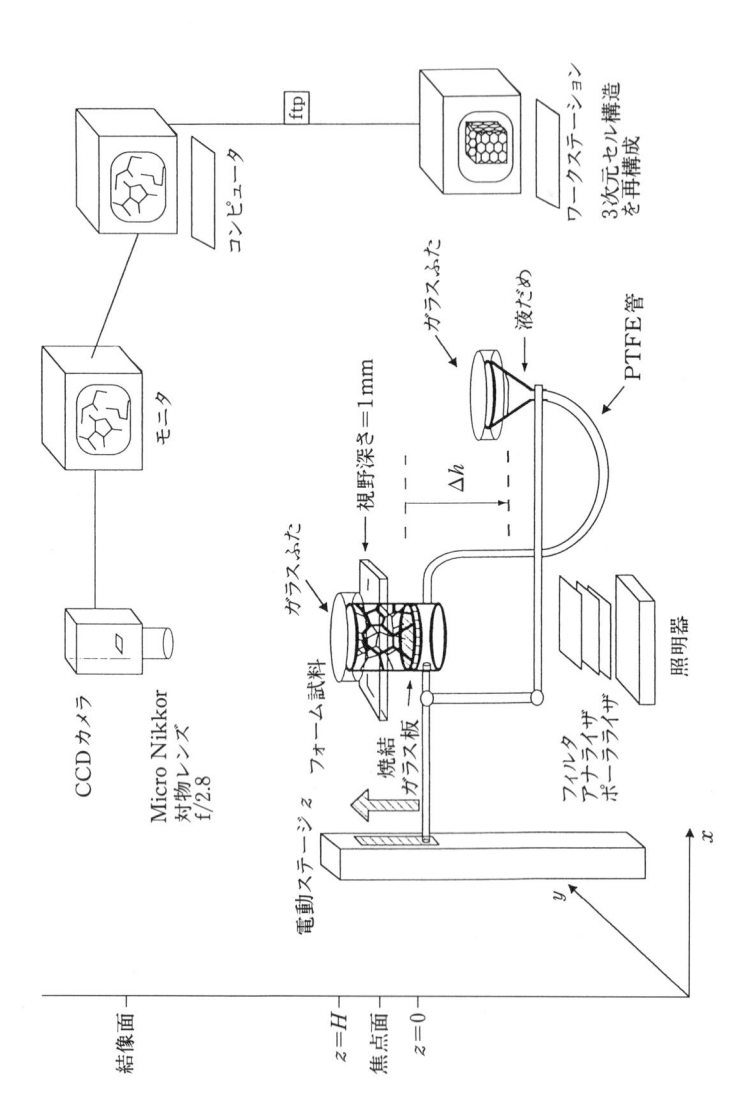

図 5.4 さらに進んだ光学トモグラフィでは、Surface Evolver ソフトによりセル構造を再構成することができる。(Monnereau, C. and Vignes-Adler, M. (1998). Optical tomographic of real three-dimensional foams. *Journal of Colloid and Interface Science* **202**, 45-53)

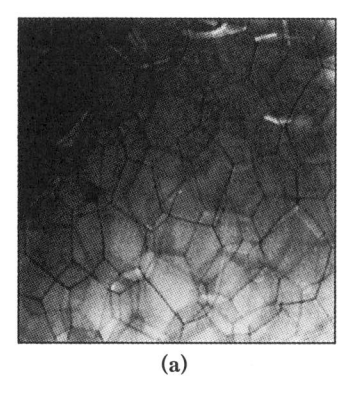

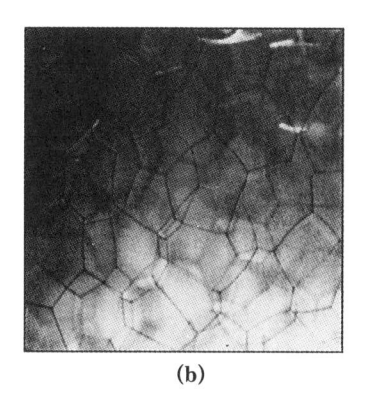

図 5.5 図 5.4 の装置で観察されたフォームの生の画像.
(Monnereau, C. and Vignes-Adler, M. (1998). Optical tomography of real three-dimensional foams. *Journal of Colloid and Interface Science* **202**, 45-53)

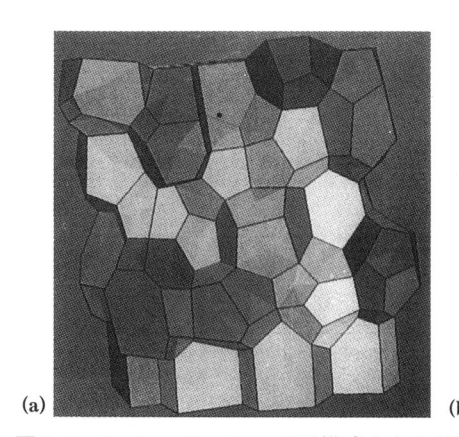

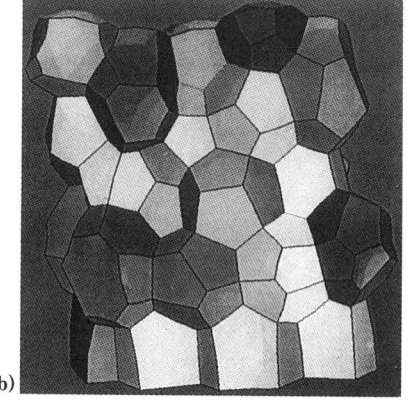

図 5.6 Surface Evolver で再構成された画像.（a）平面で近似的に表したもの,（b）完全にエネルギーを最小化した面で構成したもの.
(Monnereau, C. and Vignes-Adler, M. (1998). Dynamics of 3D real foam coarsening. *Physical Review Letters* **80**, 5228-5231)

5.3 Archimedes の原理

図5.7に示すように，ガラスシリンダー内でフォームが液体と接している場合，Archimedesの原理を適用すると，フォーム中の平均液相体積率 $\bar{\phi}_l$ は次式で与えられることがわかる．

$$\bar{\phi}_l = \frac{h}{H} \tag{5.1}$$

ここに，H はフォームの全高さ，h は液面より下にあるフォームの高さである．なおフォームは平衡状態にあり，シリンダーの表面で石けん膜のピンニングは起こらないと仮定している．

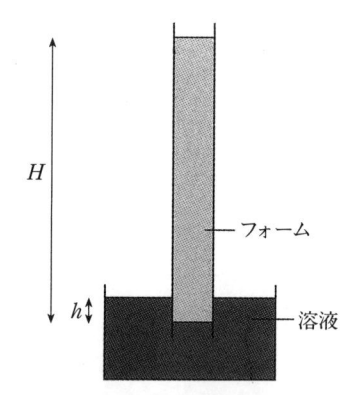

図5.7 Archimedesの原理を用いて円柱状フォームの平均液相体積率を見積ることができる．

式(5.1)は第11章で述べる強制排水，すなわち上部から絶えず液体を補給することで確保される一様で定常的な排水の研究でもよく使われる．強制排水が起こると，フォームのどこをとっても液相体積率は一様となる．この場合，式(5.1)を用いればフォームの排水に関して最も重要な流速 Q と液相体積率 ϕ_l の関係が求まる．

とはいえ，この場合Archimedesの原理は厳密には成り立たないので何らかの方法で誤差を見積もる必要がある．以下にこれを述べる．

排水しつつあるフォームを近似的に表すため，フォームが N 個の垂直なPlateau境界から成るものと考える（$N \simeq 10^2$）．これらのうちおよそ $\sqrt{N}$ 個のPlateau境界が

シリンダーと接している．フォームのいたる所で Poiseuille 流れが生じているとすれば，各 Plateau 境界に由来する粘性抵抗が生じる．フォーム内の薄い円板要素に働く抵抗力は，この要素の重さに等しい．シリンダーとの接触に起因する力がこの抵抗力に占める割合は $1/\sqrt{N}$ 程度である．

このため，Archimedes の原理に基づく静的な平衡の式(5.1)は ϕ_1 を $1/\sqrt{N} \simeq 0.1(10\%)$ 程度過小に評価する．実験的方法（シリンダーの太さを変える）または解析的方法でこの種の補正を加える必要があろう．Pittet の研究によれば，誤差は小さい（図5.8）．

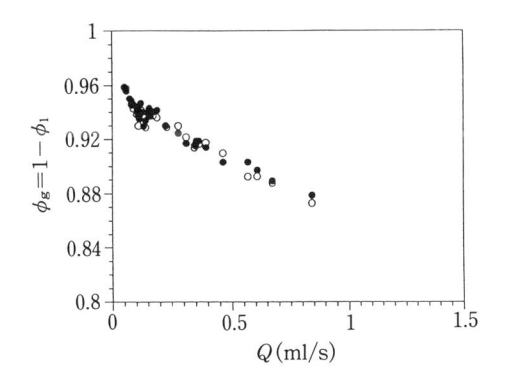

図 5.8 強制排水されるフォームの液相体積率と流速の関係．○ 実測値（Archimedes 法），● 計算値（式 $Q=\phi_1 A_{\text{cylinder}} v$ による）．ただし，v は孤立波の速度，Q は流速（式(11.14)），A_{cylinder} は管の横断面積．
(Pittet, N. (1993) M. Sc. thesis, University of Dublin)

5.4　キャンパシタンスと電気抵抗の分離測定

排水の実験では，液相体積率 ϕ_1 は時間と上下方向の位置の関数となる．単に排水量を測る代わりに密度分布を把握できれば，ϕ_1 は排水の諸性質を理解する上できわめて有用である．ここではそのような分布の求め方を述べる．流れの可視化に関わる一般的問題については，Plaskowski らのトモグラフィー画像技法に関する近著を参考にした．

局部的な液相体積率を知るには，一部をむき出しにした線電極をフォームの入った円筒容器に差し込み，電気抵抗の時間変化を測ればよい．装置の概略を図5.9に示

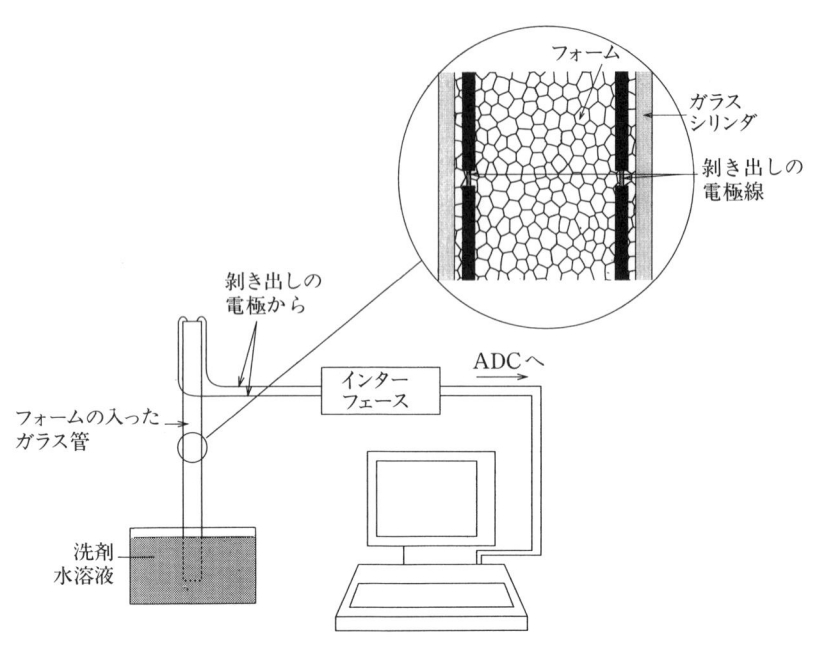

図 5.9 フォーム伝導度の測定装置.

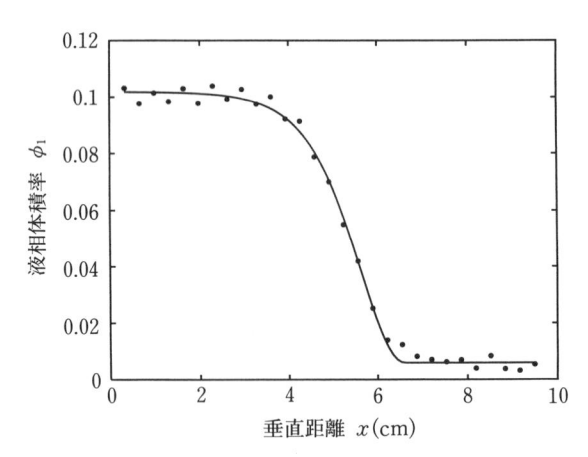

図 5.10 図 5.9 の装置を用いて測定した排水波の液相体積率.

す．図5.10はこの装置を用いて求めた単一液の密度分布である．

電極の数を増やすことにより，いわゆる分布測定が可能である．

以下にShell研究所で開発された2種類の装置を示す．一方はフォームのキャパシタンスを，他方はフォームの電気抵抗を測定することにより密度分布を求める方式である．

5.4.1　キャパシタンスの測定

図5.11(a)に装置の概略を示す．キャパシタンスセンサーを巻きつけたガラス管を洗剤水溶液の入った容器に垂直に立てる．管の下に置いた細いノズルから空気を吹き込むことによりフォームを作る．なお，水溶液に用いる水は脱イオン水でなくてはならない．

キャパシタンスの測定には図5.11(b)に示すような平行板キャパシタから成るセンサーを用いる．キャパシタ板はいずれもいくつかのセグメントに分割されている．各セグメントは送信電極（または励起電極）とその反対側にある検出電極から成り立っている．周波数kHzレンジの信号がマルチプレクサによって，励起電極に次々に

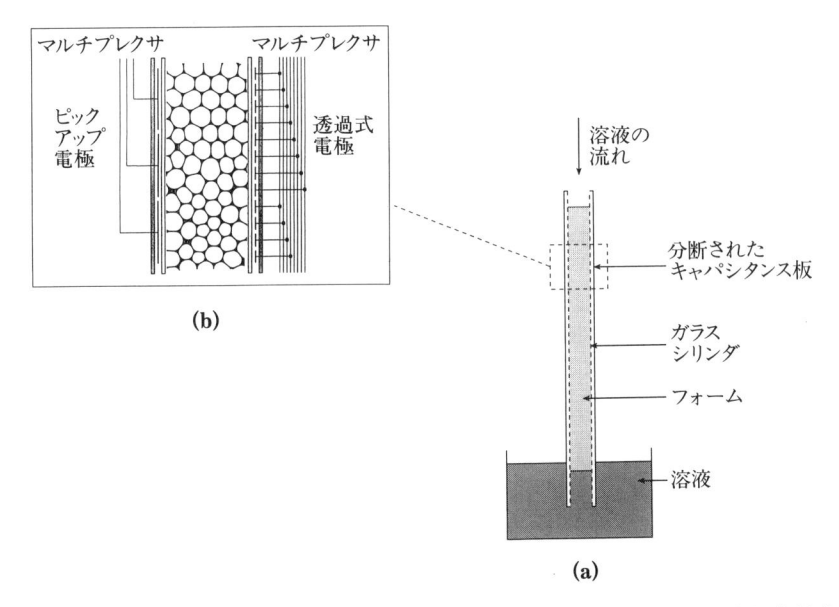

図5.11　セグメント電極を用いてキャパシタンスを測定することにより液相体積率の垂直分布がわかる．

送られる．対応するピックアップ電極を電荷増幅器に切り替えることにより，各セグメントのキャパシタンスを別々に測ることができる．

フォームのキャパシタンスはフォームに含まれる液体の量に依存する．フォームの構成成分（気体や界面活性剤など）によって誘電定数が異なるためである．キャパシタセグメントをずらし，適当な変換を加えることにより，フォームの縦方向の分布が求まる．ずらす時間は1秒よりずっと短いのに対して排水時間はやや長いので，密度分布が決まるのである．

キャパシタンスと液体分布の関係は単純な直線にはならない．そこで次のような較正が施される．ビュレットから一定の速度で液体を供給し，フォームをぬらすと，液相体積率は全域で一様となり，シリンダのどこをとっても同一の信号が得られる．液面より下にあるフォームの高さ h を測定し，Archimedes の式 (5.1) に入れれば液相体積率が求まる．液体の供給速度を変えて同じ操作を繰り返す．液体依存型キャパシタと並列つなぎのキャパシタおよび直列つなぎのキャパシタから成る単純なモデル回路を用いて実験式を求めた．図 5.12 は実験値とそれに対する最小 2 乗法による曲線のあてはめを示している．

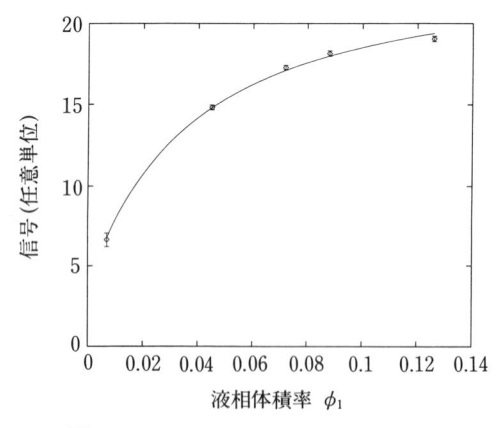

図 5.12 キャパシタンスの較正曲線．

キャパシタンスの測定値は液体の電気伝導度の影響を強く受けるので，較正曲線の再現性はよくない．つまり，測定のたびごとに較正を行う必要がある．しかし，次に述べる伝導度測定法ではこの種の厄介は生じない．

5.4.2 コンダクタンス測定

コンダクタンス測定装置では,電極はフォームと直に接している.例えば,非イオン系の普通の飲料水のコンダクタンスは,ドライフォームでは $6\,\mathrm{M\Omega^{-1}}$ であり,完全なウェットフォームでは $550\,\mathrm{M\Omega^{-1}}$ である.較正は,先のキャパシタンス測定のところで述べた定常的な流速を用いて行われる.図5.13は,フォームの相対伝導度 $\sigma_{\mathrm{foam}}/\sigma_{\mathrm{solution}}$ と液相体積率の関係を示す.相対伝導度が実際に液相体積率のみの関数と見なせることを多くの実験事実が支持している.このことについては,裏づけとなる理論にも触れながら第9章で考察する.

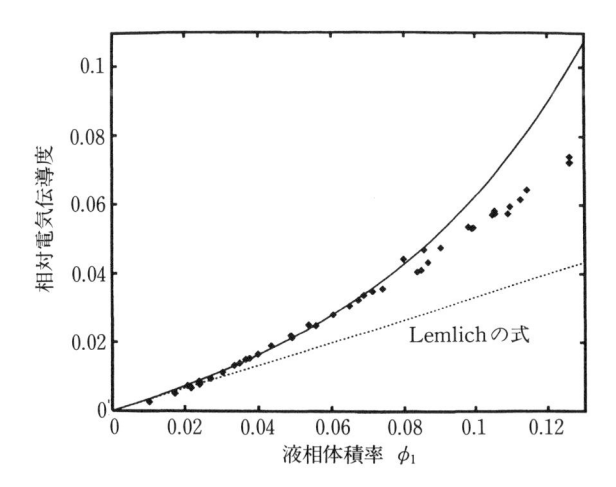

図5.13 相対電気伝導度の実測値と計算値の比較(第9章参照).

5.5 MRI

液体密度の上下方向の分布を決める方法として,伝導度の他に磁気共鳴画像(MRI)がある.この手法を用いて,これまで卵白,クリーム,ビールのフォーム構造が解析されている(11.4節参照).

しかし,これらの例では,この方法で可能な完全な画像化は行われていない.フォームの詳細な3次元画像が得られたのはごく最近のことである.MRIを用いてフォームの横断面を調べると,気泡の粗大化過程を知ることができる.

核磁気共鳴（NMR）の原理は以下の通りである．0 でないスピン角運動量をもつ原子核は無線周波数（RF）の電磁エネルギーを吸収することができる．強い磁場内で磁気双極子のように振る舞うからである．その先行周波数は Larmor の関係で与えられる．取り囲む RF コイル内での周波数応答の分散を計測すれば，試料の構造と化学組成に関する情報が得られる．

MRI は NMR を発展させたもので，均一な外部磁場に直線的なパルス磁場勾配を重ねる．これにより先行周波数を変え，空間的な位置決めを行うことができる．

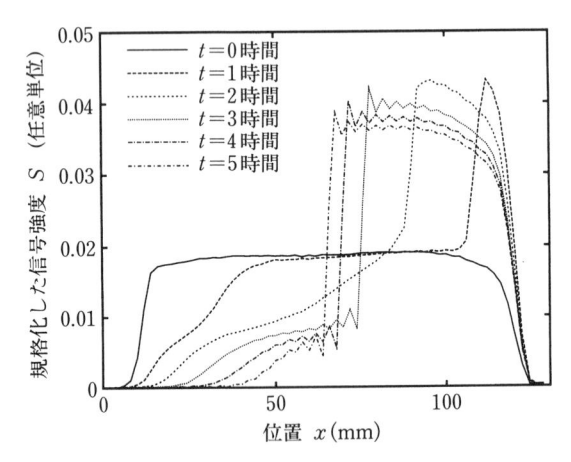

図 5.14 高粘度フォームからの排水に伴う 1 時間ごとの密度分布変化．x は垂直下向きの距離．
(Bobroff, S. and Findlay, S. (1997). Ph. D. thesis, University of Dublin)

図 5.14 は ^{1}H スペクトルを用いて MRI で測定したフォームの密度分布の一例である．サンプルには粘度の非常に高い洗剤溶液を泡立てたフォームが使われている．これは，この種の MRI 実験では溶液の粘度を上げて排水速度を遅くする必要があるためである（第 11 章参照）．計測は 160 秒ごとに行われたが，図 5.14 にはその一部のみを示してある．図 15.5 は時間軸を加えて図 5.14 をプロットしなおしたものである．

図 5.14 において，経過時間 1 h と 2 h のデータは明らかに直線的な勾配を示している．この直線性は第 11 章で述べるように排水理論から予測される．排水理論は，直線勾配が時間に反比例することをも予測するが，実際，最初の 2.5 h までのデータはこの予測と一致する（図 5.16）．

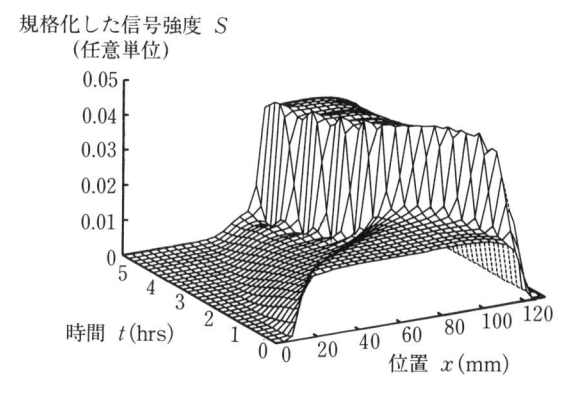

図 5.15 図 5.14 のデータを等高線で表したもの（Bobroff, S. and Findlay, S. による）．

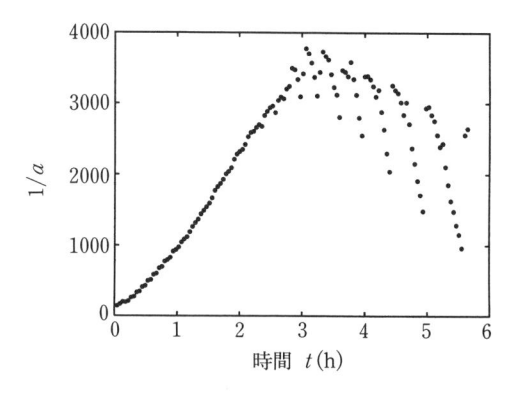

図 5.16 密度分布曲線の勾配の逆数と時間の関係．第 13 章の理論を参照（Bobroff, S. and Findlay, S. による）．

5.6 光ファイバによる計測

Ronteltap と Prins は細いガラス繊維をフォームにさし込む方法を提案している．繊維の直径は 200 μm, 先端の直径はわずか 20 μm である．ガラスとそのまわりの媒質の屈折率が異なるとき，光は先端部で反射される．このため，先端部を気泡の内部に入れると光は反射されるが，先端部を液体のセル壁（すなわち Plateau 境界）に

置くと反射はほとんど起こらない．反射光は高感度のセンサで検知され，電気信号に変換される．ガラス繊維をサンプル中にゆっくり挿入することによって，フォーム内部を走査し，どこが気体でどこが液体かを知ることができる．図5.17にこの方法の概略を示す．

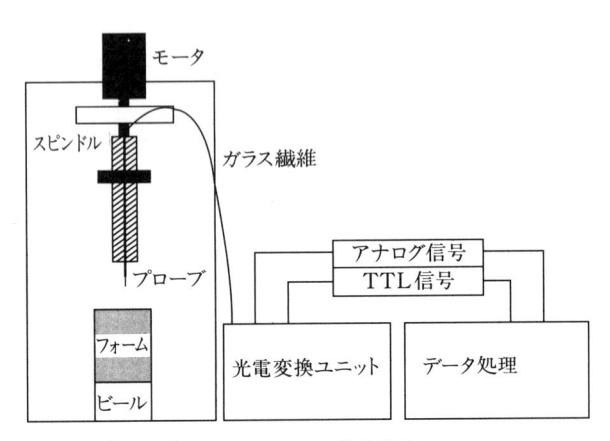

図 5.17 光ファイバプローブによるフォーム構造観察システム．
(Ronteltap, A. D. and Prins, A. (1989). In *Food Colloids* (Bee, R. D., Richmond, P. and Mingins, J. eds.), Royal Society of Chemistry Special publication No. 75, pp. 39-47)

得られた信号を気泡の寸法分布に変換するには，何らかの統計的処理を施す必要がある．この1次元的方法では気泡の真の大きさを知ることはできない．大きな気泡ほど実際より小さく認識される確率が増すからである．

RonteltapとPrinsはガラスフィルターに窒素ガスまたはCO_2ガスを通して発泡化したビールフォームの泡径分布を求めた．両フォームとも初期の泡径は同程度であったが，3分後の分布に明らかな差が認められた．両方とも分布は広がったが，広がり方はCO_2泡の方がずっと大きかった．またCO_2泡の多くは収縮したが，N_2泡は収縮しなかった．この挙動の差は水（ビール）に対するCO_2ガスとN_2ガスの溶解度の差に起因すると考えられた．CO_2フォームの分布変化は（いくつかの気泡で必ず起こる収縮の事実から）拡散支配であるのに対し，N_2フォームの分布変化は内部での膜の破壊に支配されているものと思われる．

光ファイバ法の信頼性に関して2つの問題がある．シリンダー内にファイバを挿入

する際に気泡を壊さないかという問題と，ファイバ先端に液体が付着することにより測定が影響を受けないかという問題である．

5.7 膜厚の光学的測定

石けん膜の表面で少しずつ変わる色の模様は，美しいばかりでなく，膜厚が排水とともに刻々と変化することを示している．

図 5.18 は波長 λ なる白色光が厚さ t_f の液体膜に角度 i で入射する様子を示す．入射光の一部は上部表面（点 A）で反射され，残りは屈折角 r で膜中に入る．この透過光の一部は下部表面で反射され，第 1 の表面（点 C）に達し，その一部が角度 i で外に出る．残りは C で内部に反射される．

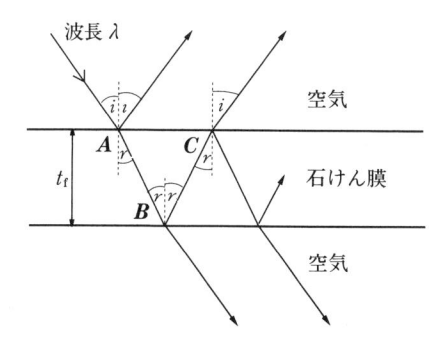

図 5.18 薄膜の干渉作用．

反射光が示す干渉縞は点 A で反射される光と点 C で抜け出す屈折光との干渉によって生じる（この場合，C で反射された光は次に上の表面から抜け出るときには非常に弱まっているので，これを無視することができる）．

A の反射光と C の屈折光との位相差 $\Delta\phi$ は，光学の法則を用いると簡単に次のように求められる．

$$\Delta\phi = 2nt_f \cos r + \lambda/2 \tag{5.2}$$

ここに，n は膜の屈折率（空気の屈折率は 1），t_f は膜厚である．右辺の $\lambda/2$ は，密度の異なる媒質の界面で光が反射されるときに生じる位相変化である．構造的な干渉の発生条件は次のように表せる．ただし，p は正の整数である．

$$2nt_f \cos r = (p + 1/2)\lambda \tag{5.3}$$

反射光の強度は，電磁気学の基礎理論と Fresnel の式より次式で与えられる．

$$I_{\text{reflected}} = 4 I_{\text{incident}} R \sin^2\left(\frac{2\pi}{\lambda} n t_\text{f} \cos i\right) \tag{5.4}$$

ここに，$I_{\text{reflected}}$ と I_{incident} はそれぞれ反射光と入射光の強度である．R は膜表面 A で反射される光の割合である．

入射角 i が一定の単色光を用いて，入射光と反射光の強度を計測すれば，式(5.4)から膜厚 t_f を求めることができる．

垂直な薄膜に白色光を照射すると 7 色の縞模様が生じる．膜から抜け出る光は，式(5.4)に従って反射されるすべての成分の合成である．Lawrence は石けん膜の色と膜厚の関係を 8 次の干渉まで考慮して導いている．

式(5.4)から，$t_\text{f} \ll \lambda$ のとき $I_{\text{reflected}} \simeq 0$ となることがわかる．このとき膜は黒く見える．これは，上述の付加的な位相シフト $\lambda/2$ に起因する干渉によるものである．

排水現象が伴うと石けん膜上に黒点が現れることを発見したのは Newton とされている．しかし，同様の現象を今から 3000 年も前にアッシリア人が観察し，粘土板に記録したことがわかっている．

今日では，一般的黒膜と Newton 型の黒膜を膜厚によって区別している（第 12 章）．この分類によって薄膜の分子構造に関する理解が深まり，膜の安定性を支配する因子が明らかになる．

5.8 光の散乱

ドライフォームを除けば，フォームの外観は乳白色である．入射光を多重散乱するためである．個々の散乱は膜面および Plateau 境界で起こる反射と屈折である．このためフォーム内部の構造や反応を光学的手法で直接観察することはきわめて難しい．

Boyle は 1663 年に著した『実験的にみた色彩の歴史』の中でフォームの白さについて次のように述べている[*3]．

「ここで実験に立ち戻ろう．卵白は部分的には透明だが入射光を反射できるので，ある意味で天然の鏡といえる．しかし，泡立て器やスプーンでかきまぜると，透明性を失い，浮白色のフォーム（フロート）すなわち多数の小さ

[*3] Boyle, R. (1663). Experiments and Observations Touching Colours. 1772, Works, Rivington Davis, etc., London, vol. 1, 686.

な気泡の集合体となる．白っぽく見えるのは，気泡の凸面で入射光がことごとく反射されるからである．次のことに注意しよう．例えば水をかきまぜてフロートにすると，気泡は成長し，気泡の数は減る．これにより光の反射が不十分となるので，白色は失われてゆく」

　反射光にせよ透過光にせよ，光の多重散乱は近年有用と考えられている．多重散乱から有益な情報が得られることがわかったからである．この種の情報は統計的な性格が強いため，すぐれた解釈が必要である．多重散乱の実験の概念図を図 5.19 に示す．

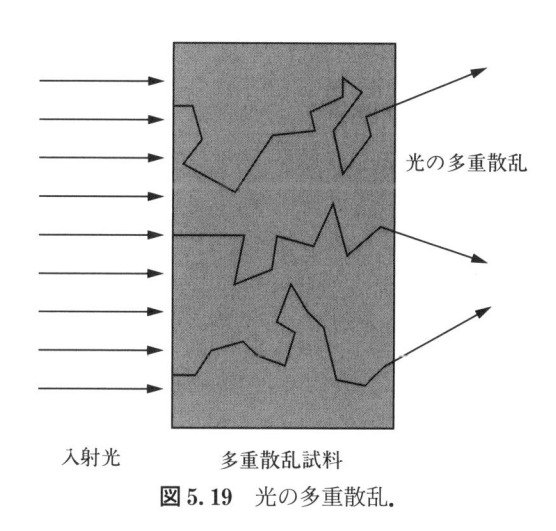

図 5.19 光の多重散乱．

　このいわゆる分散型光散乱の詳細についてはここでは立入らない．この現象には多くの技術的問題が伴うからである．代わりにその要点を以下に指摘するにとどめる．

　散乱媒質中の光の透過は，本質的には平均自由行程 l^* の酔歩運動である．厳密にいえば，この l^* は輸送平均自由行程であり，散乱が非等方的な場合には，平均自由行程と一致しない．

　$l^* \ll L$（サンプルの厚さ）のとき，サンプル内の光の強度の変化は身近な拡散の問題に帰せられる．

　光の平均強度は距離とともに直線的に減少する．透過光の割合 T は l^*/L に比例するはずだから，

80   第5章 フォーム構造の視覚化と探査

$$T \propto \frac{l^*}{L} \tag{5.5}$$

よって，例えば T の時間変化を測定すれば，l^* の時間変化がわかる．フォームへの初めての適用はこのようにして行われた（第7章参照）．

もう1つの可能性は，透過光の位相あるいは強度の相関関係の消滅を調べることである．観察されるのは，様々な経路をたどる光の散乱に由来してゆっくりと変わるスペックルパターンである．このとき，粗大化や外部から加わる繰り返しひずみによって気泡構造が変わるのに対応して，光の経路が変わる．このようにして気泡の形態変化を観測することができる（図5.20）．

ϕ_l が小さいとき，$T^{-2} \propto \phi_l$ の関係が成り立つので，これから ϕ_l を決定することもできる．

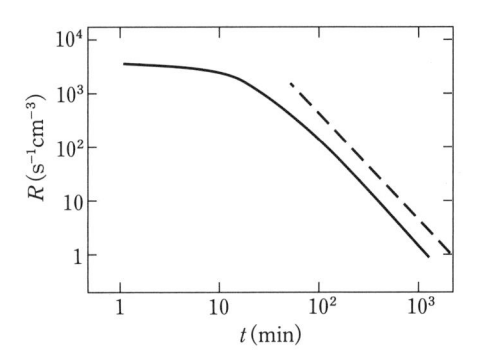

図 5.20　フォームの再配列速度と時間の関係．破線は勾配−2のスケーリング直線．

5.9 蛍　　光

紫外線に敏感な蛍光顔料を添加する方法は，過去に模擬実験に用いられたことはあるが，気泡の定量測定にも有効であることが判明したのはごく最近のことである．Koehler ら[*4] は，蛍光モニター法が ϕ_l の測定に効果的であることを示した．この方法は非常に小さな ϕ_l を測定する際に威力を発揮する．

[*4]　Koehler, S. H., Hilgenfeldt, S. and Stone, H. A. (1999). Liquid flow through aqueous foams: the node-dominated foam drainage equation. *Physical Review Letters* **82**, 4232-4235.

この方法は ϕ_l と蛍光の強さとの直線関係を前提としている.この前提はきわめて合理的ではあるが,光の吸収や多重散乱については修正を要する場合がある.

参 考 文 献

Hutzler, S. (1997). *The Physics of Foams* (Ph. D. thesis). Verlag MIT Tiedemann, Bremen.
Lawrence, A. S. C. (1929). *Soap Films*. G. Bell & Sons Ltd., London.
Lovett, D. R. (1994). *Demonstrating Science with Soap Films*. Institute of Physics Publishing, Bristol and Philadelphia.
Plaskowski, A., Beck, A. S., Thorn, R. and Dyakowski, T. (1995). *Imaging Industrial Flows*. IOP Publishing, London.

第6章 モデル化とシミュレーション

「コンピュータシミュレーションとは科学者が年老いてもできる仕事に過ぎない」
——C. S. Smith の手紙からの助言（1985）

本章では，序章で示したモデルに基づき2次元フォームと3次元フォームのシミュレーションを行う．次に，計算量の少ないもっと近似度の低いモデルについても述べる．最後にエッジ数分布 $p(n)$ のような分布関数を用いる，純統計的な取り扱いについて述べる．

6.1 2次元ドライフォームのシミュレーション

2次元フォームではその構造が単純であることから，正確なシミュレーションが可能である．理想的構造は，円弧だけで作ることができる（付録 H.1 参照）．この2次元ドライフォームのモデル化では，通常初期構造として，個々のセルの面積を拘束条件とした Voronoi 配列が与えられる．Voronoi 配列は地理学や天文学といった多くの分野で用いられており，多くのアルゴリズムで計算することができる．

平衡状態での構造を決めるパラメータは，
(a) セル内の圧力 p_i（Laplace 則（$\Delta p = 2\gamma/r$，式(2.1)）によりエッジ（辺）の曲率を定める）
(b) セルの頂点の座標 r_j
の2つであり，以下の2条件が満たされなければならない．
(c) 各頂点で各エッジが 120° に交わること．
(d) 拘束条件であるセル面積が保存されること．
周期的境界条件内の N 個のセルでは，(a)と(b)より

$$N + 4N = 5N \tag{6.1}$$

個の独立変数があることになる．ここでは Euler の定理（$n=6$，式(3.13)）と，各頂点は3つのセルに所属することから，1セルあたりの頂点の数が $6/3=2$ 個であることを用いた．

（d）と（c）の条件の数もまた $4N+N=5N$ 個である．したがって，与えられた構造に対しこの条件を線形連立方程式として解くと，平衡に少し近づいた構造が得られる．この手順を反復計算して，平衡状態のセルの構造を計算することができる．各ステップにおいて全連立方程式を一度に解く代わりに，各頂点ごとにそれぞれの周りが局所平衡となるような構造を計算するという手法でも計算できる．図6.1はこの手法により描いたフォームの構造の例である．

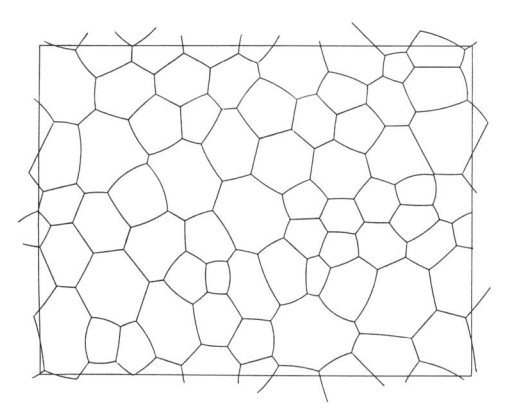

図 6.1 2次元ドライフォームの周期的境界条件によるコンピュータシミュレーション．

計算には，位相幾何学的な構造変化を取り入れることも必要である．これがうまくいかないと，非現実的な構造となったり，プログラムが止まってしまったりする．したがってプログラムには，エッジの長さやセル面積がある値以下になるとそのセルが消滅し周りの配列が変化するというサブルーチンが必要である．

このようなシミュレーションにおいて，時間経過によるセル面積の増分を計算すればフォームの粗大化過程を計算することができる（第7章）．また，外力による構造変化を計算すればフォームの粘性的挙動を計算することができる（第8章）．このような計算がきちんと収束するという数学的保証はないが，おおむねうまくいっているようである．

6.2　2次元ウェットフォーム

2次元ウェットフォームも，Laplace の釣り合い条件（$\Delta p=2\gamma/r$，式(2.4)）にPlateau 境界内の圧力 p_b を追加すれば，シミュレーションすることができる．実際の計算は少し難しくなるが，図6.2のような計算結果が得られている．

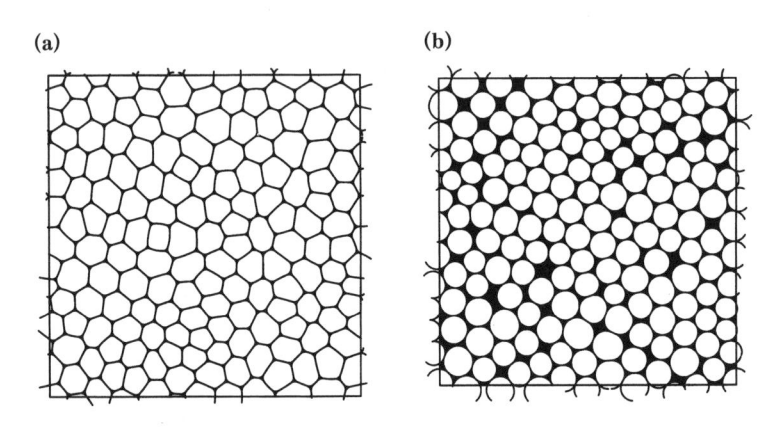

図 6.2　液相体積率が有限な，2次元ウェットフォームのコンピュータシミュレーション．（a）$\phi_\mathrm{l}=0.02$, （b）$\phi_\mathrm{l}=0.12$.

理想的な Plateau 境界をもつ2次元石けんフォームのモデルでは，次のような仮定が用いられている（詳細は付録 H.2 参照）．
1.　Plateau 境界に接するセル壁の厚みは無限小であり，液体は Plateau 境界にのみ存在する．
2.　Plateau 境界の壁面は曲率半径 $r=\gamma(p-p_\mathrm{b})^{-1}$ の円弧である．ここで p と p_b はセル内と境界内の圧力である．
3.　エッジは曲率半径 $r=2\gamma(p-p_j)^{-1}$ の円弧である．ここで p_j はこのセルに接する j 番目のセル内の圧力である．
4.　エッジが境界に接するところでは，両円弧は同じ接線に接する（図6.3）．
5.　拡散はエッジを通してのみ生じ，境界では生じない．
6.　Plateau 境界の圧力 p_b はフォーム全体で一定とする．

ドライセルの頂点を Plateau 境界に置き換えて考えると，位相幾何学的な T1 過程

図 6.3 理想的 2 次元ウェットフォームにおける Plateau 境界.

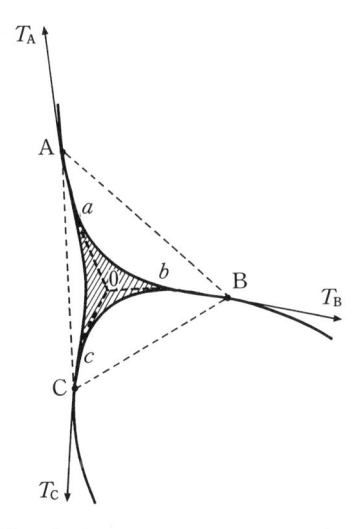

は，図 3.3 に示すように，2 つの境界が合体し，すぐにこれが分離するというプロセスとなる．

6.3 3次元フォーム

3 次元になると取り扱いは非常に難しくなる．なぜなら，セル壁が球面でも，他の数学的に扱いやすい形状でもなくなるからである．したがって，セル面は小さな 3 角形平面要素（あるいは曲面要素）のモザイクで表現しなければならないことになる（付録 H. 3 参照）．局所的釣り合い条件は単純なままであるが，不規則フォームのシミュレーションに多数のセルが必要な場合，パラメータの数は膨大になる．

したがって，多くの解析は規則的な理想化されたフォームを対象としている．プログラムは，Brakke の Surface Evolver 解析パッケージを元にしたものが用いられている．このソフトウェアは，Kelvin 構造の正確な計算を目的としていたが (13.4 節)，これは，数学上の最小面積問題のほか，ロケット燃料タンクの微小重力状態のシミュレーションや，プリント基板のはんだ接合のモデル化などにも応用されている．

3 次元フォームの Surface Evolver 解析による計算のポイントは以下の通りであ

る.
- 多面体による空間充填構造のユニットセルを設定する
- 多面体各面を3角形要素でメッシュに切る
- 勾配下降法（通常は共役勾配法）により表面積を最小化する
- 表面積最小化が収束するまでメッシュを細かくする

本書には，Phelanによる計算例が数多く載せてある．メッシュを細かくしていったときのエネルギー最小構造の計算例を図6.4に，そのときの単位体積のKelvinセルのエネルギーを図6.5に示す．

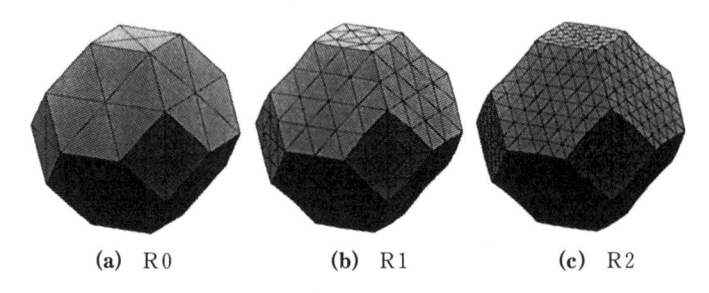

(a) R0　　(b) R1　　(c) R2

図6.4 3次元ドライフォームの3段階のメッシュによるSurface Evolverシミュレーション．

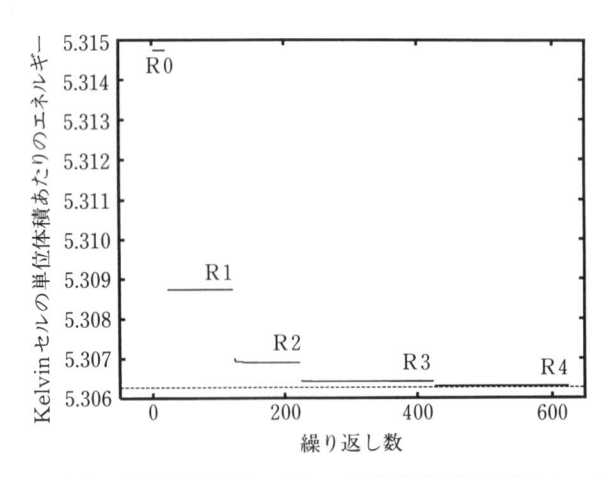

図6.5 図6.4のように要素分割を細かくし，反復計算を繰り返すと，表面エネルギーが減少していく．

3次元ウェットフォームのモデル化はさらに難しい．ドライフォームでの問題に加え，Plateau 境界の形状も取り込む必要があるからである．Plateau 境界の計算は，図 6.6(a)に示すように，3角柱形状で結合部は8面体となっている初期構造から始める．その後，図 6.6(b)〜(d)に示すようなエネルギー最小化プロセスが行われる．3次元ウェットフォームのさらなる難しさは，液相体積率が増えると位相幾何学的な変化が生じる可能性のあることである．図 1.10 の T1 過程の計算では，途中でいくつかの3角形要素を順次取り除いている．さらに，エネルギーが減少しない頂点は分解してやる必要がある．

ソフトウェアの改良により，周期的な板状構造や柱状構造のフォームをモデル化することも可能である．その例を図 6.7 に示す．ミツバチのジレンマの問題では板状構

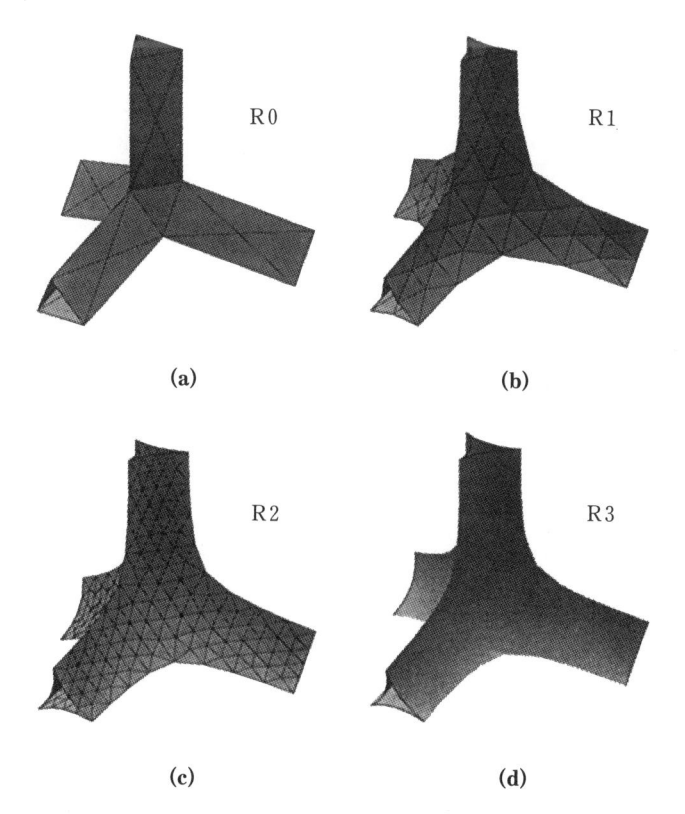

図 6.6 Plateau 境界の結合部が徐々に細かく滑らかになっていく様子．

88　第6章　モデル化とシミュレーション

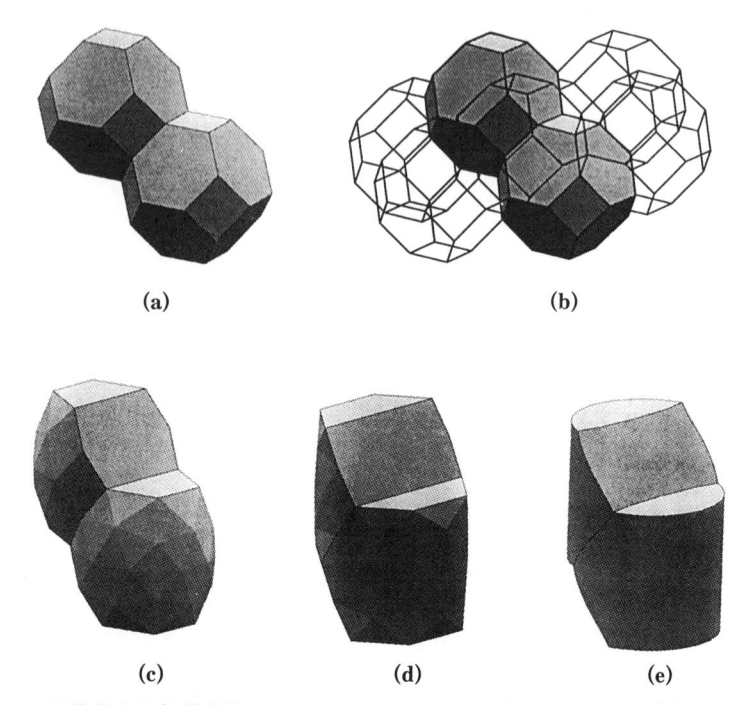

図 6.7 周期的な円柱状構造においてユニットセルを小さくしていく影響（13.11 節参照）．

造のモデルを用いるが，その詳細は 13.10 節で述べる．

6.4　そのほかのフォームのモデル

これより近似の粗いモデルとして，エッジを直線で置き換えたモデルや，連続空間を不連続格子に置き換えたモデルが存在する．これらは非常に大きなシステムに対して有効な手法である．

6.4.1　頂点モデル

頂点モデルのアイディアは Smith まで遡るが，近年 Kawasaki らのグループが深く研究している．2 次元フォームの典型的な結果を図 6.8 に示す．

粒成長とは，一般に，セル構造体の壁面の曲率が駆動力となるプロセスであるとさ

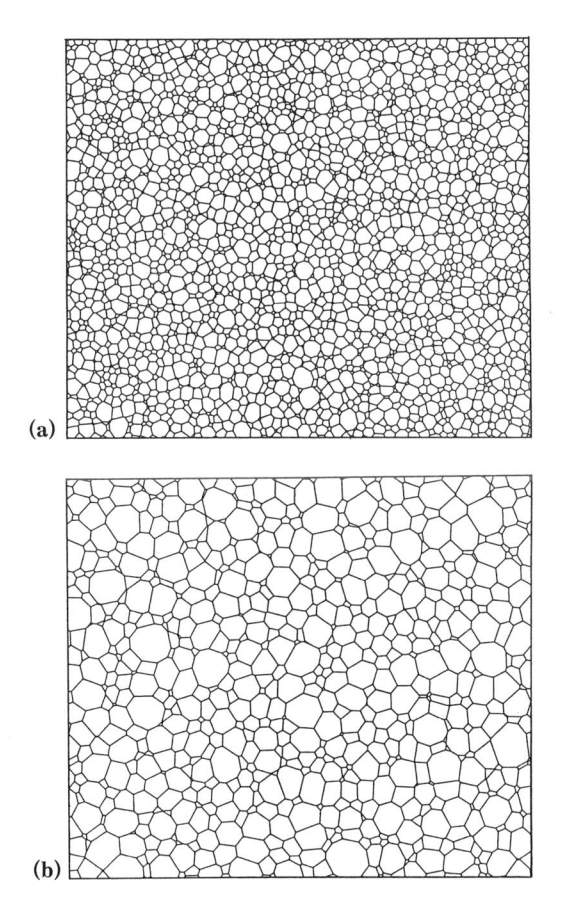

図 6.8 2次元フォームの頂点モデル．エッジは直線で近似されている．
(Kawasaki, K., Nagai, T. and Nakashima, K. (1989). Vertex models for two-dimensional grain growth. *Philosophical Magazine* **B60**, 399-421)

れている（15.2節）．しかしながら頂点モデルでは，連続的自由度を持つ粒界の運動方程式は，近似的に頂点の運動方程式に帰着される．したがって，少ない数の頂点の運動方程式のみを考慮すればよいことになる．ただし3次元では，セル壁面上にもう1点計算点が必要となる．

図6.9は，3次元セル構造体の時間的進化を頂点モデルで計算したときの，2次元断面のスナップショットである．周期的境界条件と，初期構造として1000セルの

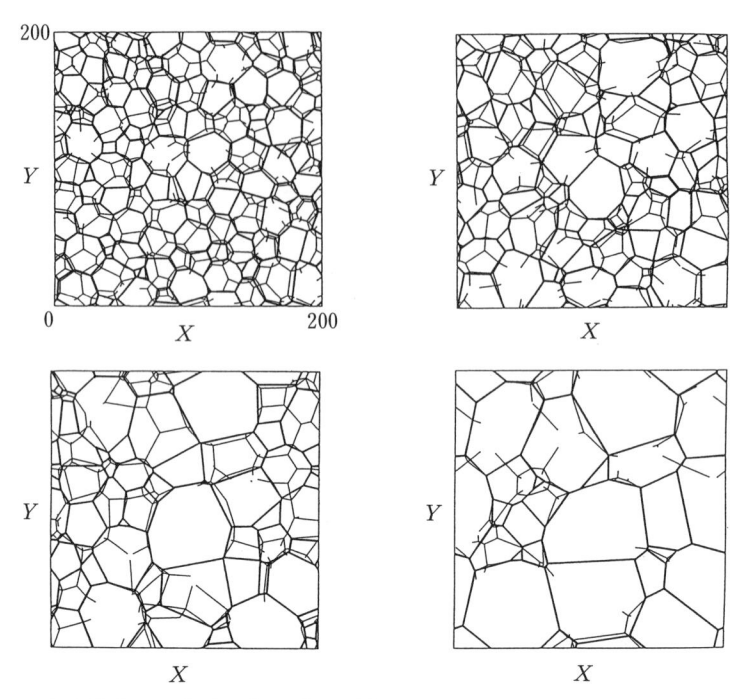

図 6.9 粗大化中の 3 次元頂点モデルの断面図.
(Fuchizaki, K., Kusaba, T. and Kawasaki, K. (1995). Computer modelling of three-dimensional cellular pattern growth. *Philosophical Magazine* **B71**, 333–357)

Voronoi 配列を採用し,運動方程式は数値的に積分した.第 7 章では,このような構造が最終的に到達するスケーリング則について議論する.

6.4.2　Q-Potts モデル

Potts モデルとは磁性における Ising モデルを一般化したものである. Q 個の異なる値を持つスピンを 2 次元あるいは 3 次元の格子上に置く.スピン i は最隣接スピン j と次のハミルトニアンで相互作用する.

$$H = \sum_{i,j(\text{最隣接})} \delta_{\sigma_i \sigma_j} \tag{6.2}$$

ランダムに選ばれたサイトで,スピンの値の変更を試みる.新しいスピンのエネルギーが元のエネルギーより低いときは確率 1 で,高いときは確率 $\exp(\Delta H/k_\mathrm{B} T)$ で,

スピン値は変更される．ここで ΔH は新旧エネルギーの差，k_B はボルツマン定数，T は温度である．高い温度ではスピンは無秩序となるが，温度が下がるとすべてのスピンが同じ状態（同じ Q 値）をとるドメインが形成される．

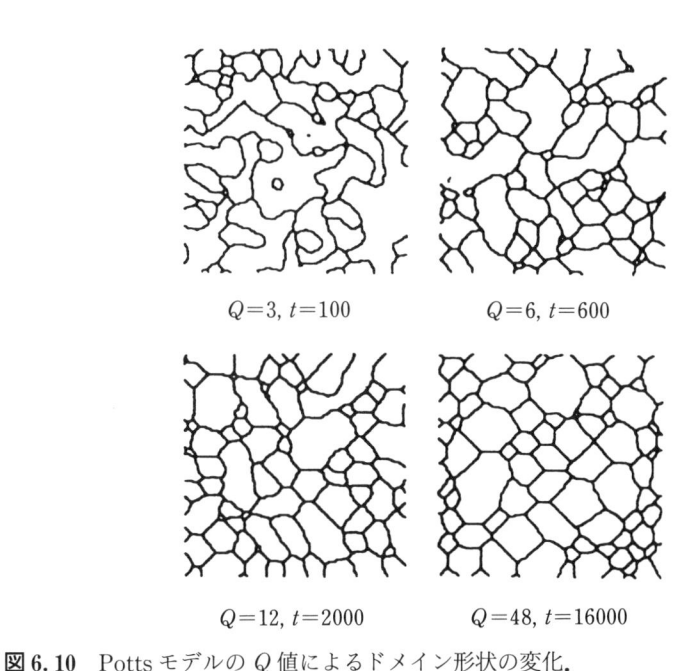

$Q=3, t=100$ $Q=6, t=600$

$Q=12, t=2000$ $Q=48, t=16000$

図 6.10 Potts モデルの Q 値によるドメイン形状の変化．
(Grest, G. S., Anderson, M. P. and Srolovitz, D. J. (1988). Domain-growth kinetics for the Q-state Potts model in two and three dimensions. *Physical Review* **B38**, 4572-476)

図 6.10 は Q の値によるドメインの形状の変化を示す．Q が大きな場合のみ，フォームのセルに似たドメイン境界が形成される．そのほか，Potts モデルのドメイン形状は非等方的なのに対し，実際のフォーム形状は等方的である．ドメイン形状の非等方性は，式(6.2)のハミルトニアンに第 2 隣接セル相互作用を取り入れることで，小さくすることができる．図 6.11 に示すセル構造の時間変化は，平均セル径が時間に対し線形に増加するという点でフォームと似ている．

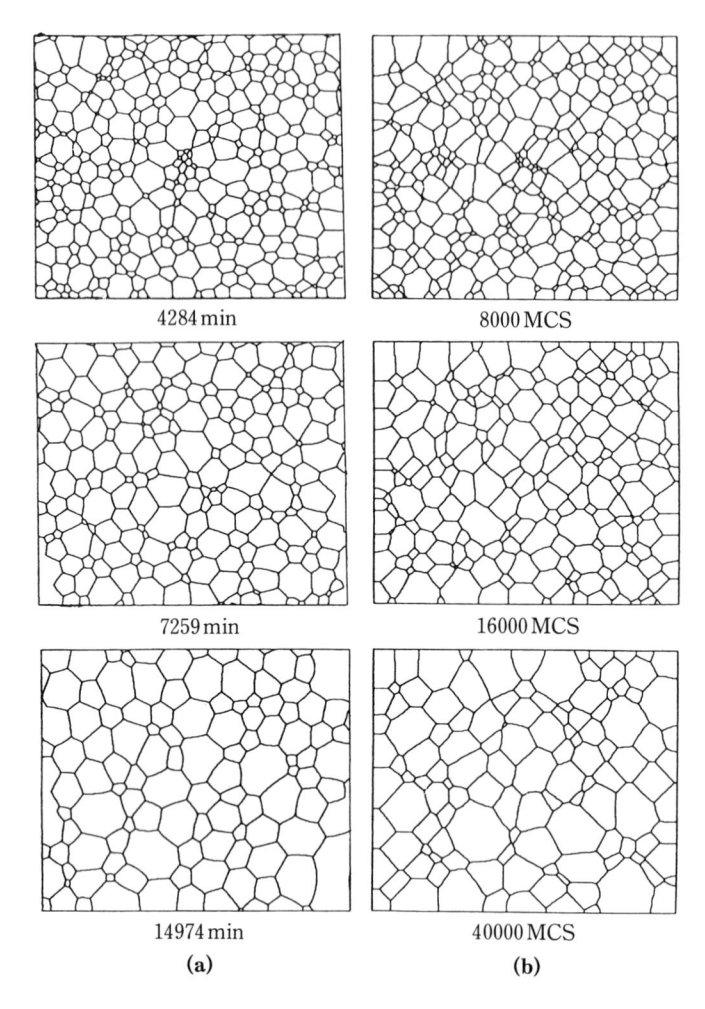

4284 min	8000 MCS
7259 min	16000 MCS
14974 min	40000 MCS
(a)	(b)

図 6.11 2次元石けんフォーム(a)と Potts モデル(b)の粗大化過程の比較.
(Glazier J. A., Anderson, M. P. and Grest, G. S. (1990). Coarsening in the two-dimensional soap froth and the large-Q Potts model: a detailed comparison. *Philosophical Magazine* **B62**, 615–645)

6.5 気泡間相互作用に基づくモデル

　液相体積率が高く剛性を失いかけているウェットフォーム（第8章）に対しては，個々の円板状/球状の気泡でモデル化するという別のアプローチが存在する．気泡同士が接触して重なり合うと，中心間につながれたバネが圧縮力のみを生じる．

　2次元では，調和ポテンシャルが気泡間相互作用のよい近似となるが，残念ながらこれは加算性のある2体ポテンシャルではない．3次元では状況はもっと厄介である．ごく最近ようやく，容器内3次元気泡の最小面積形状を計算するソフトウェアが開発された．6.3節で述べた Surface Evolver 解析によれば，3次元気泡間相互作用は最隣接気泡の数に依存して，その相互作用は調和ポテンシャルより柔らかいこと，すなわちポテンシャルをべき乗関数で表したときの指数は2より大きいことが明らかとなった．Durian らは，この問題を2次式の2体ポテンシャルに帰着させる近似法を開発した．

　2次元ウェットフォームのシミュレーションは以下のように行われる．すなわち，円板/球の中心位置としてランダムな配置を決め，それぞれの半径を決める．この配

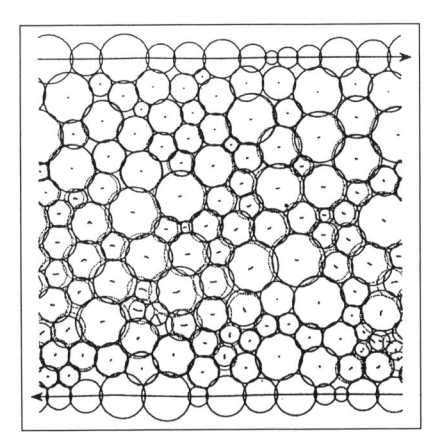

図 6.12　調和ポテンシャルによる相互作用をする重なり合った円板（あるいは球）によるフォームのモデル化．ひずみが加えられてフォームは点線から実線へと位相幾何学的な再配列を起こしている．
(Durian, D. J. (1997). Bubble-scale model of foam mechanics: Melting, non-linear behavior, and avalanches. *Physical Review* **E55**, 1739-1751)

置におけるエネルギーを与えられたポテンシャルから計算するが，ここでは，2つの泡の半径 r_i と r_j の和が中心間距離 d_{ij} より大きい気泡同士のみがエネルギーに寄与するとする．そして共役勾配法で全エネルギーを最小とする．

なお，Durian はこのモデルでエネルギー最小条件を用いるのではなく，調和ポテンシャルによる個々の気泡の運動方程式を書き下すというように発展させた．さらにこれに粘性項を追加して，フォームが変形するときの液相の流れをモデル化した．そして気泡の運動方程式を数値的に積分し，図 6.12 のような結果を得た．

参 考 文 献

Bolton, F. (1990). PLAT : a computer program for the simulation of a two-dimensional foam. http://www.tcd.je/Physics/People/Denis. Weaire/foams/
Brakke, K. (1992). The Surface Evolver. *Experimental Mathematics* **1**, 141-165.
Kermode, J. P. and Weaire, D. (1990). 2 D-FROTH : a program for the investigation of 2-dimensional froths. *Computer Physics Communications* **60**, 75-109.
Kraynik, A. M., Neilsen, M. K., Reinelt, D. A. and Warren, W. E. (1999). Foam Micromechanics. pp. 259-286 in Foams and Emulsions (ed. Sadoc, J. F. and Rivier, N.).
Phelan, R. (1996). *Foam Structure and Properties*. (Ph. D. thesis) University of Dublin.

第7章
粗 大 化

「フォームは，自由，平等，無秩序のシンボルである統計的平衡状態において長い寿命を保つ」
——**Nicolas Rivier**

　不規則なフォームでは，セル間の圧力差により，薄いセル境界を通して気体の拡散が生じる．このためシャボン玉はだんだん小さくなって消えてしまうし，フォームの中の気泡も同じ運命をたどる．すなわち気泡のうちのあるものは初めのうちは周りを食って成長するかもしれないが，最終的にはすべて消え去ってしまう．容器内のフォームでは，平らな石けん膜だけになったところでこのプロセスは止まる．

　このプロセスを結晶粒成長の場合と同様に粗大化と呼ぶ．粗大化プロセスの例として，石けん泡の場合を図 5.1, 図 6.11, 図 7.1 に，磁性ドメイン（15.4 節）の場合を図 7.2 に示す．このプロセスは Ostwald 成長と呼ばれる．ただし Ostwald 成長は，フォームとは成長則の異なる孤立した気泡や粒子の成長に対する用語として，ここでは使わないことにする．

　粗大化プロセスは簡単に観察できる．ジャムのびんの 1/3 に洗剤を入れ，蓋をしてよく振ると，数時間のオーダーで粗大化プロセスが起こるはずである．炭酸水を入れて CO_2 の気泡を作ればこれを速めることができる．

7.1　スケーリング則の予測

　無限大の試料では粗大化プロセスには終わりがなく，長時間後に到達する挙動のみを議論することができる．気泡の数密度が時間の経過でどのように変化するのか．あるいは同じことであるが，気泡の平均サイズはどのように増加するのか．長時間の観察も可能な大きな試料を使えば，この挙動を調べることができるであろう．

　この問題には，理論的にも実験的にもいろいろな拘束条件が考えられる．液相体積

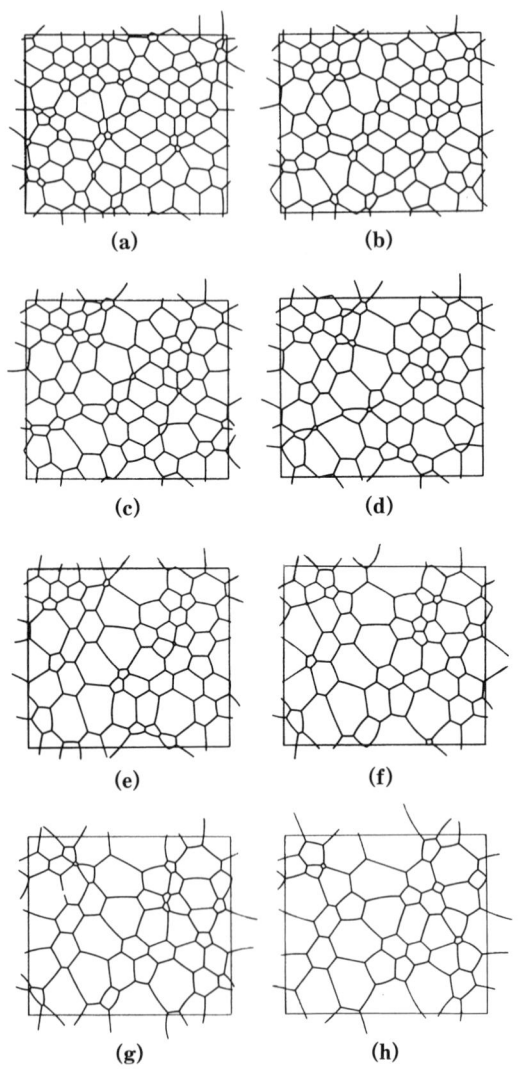

図 7.1 ほぼ一定の時間間隔でフォームの粗大化の過程をシミュレーションしたもの (6.1 節のモデル参照).

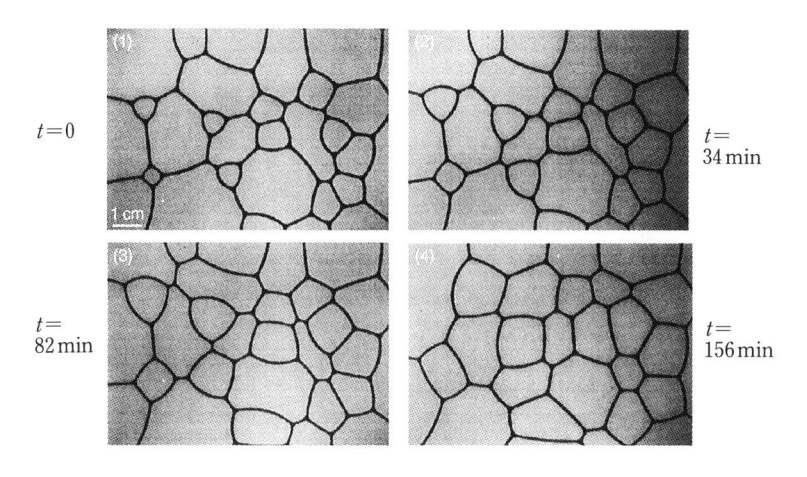

図 7.2 定常磁場下での磁性ドメインの粗大化.
(Elias, F. (1998). Ph. D. thesis, Université Paris VII)

率が一定であることもあるし（容器内のフォームの場合），浸透圧が一定であることもある（例えば吸い取り紙に接触した場合など）．後者では（セル壁の厚みをゼロとすれば）液相体積率は徐々に 0 に近づき，最終的にはドライフォームとなる．

液相体積率一定あるいはドライフォームの条件では，厳密な証明はないが，フォームの構造は統計的に変化のない状態となり，そこでは平均セル径 $\bar{d}$ のみが増加するようになると考えてもよいであろう．このようなスケーリング則を仮定すると，2 次元でも 3 次元でもごく一般的に

$$\bar{d} \propto t^{1/2} \tag{7.1}$$

が得られる．

ここでの比例定数は，フィルムの透過率 κ に依存しており，Fick の法則

$$\text{気体の透過量} = \kappa \times \text{フィルム面積} \times \text{圧力差} \tag{7.2}$$

が成り立つ．（ここで 2 次元の場合とは，2 枚のガラス板に挟まれた石けん膜のような場合であるが，フィルム面積はエッジの長さ×ガラス板の間隔となる．）圧力差は γ に比例するので，式(7.1)の比例定数は $\kappa\gamma$ に比例する．これは（長さ）^{2}×（時間）$^{-1}$ の次元を持つので，式(7.1)において $\kappa\gamma t \bar{d}^{-2}$ は無次元となる．以下で，もう少し詳しく検討してみよう．

フォームのサイズが λ 倍になると，Laplace 則により圧力差は $1/\lambda$ になる．したが

って，それぞれのセル壁の気体の透過量は，2次元の場合は（エッジの長さがλ倍になるから）同じままであり，3次元の場合は（フィルムの面積がλ^2倍になるから）λ倍になる．このときの粗大化挙動は，速度以外は元のフォームと同じである．2次元の場合，セルの面積がx倍になるのに必要な時間はセル面積すなわちλ^2に比例して増加し，同時にセルの直径が$x^{1/2}$倍になるのに必要な時間もλ^2に比例して増加する．3次元の場合，セルの体積がx倍になるのに必要な時間およびセルの直径が$x^{1/3}$倍になるのに必要な時間はセル体積/透過量すなわちλ^2に比例する．したがって，2次元でも3次元でもセルの成長速度はそのサイズに反比例して小さくなる．

$$\frac{1}{\bar{d}}\frac{\mathrm{d}}{\mathrm{d}t}\bar{d}\propto \bar{d}^{-2} \to \frac{\mathrm{d}}{\mathrm{d}t}\bar{d}\propto \bar{d}^{-1} \tag{7.3}$$

したがって，

$$\bar{d}\propto (t-t_0)^{1/2} \tag{7.4}$$

が得られる．これはスケーリング則の式として式(7.1)より優れている．なぜなら，どのようなデータにも定数t_0が含まれるからである．

式(7.4)には構造の自己相似性が必要であり，またこれは定数$\varkappa$にも依存している．基本的に$\varkappa$はフィルムの厚みに依存するので，式(7.4)を使うときには常にフィルムの厚みは一定であることが前提となる．

7.2 Neumann則

2次元ドライフォームに関しては，前節の非常に一般化された議論ではなく，個々のセルで成り立つNeumann則に基づいた議論が可能である．Neumann則とは，個々のn辺のセルについて

$$\frac{\mathrm{d}A_n}{\mathrm{d}t}=\frac{2\pi}{3}\gamma\varkappa(n-6) \tag{7.5}$$

が成り立つことをいう．ここで$\varkappa$は（単位厚さの）フィルムの透過率である．また厳密にいえば2次元問題ではγは線張力（表面張力×単位長さ）であるが，簡単のためなじみ深い表面張力という言葉を用いることにする．セル壁はこの2倍の表面張力をもつ．式(7.5)から，特に6辺のセルでは位相幾何学的な構造変化が起きるまで面積が変わらないことがわかる．

Neumann則を導くには，まず拡散はセル壁を通してのみ生じ，セル壁の長さと両側のセルの圧力差に比例することを仮定する．したがってセルnの面積変化は式

(7.2)より

$$\frac{dA_n}{dt} = -\varkappa \sum_j (p_n - p_j) l_j \tag{7.6}$$

となる．ここで総和はセル n の周りすべてのセルに対して行い，l_j はセル n とセル j の間のセル壁の長さ，p_j はセル j の圧力である．Laplace 則($\Delta p = 2\gamma/r$，式(2.4))を代入し，総和則($\sum l_j/r_j = 2\pi(1-n/6)$，式(3.25))を使うと，ただちに Neumann 則が得られる．

Neumann 則の結論は驚くべきものだが，厳密には，理想的な 2 次元ドライフォームにしか適用できない．ただし Neumann 則が適用できないフォームに対しても，平均的にはこれが成立することが実験的に確かめられている．2 次元ウェットフォームに対しては，Plateau 境界によるエッジ修飾理論 (2.3 節) により Neumann 則を適用することができる．3 次元フォームにおいても平均的には Neumann 則が成立するが，その理由は説明されておらず，今後きちんとした議論が必要である．

Glazier は，Potts モデルのシミュレーション(6.4.2項)により，

$$v^{-1/3} \frac{dv}{dt} = \varkappa' \left(f - \langle f \rangle - \frac{\mu_{2,f}}{\langle f \rangle} \right) \tag{7.7}$$

という関係を導いた．ここで，$\varkappa'$ は前節の $\varkappa$ と同等の拡散係数，v は辺数 f のフォームの平均体積，$\langle f \rangle$ は辺数の平均値，$\mu_{2,f}$ は辺の数分布の 2 次モーメントである．ただしこの関係式は平均に対してのみ成立し，個々のフォームに対して成立する Neumann 則とは異なることに注意されたい．

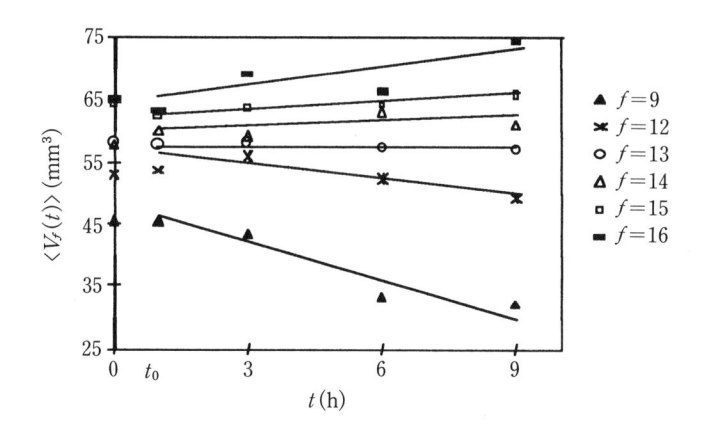

図 7.3 3 次元フォームにおける平均的 Neumann 則の有効性を示すデータ．(Monnereau, C. (1998). Ph. D. thesis, Université de Marne-La-Vallée)

最近,新しい光学トモグラフィが発達し,3次元フォームの粗大化を直接調べることができるようになった.48個のフォーム(容器に接していないフォームは28個)から求めたデータを図7.3に示すが,その結果は式(7.7)でよく記述できる.

7.3 スケーリング則の観察

前節の単純なスケーリング則は,多くのシミュレーションや実験で観察されている.2次元ドライフォームの場合,長時間経過後のあらゆる構造が到達しようとするスケーリング構造では,辺の数分布 $p(n)$ の2次モーメント μ_2 はほぼ 1.4 ± 0.1 である.

図7.4は2次元フォームの粗大化の実験データである.(a)は1950年代にこの問題の基礎を築いたSmithのデータで,ガラスセル中のフォームを一定時間間隔ごとに写真撮影して求めた(5.2節).今日ではデータの解析にコンピュータ画像解析を使うことができる.

GlazierとStavansにより上述のスケーリング則の成立性が(後述する小さな修正を除いて)確立された.しかしながらそれまでは,AboavによるSmithの写真の再解析が大きな混乱をもたらしていたのである.すなわち,μ_2 はある値に収束することはなく,(平均セル面積でなく)平均セル径が時間に反比例して増加するとされていたのである(図7.5).この誤りは,次節で議論するように,遷移時間内のデータを使ったために生じたものである.

3次元フォームの粗大化は,光散乱法により解析された(5.8節).光の多重散乱理論(5.8節)によれば,レーザー光をフォームに当てて,透過光を時間の関数としてモニターすると,透過度 T はフォーム内の平均自由行程すなわち平均気泡径に依存する.透過度の変化は式(7.4)に従うことが示された.同様の結果が,フォーム内の局所的再配列(T1事象)による強度の揺らぎを測定する多重散乱スペクトロスコピーでも得られている.

図7.6は,3次元頂点モデルシミュレーション(6.4.1項)による平均セル体積の時間変化を示す.ここでも遷移時間を過ぎた後のデータは式(7.4)に合致している.このシミュレーションによるセルフェースの平均数の変化を図7.7に示す.初期Voronoi構造では $\langle f \rangle =15.4$ であるが,スケーリング則が成立するようになると $\langle f \rangle =13.57$ 付近で揺らぐようになる.この値は,MonnereauおよびVignes-Adlerによる実験値とほぼ等しい(5.2節および7.6節).

(a)

(b)

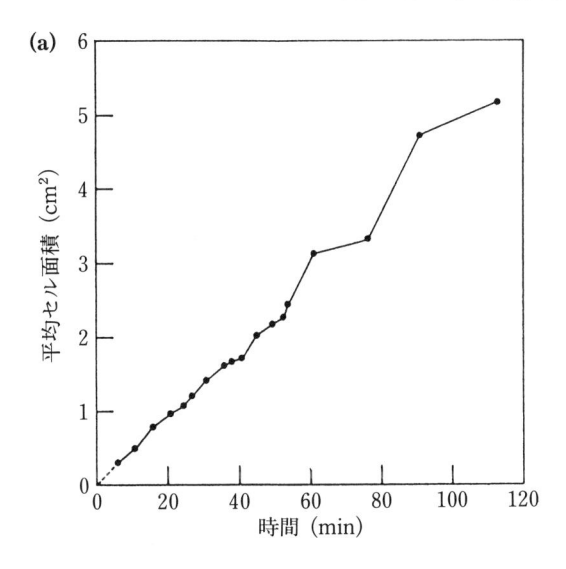

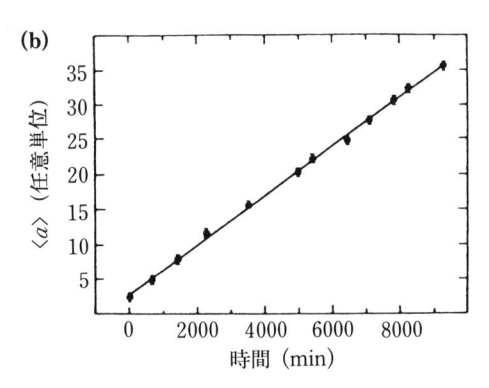

図 7.4 2次元ドライフォームの実験データ．平均セル面積の変化はスケーリング則に従う．
((a) Smith, C. S. (1952). Grain shapes and other metallurgical applications of topology. *Metal Interfaces*. American Society for Metals, Cleveland OH, 65-113.
(b) Stavans, J. (1990). Temporal evolution of two-dimensional drained soap froths. *Physical Review* **A42**, 5049-5051)

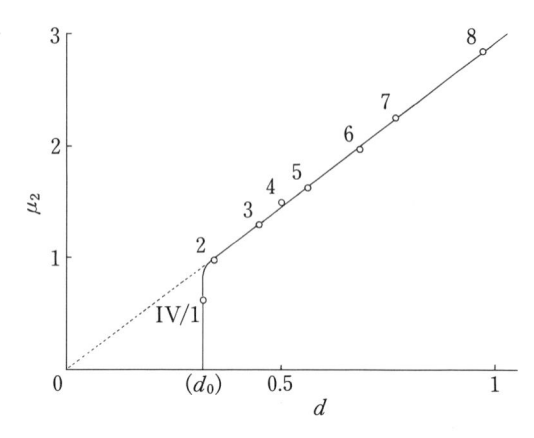

図 7.5 Smith の写真を解析しなおしたもの．μ_2 の無制限の増加が（誤って）示されている．

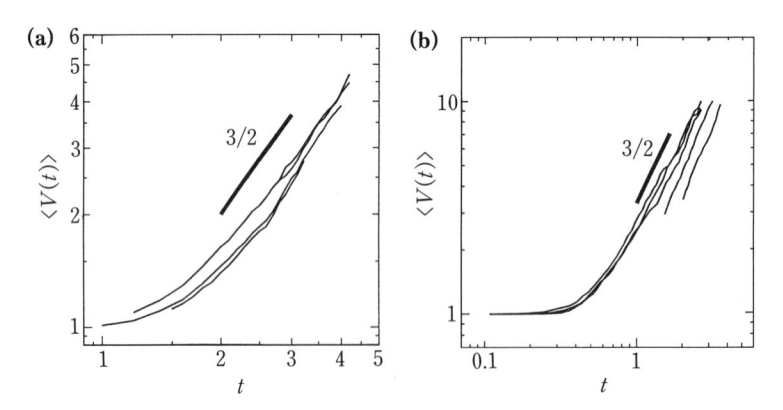

図 7.6 頂点モデルによる粗大化シミュレーション．平均セル体積がスケーリング則に従っている．
(Fuchizaki, K., Kusaba, T. and Kawasaki, K. (1995). Computer modelling of three-dimensional cellular pattern growth. *Philosophical Magazine* **B71**, 333-357)

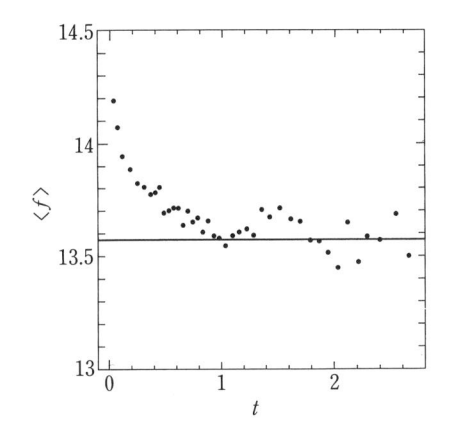

図 7.7　図 7.6 のシミュレーションにおけるセルフェースの平均数の時間変化.

7.4　遷移領域

　μ_2 が 1 程度の不規則 2 次元フォームを作ると，フォームは漸近的スケーリング挙動に速やかに落ち着き，そこでは $d \propto t^{1/2}$ が成り立つ．しかし，ほぼ同じ大きさのセルからなる規則的な構造から出発すると，状況は大幅に異なる．これは不完全なハニカム構造に相当し，ハニカムそのものは Neumann 則によれば決して粗大化しないという独特の性質を持つ．したがって粗大化は初めは欠陥部分でのみ生じ，徐々に欠陥領域が拡大し，μ_2 も増大するようになる．図 7.8 はそのような欠陥が拡大していく様子のコンピュータシミュレーションである．μ_2 は欠陥が拡大するとともに増加し，欠陥部分が全体を覆ってはじめて漸近的スケーリング挙動が出現する．

　遷移領域では，実験的(図 7.9)にもシミュレーション(図 7.10)でも観察されているように，μ_2 のオーバーシュートが生じる．Aboav は，不幸にも μ_2 がピークを示す前の実験データを解析してしまったのである（図 7.5）．そのような遷移時間内のデータにスケーリング則を適用することは誤りであるが，かといって遷移領域の理論解析をさらに進めても建設的ではないであろう．

　3 次元フォームの遷移時間内の挙動は，さらに難しいテーマである．なぜなら単分散 3 次元フォームでさえ一般的に不規則構造をとるであるからである．それでも，ハニカム構造が安定なように Kelvin 構造（13.4 節）も安定かどうかを問うことはでき

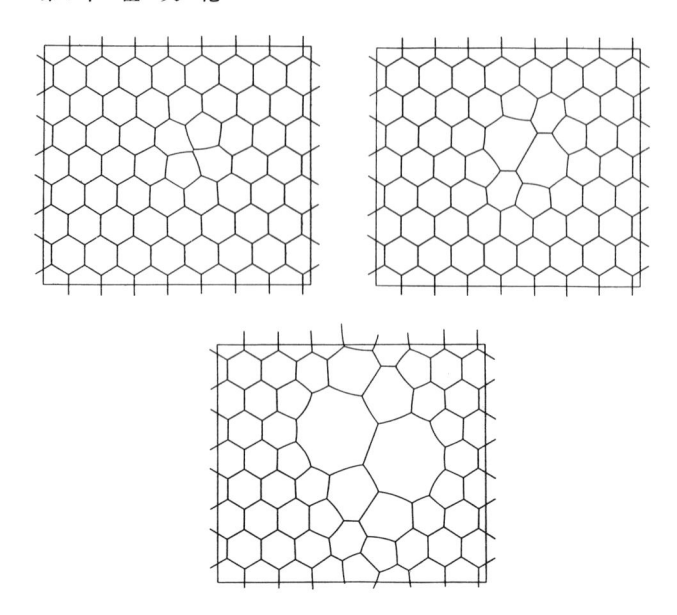

図7.8 6角形構造における欠陥部分の拡大による粗大化のシミュレーション．

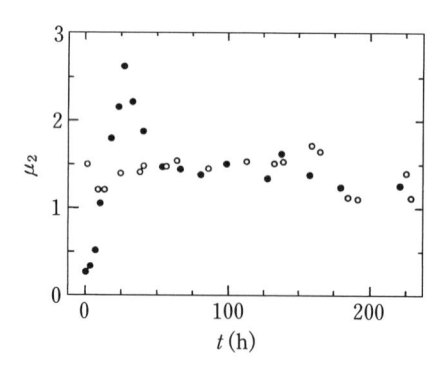

図7.9 初期状態の異なる2つの2次元フォームの粗大化における μ_2 の測定結果．遷移領域とその後の漸近領域が現れている．
(Stavans, J. and Glazier, J. A. (1989). Soap froth revisited: Dynamic scaling in the two-dimensional froth. *Physical Review Letters* **62**, 1318-1321)

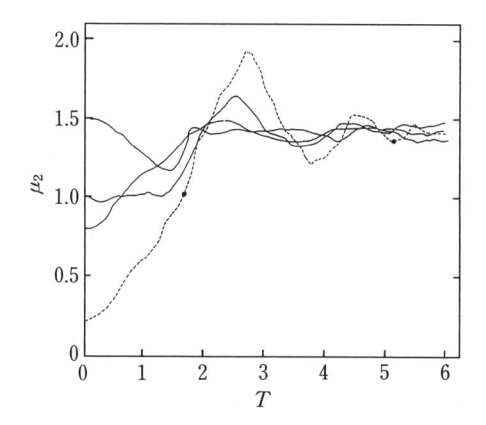

図 7.10 種々の初期状態における μ_2 の変化のコンピュータシミュレーション．図 7.9 と比較のこと．

よう．その答えは否である．完全に規則的な無限大の Keivin 構造でさえ，シミュレーションによれば小さな揺らぎが成長してしまい，粗大化という面からは不安定であるといわざるをえない．

7.5 ウェットフォームの粗大化

本章初めのスケーリング則の議論は十分に一般化されたものであり，ウェットフォームに対しても理想化したモデルを使えば適用することができる．液相体積率が一定のウェットフォームは，定性的にはドライフォームと同じように粗大化すると期待さ

図 7.11 ウェットフォームでは拡散はフィルム部分のみで生じる．

れるが,細かいところではいくつかの違いがある.

簡単のため2次元で考えると,Plateau 境界の役割は,セル壁のフィルム部分の長さを短くし,拡散をブロックすることである(図7.11).それほど液相体積率が高くないフォームでは,すべての Plateau 境界は同じ大きさの3角形と考えることができるので,上記の役割を数学的に表現し,拡散がブロックされる割合を平均的に見積もることができる.しかし,個々のセル壁はその長さに応じて異なった割合でブロックされるので Neumann 則は平均的にしか成立しない.例えば7辺のセルでさえ場合によっては成長せずに縮小する.

7.6 3次元セルの統計量

3次元セルについては,長時間経過後のスケーリング挙動における統計量についてもわずかの測定例しかない.よく似た挙動と考えられている3次元粒成長に関しても同じ状況にある.Monnereau らは,82個と57個のセルからなるフォームの粗大化の光学トモグラフィ撮影(5.2節)を行った.容器壁と接触しているセルを外部セル,接触していないセルを内部セルとすると,内部セルの数はそれぞれ57と28であった.内部および外部セルの平均面数 $\langle f \rangle$ は,$\langle f \rangle_{内部}=13.5\pm0.2$,$\langle f \rangle_{外部}=10.7\pm0.8$ であり,Matzke による値(5.1節)とほぼ同じであった.

7.7 粗大化理論

これまでに見てきたように,ドライフォームの粗大化過程におけるべき乗のスケーリング則を導くには,自己相似性を仮定するだけでよい.第6章で述べたシミュレーションによれば,2次元フォームは定性的に正確な挙動を示し,3次元フォームも類似の挙動を示している.ここでは,セルの寸法と形状に基づいた簡単で解析的な1つの手法を検討してみよう.

この手法で用いるのは,セルの面積 A とエッジ数 n に関する分布関数 $p_n(A)$ の時間変化を表す方程式である.セル面積の分布を無視した解析ではうまくいかない.$p_n(A)$ の変化率は次の2項からなる.

・Neumann 則に従う A の変化
・位相幾何学的な変化による n の変化

完全なシミュレーションなしに第2項を定式化するためには,いくつかの近似が必要

7.7 粗大化理論

となる．Flyvbjerg のモデルでは，（Aboav 則のような）最隣接相互作用を無視する．より大胆な近似では位相幾何学的な変化 T1 はすでにすべて生じてしまったものとされ，起こりうる位相幾何学的な変化は T2（セルの消滅）のみとなる．あといくつかの小さな仮定をおくと，時間積分することのできる方程式が得られ，スケーリング挙動における分布を求めることができる．このシミュレーションは，2次元では実験データと非常によく合う結果（図 7.12）が得られており，3次元にも簡単に拡張することができる．

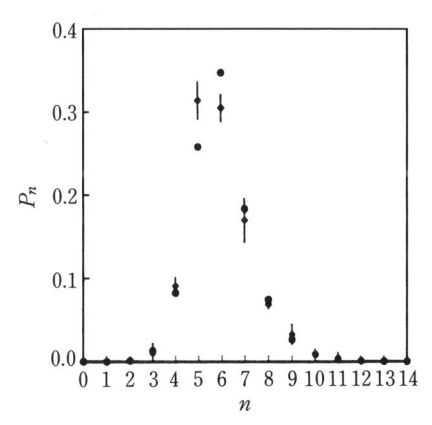

図 7.12 Flyvbjerg の理論による漸近的スケーリング状態での分布関数と，2次元石けんフォームでの測定結果．
(Flyvbjerg, H. (1993). Model for coarsening froths and foams. *Physical Review* **E47**, 4037-4054)

このモデルはフォームの粗大化と結晶粒の成長（15.2節）との両方に適用することができる．どちらに対しても，セルの大きさよりエッジの数の方が測定しやすいので，$p(A)$ や $p(V)$ よりも p_n の方が詳しく調べられている．多くのモデルや理論によると，セル寸法の分布関数は，次式のように指数関数的に減少する．

$$p(x) = \lambda \exp(-\lambda x) \tag{7.8}$$

図 7.13 の Flyvbjerg のシミュレーション結果も，この関係が近似的に成り立つことを示している．

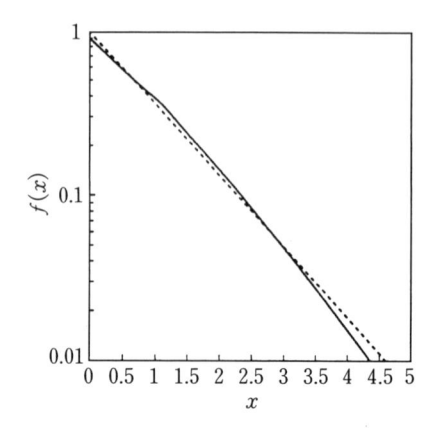

図 7.13 Flyvbjerg のモデルにおける漸近状態でのセル面積の分布関数と,指数関数的分布(破線)を対数プロットで比較したもの.
(Flyvbjerg, H. (1993). Model for coarsening froths and foams. *Physical Review* **E47**, 4037-4054)

7.8 混合気体のフォームの粗大化

粗大化挙動は,溶解度が大きく異なる2つ以上の気体を組み合わせると大きく変化する.実用上興味があるのは,アルコール醸造でしばしば用いられている CO_2 と N_2 の混合気体である.両者の水に対する溶解度比はおよそ 50:1 となり,それに応じてフィルムの透過度も大きく異なっている.

フォームは最初気体 A と B を含む気泡で構成されているものとし,モル比を c_A と c_B ($c_A+c_B=1$),透過度を k_A と k_B ($k_A \gg k_B$) とする.フィルムの Laplace の圧力差は,構成気体の分圧の差の和である.

$$\Delta p = \Delta p_A + \Delta p_B \tag{7.9}$$

はじめに A 成分がフィルム内を急速に透過し,両側セル内の相対濃度が変化し,分圧も変化する.その後,両成分は次式で与えられる同一の平均透過度 $\bar{k}$ で拡散するようになる.

$$\bar{k}^{-1} = c_A k_A^{-1} + c_B k_B^{-1} \tag{7.10}$$

したがって,比較的溶解度の小さな気体を少量添加することで,粗大化プロセスを大幅に遅くすることができる.セルサイズ分布に及ぼす気体の混合の影響は2次元シミ

ュレーションによれば小さいが，実験的にはまだ調べられていない．

参考文献

Glazier, J. A. and Weaire, D. (1992). The kinetics of cellular patterns. *Journal Physics : Condensed Matter* **4**, 1867-1894.

Stavans, J. (1993). The evolution of cellular structures. *Reports on Progress in Physics* **56**, 733-789.

Fradkov, V. E. and Udler, D. (1994). Two-dimensional normal grain growth : topological aspects. *Advances in Physics* **43**, 739-789.

Weaire, D. and McMurry, S. (1996). Some fundamentals of grain growth. *Solid State Physics* **50**, 1-36.

第8章 粘性挙動

「さあ楽しもう，陸でも海でも，
名声は面倒をもたらすのみである，
富，名誉，うわべの誉れ
いずれも石けん泡のごとし」
——「シャボン玉遊び」という版画に添えられた詩

8.1 軟らかい物質としてのフォーム

de Gennes は，「軟らかい物質」と題する1994年のノーベル賞受賞講演で，我々が本書で扱っている軟らかい物質についても言及した．そしてその講演を冒頭の皮肉たっぷりの詩でしめくくった．

軟らかい物質は，低い降伏応力をもち，それ以上の応力では塑性変形するが，それ以下ではきちんと定義された剛性率 G をもつ弾性体として振る舞う．図1.12はそのようなフォームの変形挙動の模式図であり，シミュレーションの例を図8.1と図8.2に示す．

弾性領域では，個々のセルは再配列せずに変形する．一方，降伏応力を定める塑性変形は，セルの位相幾何学的な再配列により起こる．低いせん断速度に相当する準静的描像では，第7章の粗大化の場合と同様に，位相幾何学的な再配列では2つの平衡構造が瞬間的に入れ替わるものとする．ひずみ速度 $\dot{\varepsilon}$ のときのせん断応力 S は液体の粘性抵抗と降伏応力 S_y の和で近似できる．これは，

$$S = S_y + \eta_p \dot{\varepsilon} \tag{8.1}$$

という Bingham モデルで表される．ここに，η_p は粘度である．これ以外にも多くの式が提案されているが，フォームではほとんど検証されていない．

準静的挙動のキーパラメータは，剛性率と降伏応力であり，どちらも液相体積率に強く依存する．図8.3にシミュレーションによる不規則2次元フォームにおける両者

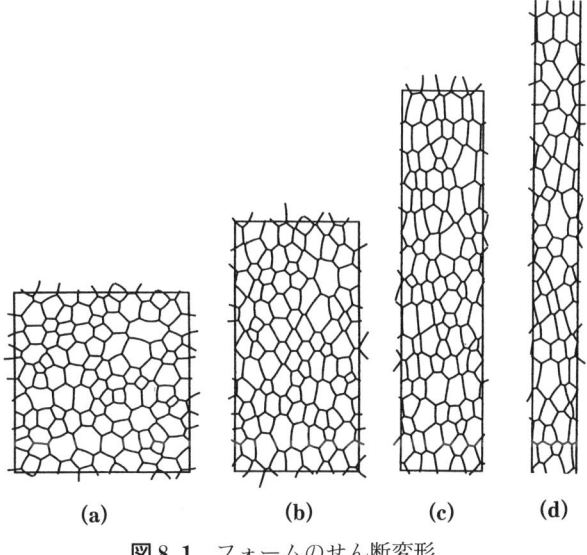

8.1 軟らかい物質としてのフォーム　*111*

(a)　　　　**(b)**　　　　**(c)**　　　　**(d)**

図 8.1　フォームのせん断変形.

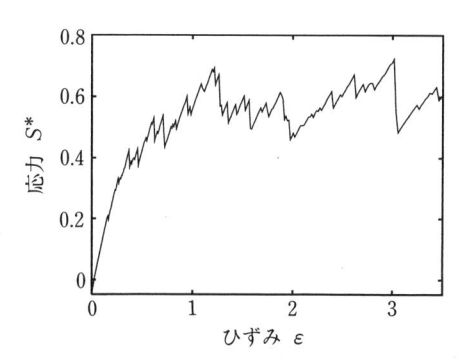

図 8.2　2次元ドライフォームの応力-ひずみ曲線のシミュレーション. 曲線のギザギザは有限サイズのモデルでの個々の位相幾何学的な構造変化による.

の挙動を示す. これを2次元で実験的に検証するのは難しいが, 3次元では似た実験データが得られている.

　液相体積率 ϕ_l が大きくなってウェットフォームの限界を越えると, 個々の気泡は

第8章 粘性挙動

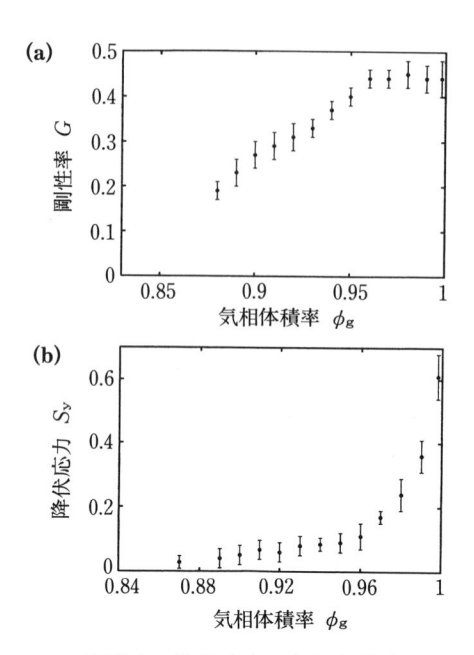

図 8.3 2次元フォームの剛性率と降伏応力の気相体積率 ϕ_g 依存性のシミュレーション.

分離し,円形(2次元,図6.2)あるいは球形(3次元,図1.10)となる.このときの不規則フォームの構造は,円板あるいは球のランダム最密充填となり,平均接触数は,

$$z=4 \quad (2D) \tag{8.2}$$

$$z=6 \quad (3D) \tag{8.3}$$

となる.

ランダム構造中の固い円板や球が接触したとき,このペアが接触し続けるならば,以降の運動に対する強い拘束となる.運動の自由度と拘束条件の数が等しくなると,そのような運動はつかえて止まってしまう.この条件は,D を空間の次元とすると,

$$\frac{z}{2}=D \tag{8.4}$$

であり,式(8.2),式(8.3)と同じ値の臨界値 z が導かれる.

液相体積率の増加に伴う剛性喪失のシミュレーションを行うと,この臨界値 z は

簡単に観察することができる．また，逆にウェットフォームはドライフォームへ反対方向の遷移を示す．それにもかかわらず，中間の液相体積率のフォームの挙動は，簡単には記述できない．この問題は厳密には未解決のままである．

　規則フォームはこれとは対照的な挙動を示す．剛性喪失点まではzは一定であり（2次元ハニカムでは$z=6$），剛性率も有限であり，剛性喪失点で急激に軟化する．規則フォームでは急激な軟化が，不規則フォームでは緩やかな軟化が起こるということは，不規則化が重要な働きをする特性の一例である．

　以上では，せん断変形のみについて言及した．フォームの体積弾性率は剛性率よりも格段に大きい．それは主に気体の体積膨張率に依存し，表面張力の影響は小さい．これまで暗黙に了解してきたように，多くの場合，気体を実質上非圧縮性と見なしフォームの体積弾性率を無限大として取り扱う．

8.2　異なった様式のせん断

　通常の等方性フォームでは，弾性定数として剛性率のみが必要で（体積弾性率は無限大），これが単純せん断変形でも伸び変形でも直線的な応力-ひずみ関係を定める．

　2次元単純せん断変形は

$$\left.\begin{array}{l}x'=x+\zeta y\\ y'=y\end{array}\right\} \tag{8.5}$$

で定義され，伸び変形は

$$\left.\begin{array}{l}x'=(1+\varepsilon)x\\ y'=(1+\varepsilon)^{-1}y\end{array}\right\} \tag{8.6}$$

で定義される．線形弾性範囲では，単純せん断変形は，方向が$\pi/4$異なり，$\zeta=2\varepsilon$である伸び変形と等価である．有限変形ではこの単純な等価性が成立しなくなるが，ここではこれを考慮する必要はない．

8.3　ドライフォームの極限

　フォームの剛性率は，2次元でも3次元でも，$\bar{d}$を気泡の平均直径とすれば，

$$G=c\gamma/\bar{d} \tag{8.7}$$

と書けるだろう．無次元パラメータcは1程度の大きさで，フォームの構造に依存する．ただしその依存性は強くないので，規則フォームで計算し，必要に応じて各方

第8章 粘性挙動

向への平均を取ることで，かなりよい推定値が得られる．

2次元ハニカムの剛性率は，以下のように解析的に求めることができる．図8.4に示すように，X と Y をフォームの大きさとし，2次元伸び変形を加える．

$$X' = X(1+\varepsilon) \tag{8.8}$$

$$Y' = Y(1+\varepsilon)^{-1} \tag{8.9}$$

フォームの体積弾性率が無限大なので，面積は保存される．A をフォームの面積，E をフォームの弾性エネルギーとすると，弾性論から，剛性率は

$$G = (4A)^{-1} \left. \frac{d^2 E}{d\varepsilon^2} \right|_{\varepsilon=0} \tag{8.10}$$

で与えられる．せん断変形したフォームの構造は，元の構造を単に引き延ばしたものではない．120°の平衡角度を保つようにエッジの長さが変化する．これさえ理解すれば，x 軸，y 軸という特殊な方向について，変形したハニカムのエッジ長さを計算し，エネルギー変化を評価することはたやすい．エッジの初期長さを a としてこれを実行すると，

$$G = \frac{\gamma}{\sqrt{3}a} \tag{8.11}$$

が得られる．

この計算は1つの方向に対するものだが，2次元ハニカムの3回対称性により等方的な物性値として扱うことができる．G の構造依存性は小さいので，a を平均セルサ

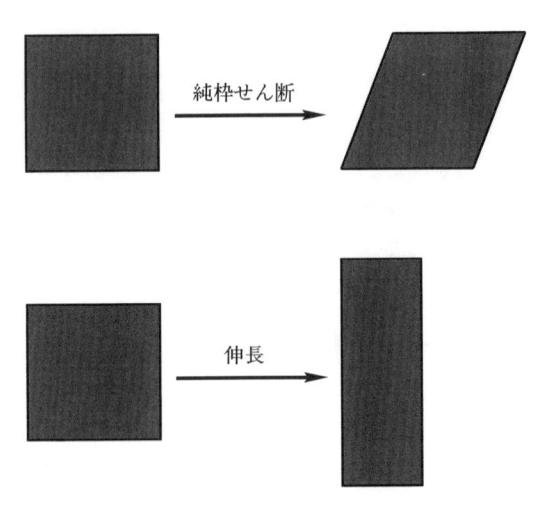

図8.4　2次元伸び変形と純粋せん断変形．

イズとすれば，上式は2次元での一般的な近似式となる．

3次元フォームについては，上式に対応する解は存在しないが，いくつかの近似により剛性率（等方的構造でない場合にはその平均 $\bar{G}$）に対する次の Stamenovic 式が導かれている．

$$\bar{G} = \frac{\gamma A_\mathrm{b}}{6 V_\mathrm{b}} \tag{8.12}$$

ここに A_b と V_b はセルの表面積と体積である．ただし，この式は平均値を表す一般式にすぎない．

8.4 塑性変形領域

規則構造はフォームの降伏挙動の解析にはあまり役立たない，なぜなら無限大の規則構造では，位相幾何学的な構造変化が徐々にランダムにではなく一気に全体に生じてしまうからである（図8.5）．表面から転位が導入される現実の規則フォームでは，このようなことは生じない．一般の不規則フォームが外力の下で起こす塑性変形については，多くは2次元解析だが直接のシミュレーションが行われている．それによると，エッジの数分布の2次モーメント μ_2 が減少するので，せん断変形は規則性を増加させるようである．

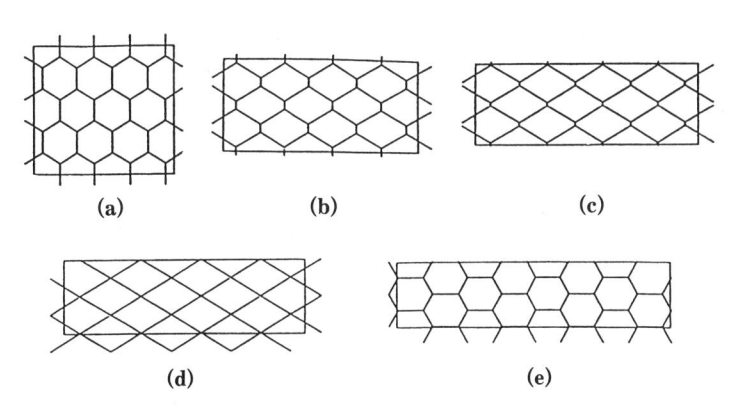

図8.5 6角形ハニカム構造のせん断変形による位相幾何学的な構造変化．

8.5 ウェットフォーム

2.3節のPlateau境界の修飾定理から，少量の液相を含むウェットフォームでも剛性率は変化しないことが導かれる．このことはエッジが直線であるハニカムでは厳密に正しい．エッジが曲がっている場合でも，剛性率にほとんど変化のないことが修飾定理から導かれている．

Plateau境界が大きくなって，多数のエッジが安定に集まれるようになると，ドライフォームの構造に基づいてウェットフォームをモデル化することはできなくなり，剛性率は大きく変化する．この場合，図3.3に示すトポロジカルな構造変化によって剛性率は減少する．

他方，降伏応力は少量の液相の添加で劇的に減少する．ドライフォームより小さいひずみでトポロジカルな構造変化が起こるようになるからである．すなわちPlateau境界が大きくなって互いにより簡単に接触するようになると，気泡の再配列が進んで応力を緩和するため，低い降伏応力での塑性変形が可能となる．

8.6 ウェットフォームの限界

ドライフォームの極限での挙動は少なくとも準静的にはよく理解できるのに対し，ウェットフォームの限界に近づいたときの挙動の理解は簡単ではない．液相体積率がこの限界値に近づくと，シミュレーションは難しくなり，直感的にしか理解できなくなるし，また実験も非常に難しくなる．

2次元での直接のシミュレーションを行うと，図8.3に示すように，剛性率はゼロになるまで直線的に減少する（$\beta=1$）．

$$G \propto (\phi_l^c - \phi_l)^\beta \tag{8.13}$$

これに対応して，フォームへの液相の浸透圧は2乗で減少する（図8.6）．

Durianは軟らかい円板状または球状の気泡が相互作用するという動的なモデルを用いた（6.5節および図6.12）．それによると，2次元不規則フォームでは剛性率も液相浸透圧も液相体積率のべき乗に比例し，その指数は分散度に依存した．すなわち剛性率の指数は1以下（$(0.5\pm0.1) < \beta < (0.7\pm0.2)$），浸透圧の指数は2以下であった．

これらの挙動を完全に解明するのは難しいが，「剛性率は剛性喪失遷移点で0にな

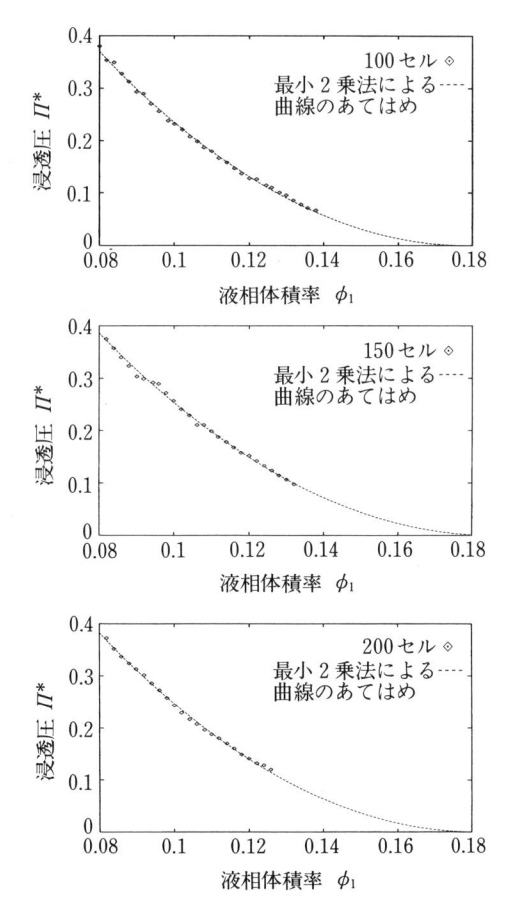

図 8.6 2次元フォームのシミュレーションにおいて，液相体積率がウェットフォームの限界に近くなると，フォームの液相の浸透圧は ϕ_l の2乗に依存して減少する．

るまで連続的に低下する」という定性的結果だけは広く了解されている．このことは，多数の位相幾何学的な構造変化が同時に生じて，G に鋭い不連続が現れる規則フォームの挙動と大きく異なる．

8.7 なだれ現象

ここまで,フォームの降伏とは局所的かつ位相幾何学的な構造変化により生じ,その構造変化はいずれも独立して起こるものと考えてきた.しかし,ウェットフォームの限界に近づくと,局所的再配列がまわりの構造変化を巻き込んでなだれのように起こることが,シミュレーションで観察されている.わずかなひずみの増加が大きな領域でのなだれ現象を引き起こすのである.図8.7,図8.8,図8.9はその計算結果である.

この種のなだれ現象は他の物理系でも生じる.一例が15.4節の磁性ドメインである.セル(ドメイン)は,磁場の増加とともに粗大化し,ある臨界磁場で無限大になる.臨界磁場に近づくと,ここでも位相幾何学的な構造変化のなだれ現象が観察でき

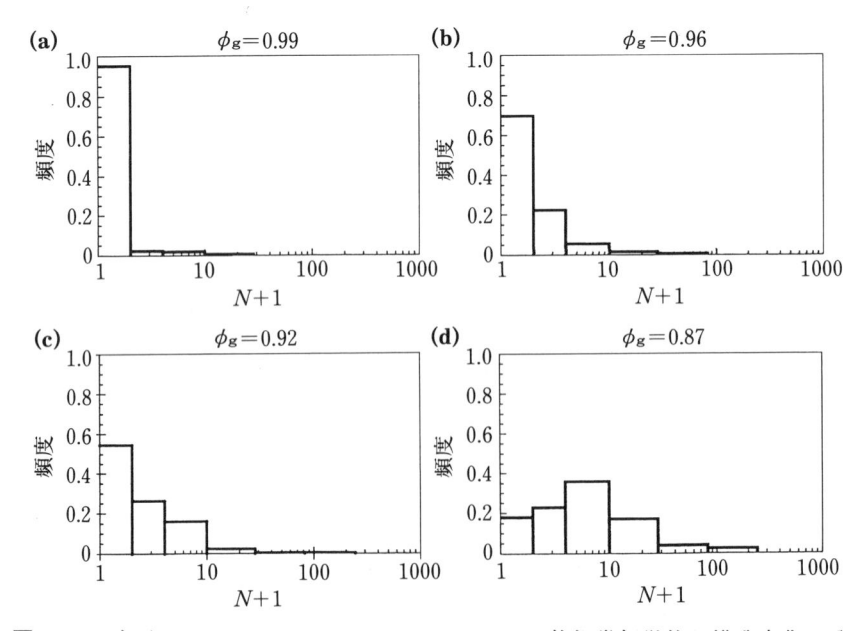

図8.7 2次元フォームのシミュレーションにおける位相幾何学的な構造変化の分布.横軸はひずみ増分 $\Delta\varepsilon=0.001$ ごとに生じる T1 過程の回数の対数,縦軸はその相対頻度である.データは塑性変形領域のみで集計された.ϕ_g が小さいほど位相幾何学的な変化がなだれ的に起こりやすくなるので,分布が横に広がる.

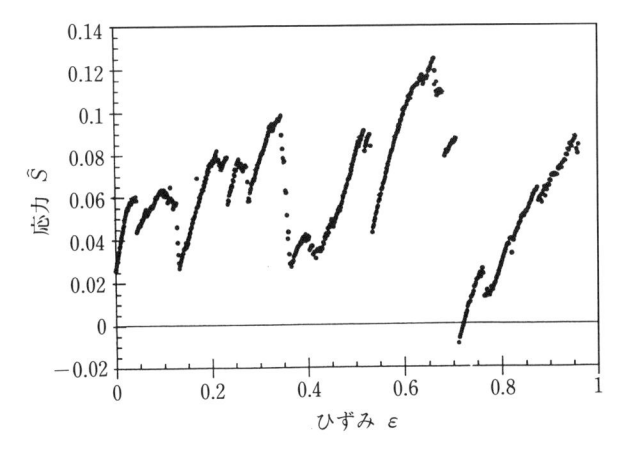

図 8.8 図 8.7 の $\phi_g=0.92$ の応力-ひずみ曲線（50 セルでの計算）には，ひずみ $\varepsilon \cong 0.7$ のところで大きな落ち込みが見られる．これは図 8.9 に示されるなだれ的なセルの再配列に対応している．

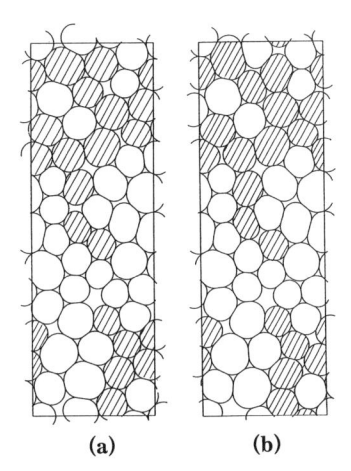

図 8.9 図 8.8 のなだれ現象が起きたときに最隣接セルとの配列を変えたセルに陰を付けてある．

る．
　最近 Earnshaw らは，2 次元フォームの変形により位相幾何学的な構造変化を起こした部分は大きなクラスターをなしていることを観察した（図 8.10）．ただし，この

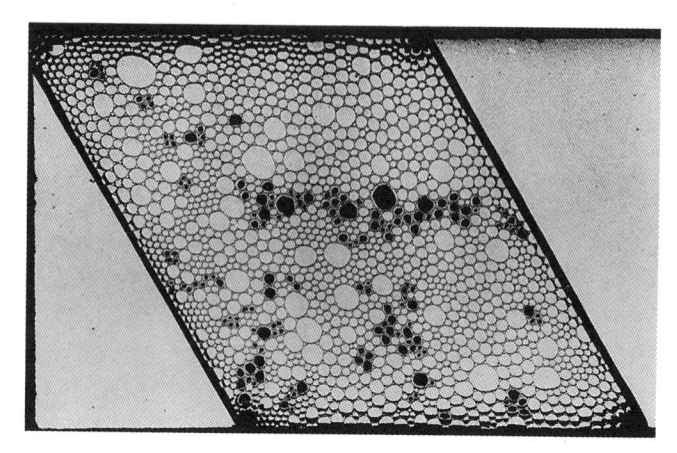

図 8.10 単層フォームにおけるせん断変形．辺の数が変わったセル（黒く示されている）はクラスターを形成しているようである．
(Abd el Kader, A. and Earnshaw, J. C. (1999). Shear-induced changes in two-dimensional foam. *Physical Review Letters* **82**, 2610-2613)

観察結果とシミュレーション上のなだれ現象とがどう関連するかはよくわかっていない．

8.8 粘性挙動測定

　粘性を精度よく測定するにはどうすればよいか．例えば円筒形の Couette 粘度計に試料を入れて測定することを考える．通常の Newton 流体であれば，トルクを加えて回転速度を測れば粘度を計算できる．しかし，この一般的な測定法はフォームには適用できない．フォームはそのような配置では均一に変形せず，一部は弾性体のままであり，残りの部分が粘性変形するからである．したがって，詳細な解析なしに局所的粘性挙動を求めることはできない．

　いかなる状況でもフォームの粘性応答は単純でない．例えばパイプ内のフォームの流れは，固体の塊として流れる部分と液体として流れる部分に分けられる．当然均質な流れにはならない．

8.9　繰り返しひずみ試験による弾性率の決定

周期的せん断変形を利用して粘弾性体の粘性挙動を求めることができる．この場合，測定されるのは応力の大きさと位相の遅れであり，後者は試料中のエネルギー散逸に由来する．角振動数を ω，負荷ひずみを ε，応力を S とすれば，複素剛性率 $\tilde{G}$ は

$$S(t)=\tilde{G}(\omega)\varepsilon(t) \tag{8.14}$$

で定義される．$\tilde{G}$ を

$$\tilde{G}=G'+iG'' \tag{8.15}$$

と書くと，G' は貯蔵弾性率，G'' は損失弾性率と呼ばれる．$\varepsilon(t)=\varepsilon_0\exp(i\varepsilon t)$, $S(t)=S_0\exp(i(\varepsilon t+\delta))$, δ を位相差とすると，すぐに

$$\tan\delta=\frac{G''}{G'} \tag{8.16}$$

が得られる．フォーム，エマルジョン，ペースト，スラリーのような軟らかい物質についての最近の実験では，低振動数領域（$10^{-3}\sim 1\,\mathrm{s}^{-1}$）において振動数にほとんど依存しない有限の損失弾性率 $G''(\omega)$ が測定されている．ただしフォームの場合には，線形応答理論では扱えない位相幾何学的な構造変化が起こることに注意を要する．

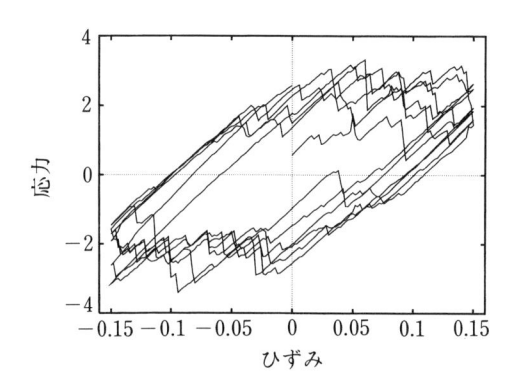

図 8.11　準静的シミュレーションにおける繰り返し変形中の応力変化．

6.2 節と付録 H に示した PLAT ソフトウェアを用いて，図 8.11 のような応力–ひずみ曲線を描くことができる．ここでは，フォームに $d\varepsilon$ ずつの伸び変形を与え，構造を平衡させ，応力 S を計算した．ひずみが $\varepsilon_{\max}$ になるまでこの手順を繰り返して

から，ひずみの付加方向を逆転し，さらにひずみが $-\varepsilon_{max}$ になったところで再びひずみの方向を逆転し，ひずみのない $\varepsilon=0$ でひずみサイクルを完成させた．このようなサイクルを5回繰り返した．

すでに第6章で指摘したように，このようなシミュレーションは準静的なものである．与えられた条件（すなわちフォームの大きさ，セル面積，液相体積率）の下での平衡構造を計算し，ひずみを徐々に増加させて平衡構造を計算し続けるのである．変形の周期が位相幾何学的な構造変化が完了する時間よりはるかに長い場合，この準静的手法はかなりよい近似を与える．

図8.11の応力-ひずみ曲線は，大きなヒステリシスを示している．これは位相幾何学的な構造変化（T1過程）に起因する．応力-ひずみ曲線に囲まれた部分の面積は1サイクルあたりのエネルギー散逸量に対応する．

通常の線形粘弾性理論は厳密にはフォームに適用できない．不規則フォームでは，小さなひずみでも何らかの位相幾何学的な構造変化が起こる可能性がある．純粋主義者にとっては，たとえわずかでも再配列が起これば，塑性変形が生じたことになる．線形応答理論では，非常に小さなひずみ速度でも有限の損失弾性率 G'' がもたらされる準線形挙動を扱うことができない．すでに「異常粘性挙動」という用語が軟らかい物質に使われている．そこでは構造的不規則性と準安定性が重要であることが認識されており，軟らかい物質の新しいモデル化に導入されつつある．

8.10 クリープ

フォームにひずみを加え境界を固定すると，有限のせん断ひずみが発生し，非等方的な構造（図8.1）が出現する．そのまま長時間保つと，粗大化プロセスが働き，最終的に第7章で述べた等方的な構造が得られ，せん断応力は0になる．逆にフォームに一定の応力を加えると，フォームは連続的なせん断変形を起こす．これはクリープと呼ばれ，材料科学の分野で重要な現象である．

8.11 ひずみ速度依存性

ここまでは，変形中もフォームは平衡構造を保つという準静的な近似に基づいてきた．粘性挙動（レオロジー）というからには，以下のひずみ速度依存性を扱わなければならないだろう．

8.11 ひずみ速度依存性

　外力が降伏応力を越えると，フォームは変形する．ひずみ速度はエネルギー散逸過程で決められるが，個々の過程を特定することは難しい．粗い第1近似では，ひずみ速度に比例する粘性項 η_p と降伏応力 S_y の和より成る Bingham の塑性モデル（式(8.1)）が適用できる．この近似がフォームにも適用できるという保証はないが，さしあたりこの近似を用いることにする．

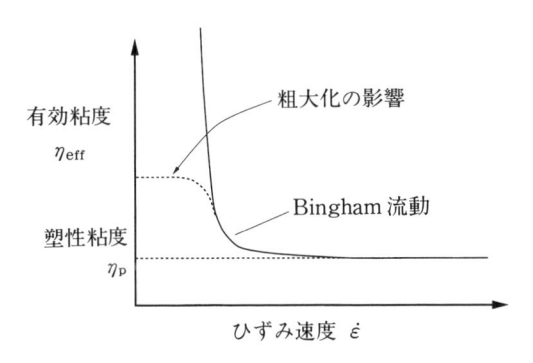

図 8.12　ひずみ速度に対する有効粘性係数の変化の模式図．

　レオロジーの分野では，応力をひずみ速度で割った有効粘度をよく用いる．すると式(8.1)の Bingham モデルは，図 8.12 に示すように

$$\eta_{\text{eff}} = \frac{S_y}{\dot{\varepsilon} Y'} + \eta_p \tag{8.17}$$

となる．図 8.12 ではひずみ速度が増加すると有効粘度が減少しているが，これをせん断強度の減少と考えてはならない．これは単に有限の降伏応力 S_y の存在を示しているに過ぎないからである．

　Bingham モデルでは有効粘度はひずみ速度が0に近づくと発散するが，次にそれを検討しよう．このモデルでは粗大化を無視しているが，粗大化によりゆっくりと応力を緩和するので，厳密にいえば降伏応力はゼロになる．

　この問題は，多くの軟らかな物質に対して降伏応力の概念を適用してよいかというレオロジーの分野で長い間繰り返されてきた問題そのものである．本書ではこのひずみ速度依存性の議論にはあまり深入りしない．

8.11.1　極低速度での挙動

　粗大化のクリープへの影響は，次式のように応力を低下させることにある（図

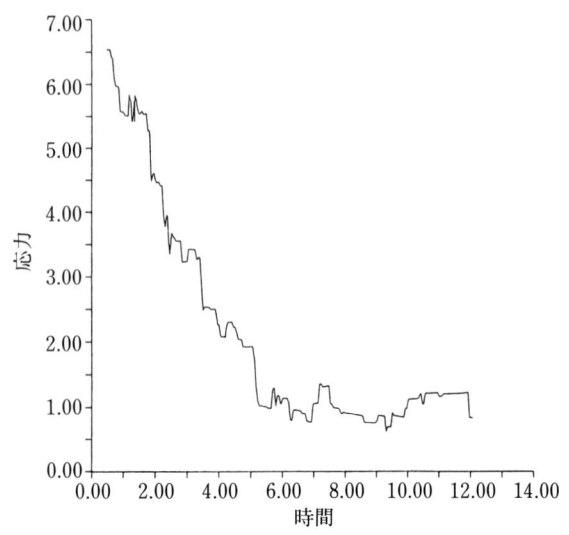

図 8.13 Kermode のシミュレーションにおける粗大化による応力の緩和.

8.13).

$$\frac{\mathrm{d}S}{\mathrm{d}t} = -cS \tag{8.18}$$

ここに，c は，粗大化速度あるいは透過率（気体の透過量＝κ×フィルム面積×圧力差，式(7.2)）に比例する．弾性応力にこの効果を付け加えると，線形弾性率を k として，

$$\frac{\mathrm{d}S}{\mathrm{d}t} = k\dot{\varepsilon} - cS \tag{8.19}$$

となる．与えられた $\dot{\varepsilon}$ に対し，この領域での定常変形応力は，$\mathrm{d}S/\mathrm{d}t=0$ より

$$S_0 = \frac{k\dot{\varepsilon}}{c} \tag{8.20}$$

で与えられ，そのときの有効粘度は

$$\eta_{\mathrm{eff}} = \frac{k}{c} \tag{8.21}$$

となる．図 8.12 は以上の議論に基づいて有効粘度のひずみ速度依存性を模式的に示したものである．

8.11.2 準静的描像

準静的描像の限界は何であろうか.その1つは以下のようである.ひずみ速度が小さい場合,時間 τ を必要とする個々の位相幾何学的な構造変化は,隣で次の変化が起こる前に終了する.そこでは,この構造変化によるエネルギー散逸はひずみ速度に依存せず,したがって個々の局所的緩和もひずみ速度に関係ない速さで終了する.式 (8.1) の右辺第2項のひずみ速度依存項は,フォーム全体で起こる塑性変形(降伏応力)によりもたらされる.

この準静的領域でも,Bingham モデルによる単純な式が常に正しいわけではない.フォームが変形していくと,フィルムと Plateau 境界の大きさと形が変化するようになる(詳細については章末に載せた Kraynik のレビューを参照).

以上をまとめると,ひずみ速度依存性は3つの異なる領域で別々の原因で生じる.ひずみ速度の小さい方から,

- 低ひずみ速度領域では,粗大化のような遅いプロセスが重要となり,降伏応力が減少する.
- 中間ひずみ速度領域では,準静的エネルギー散逸により,フォームは粘性的に変形するようになる.
- 高ひずみ速度領域では,個々の位相幾何学的な構造変化が区別できなくなり,構造は平衡状態にならない.

これら3つの領域の(あまりはっきりしない)境界は,液相体積率,気泡の大きさ,液相の粘度などに強く依存する.特にウェットフォームの限界に近づくと,位相幾何学的な構造変化が局所的ではなく全体的になだれ現象的に生じるようになる (8.7節).

参 考 文 献

Barnes, H. A., Hutton, J. F. and Walters, K. (1989). *An Introduction to Rheology*. Elsevier Science, Amsterdam.
Kraynik, A. M. (1988). Foam flows. *Annual Review of Fluid Mechanics* **20**, 325-357.
Liu, A. J. and Nagel, S. R. (1999). *Jamming and Rheology*. Taylor and Francis, London.
Weaire, D. and Fortes, M. A. (1994). Stress and strain in liquid and solid foams. *Advances in Physics* **43**, 685-738.

第9章 フォームの電気伝導

「物事は可能な限り単純に，しかし必要以上には単純ではないように作られている」
——Albert Einstein

9.1 電気伝導のモデル

液体フォームの電気伝導度 σ_f は液相体積率 ϕ_l のよい指標となる．バルク液体の電気伝導度 σ_l で規格化した相対電気伝導度 σ は，主として ϕ_l の関数である．

$$\sigma = \frac{\sigma_f}{\sigma_l} = f(\phi_l) \tag{9.1}$$

σ には弱いセルサイズ依存性が観察されている．Robert Lemlich の美しい理論によれば，ドライフォームの極限 ($\sigma_l \to 0$) では式(9.1)は次の直線式でよく近似される．

$$\sigma = \frac{1}{3}\phi_l \tag{9.2}$$

付録Eでは，いくつかの幾何学的仮定の下でPlateau境界による電気伝導を考え，式(9.2)を導いている．ただしそこでは，直線状Plateau境界のネットワークを考え(図1.9)，ふくれた結合部は考えていない．Lemlichの結果から，σ は構造に依存しないことが説明され，さらにこのことは結合部の影響を大まかに取り入れても成り立つ．ただしこれは，結合部で4つの境界域が出会う比較的ドライなフォームに対するものである．

Lemlich のモデルでは，長さ l の境界域それぞれが液相体積に寄与し，

$$V_p = A_p l \tag{9.3}$$

したがって液相体積率は

$$\phi_l = l_v A_p \tag{9.4}$$

で与えられる．ここで，l_v は単位体積あたりの境界域長さ，A_p はPlateau境界の断

9.1 電気伝導のモデル

面積であり，r を Plateau 境界の壁面の曲率半径とすると，$A_\mathrm{p}=(\sqrt{3}-\pi/2)r^2\simeq 0.161r^2$ である．

結合部は液相体積に対し r^3 のオーダーの付加的寄与をし，かつ電気伝導度を変化させる．この体積は，1つの結合部についての Surface Evolver 解析により，それぞれの Plateau 境界は2つの頂点（結合部）を結んでいるとして計算され，係数 1.50 が数値的に求められた．よって，

$$\phi_1 = l_\mathrm{v} A_\mathrm{p} + 1.50\times 0.161 r^3 \frac{l_\mathrm{V}}{l} = l_\mathrm{v} A_\mathrm{p}\left(1+1.50\frac{r}{l}\right) \tag{9.5}$$

電気伝導度の修正には，結合部内の電流の流れを決める Laplace 方程式を解くことが必要となる．その結果は，電気伝導体であるそれぞれの Plateau 境界は（頂点の影響を差し引いた）有効長さ

$$\frac{l_\mathrm{eff}}{l} = 1 - 1.27\frac{r}{l} \tag{9.6}$$

を持つ，ということで近似される．ここで係数 1.27 は1つの結合部に対する数値計算で求めた．Lemlich モデルと同じ仮定の下で体積の修正を行うと，

$$\sigma = \frac{1}{3}\phi_1 \frac{l}{l_\mathrm{eff}} = \frac{1}{3}\frac{l_\mathrm{v} A_\mathrm{p}}{1-1.27(r/l)} \tag{9.7}$$

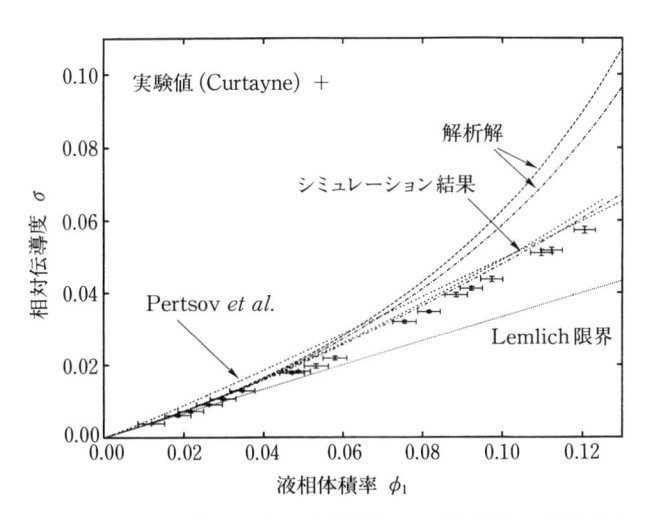

図 9.1 ドライフォームの電気伝導度の実験結果と理論予測．理論計算は Phelan による Kelvin 構造あるいは Weaire-Phelan 構造だけからなるフォームに対するものである．

が得られる．図 9.1 に，式 (9.5) と式 (9.7) を組み合わせて求めた電気伝導度を，より近似のよい数値計算結果と共に示す．

図のように，この修正式は ϕ_1 が大きくなると実験結果とは合わなくなり，さらなる修正が必要となる．それには 1985 年に Lemlich が提案したように，高 ϕ_1 での Maxwell の式とつながるように修正するのがよい．Maxwell の式は，液体中の小さな気泡 ($\phi_1 \to 1$) の挙動を表しており，

$$\sigma = \frac{2\phi_1}{3-\phi_1} \tag{9.8}$$

で与えられる．修正の結果として，

$$\sigma = \frac{1}{3}\phi_1 + \frac{5}{6}\phi_1^2 - \frac{1}{6}\phi_1^3 \tag{9.9}$$

が得られる．

Plateau 境界の体積（および ϕ_1）がその幅 r の 2 乗に比例することから，ϕ_1 の半整数乗を持つように修正した方がよいだろう．$\phi_1=1$ で Maxwell の式に合うようにすると，

$$\sigma = \frac{1}{3}(\phi_1 + \phi_1^{3/2} + \phi_1^2) \tag{9.10}$$

この Curtayne による式は覚えやすいし，図 9.2 に示すように Clark (1948) の実験結果をよく表している．

9.2 フィルムの影響

これまでの議論では，フォームの電気伝導に対するフィルムの影響をまったく考慮しなかった．ここでは第 1 近似としてフィルムの影響は無視してよいことを示そう．形式的に，フォームの電気伝導度を，Plateau 境界とフィルムの電気伝導にそれぞれの体積分率 ϕ_1^{pb} と ϕ_1^{film} とを掛けたものの和であるとしよう．

$$\sigma = \sigma_{pb}\phi_1^{pb} + \sigma_{film}\phi_1^{film} \tag{9.11}$$

ここで $\phi_1 = \phi_1^{pb} + \phi_1^{film}$ である．式 (9.2) より $\sigma_{pb}=1/3$ であり，同様の議論より $\sigma_{film}=2/3$ である（付録 E）．

フィルムと境界域はつながっているので，このような電気伝導度における線形結合の成立は自明ではない．ただし，Lemlich の式の前提条件を考えると（付録 E），線形結合は成立するとしてよいであろう．長さに比べ幅が無限小の Plateau 境界に，平面状フィルムが付け加えられるという配置では，フィルムと Plateau 境界の伝導

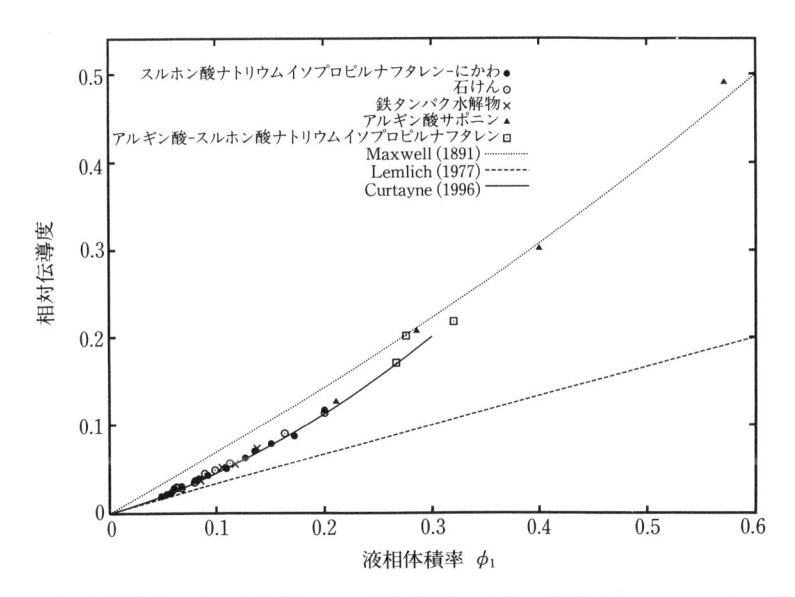

図 9.2 液相体積率の大きな領域までの電気伝導の変化．実験点は Clark による種々の界面活性剤溶液におけるデータ．実線は Curtayne による多項式．
(Clark, N. O. (1948). *Transactions of the Faraday Society* **44**, 13-15)

度への寄与は式 (9.11) のように加算的となる．

フィルム厚さを $t_f=500$ nm とし，気泡の等価球半径を $R=1$ mm とすると，$\phi_1^{film} \cong t_f/l$ より ϕ_1^{film} は 10^{-3} のオーダーとなり，式 (9.11) におけるフィルムの寄与は無視できる．ϕ_1 が増加すると，(Plateau 境界の圧力が小さくなって) フィルム厚さも増加するが，典型的な液体フォームで σ_{film} が支配的になるような領域はない．

9.3 電気伝導度の有用性

フォームの局所的電気伝導度を測定することにより，液相体積率を求めることができ，もちろんフォーム自体が存在することを調べることができる (5.4 節)．この手法は発泡性試験に広く適用でき (4.4 節)，フォームの形成を確認するという工業的な応用も可能である．

電気伝導度と熱伝導度の間には強い相関がある (16.5 節)．このことは断熱材とし

て利用される固体フォームにおいては特に重要である．ただし，ポリスチレンのようなある種の固体フォームでは，熱伝導および電気伝導に対するフィルムの寄与を無視できない．

第10章 重力下での平衡

「水上の泡のようにサマリアの王は断絶される」
——ホセア書 10.7 節

10.1 垂直方向の密度分布

ほとんどのフォームは重力下で観察される[*1]．したがって，その条件下での密度分布を理解する必要があり，図 10.1 のように，上方ではドライ，下方ではウェット，という液相体積率の分布を示す．この分布は次章の主題である排水によって生じる．この分布のキーパラメータは，

$$l_0{}^2 = \frac{\gamma}{\rho g} \tag{10.1}$$

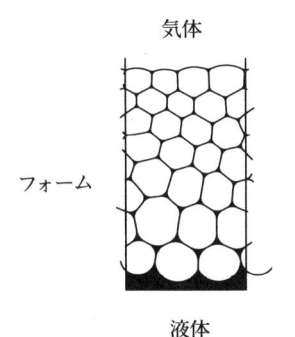

図 10.1 重力による垂直方向の圧力差を取り入れた
2次元フォームのシミュレーション．

[*1] 気泡がフォームの表面に上昇し，液相が底の方に排出される現象をクリーミングとも離液ともいう．

で定義される．ここに ρ は液相の密度，g は重力加速度，$\sqrt{2}l_0$ は毛管定数あるいは l_0 は毛細管長さである．$r_\mathrm{t} < l_0$ の毛管中のメニスカスの高さが，

$$h = \frac{2l_0^2}{r_\mathrm{t}} \cos\theta \qquad (10.2)$$

となることはよく知られている．ただし，θ は液体-容器の接触角である．

高さ方向の液相体積率の分布は重力下での釣り合いの結果であることを確かめてみよう．ここでも以下の式はドライフォーム近似に基づいている．

(1) フォーム内の気圧は高さによらず一定である．
(2) Plateau 境界は，図1.8の直線状の凹形管で，側面の曲率半径を r とする．厳密には r は高さの関数であるが，その変化の起こる領域は r よりはるかに大きく，気泡径より大きい．そこでこれは Laplace 則を局所的に適用する場合には無視できる．いずれの仮定も，ドライフォームでは気泡サイズより Plateau 境界の断面サイズの方が小さいことに基づいている．

Plateau 境界の1つの界面の前後での圧力差は，Laplace 則（$\Delta p = 2\gamma/r$，式(2.1)）によれば，

$$p_\mathrm{g} - p_\mathrm{l} = \frac{\gamma}{r} \qquad (10.3)$$

であり，他方，曲率半径 r' のフィルムの前後における圧力差は

$$\Delta p = \frac{2\gamma}{r'} \qquad (10.4)$$

である．$r \ll r'$ の場合，第1近似としてセル間の圧力差は無視でき，そこでの気体の圧力を p_g とする．液相の圧力は静水圧の平衡条件

$$p_\mathrm{l} = p_0 + \rho g (x - x_0) \qquad (10.5)$$

に従って変化する．ここに p_0 は表面（$x = x_0$）での液相の圧力，x は表面からの下向きの距離である．これより，Plateau 境界の半径 $r(x)$ が高さの関数として Laplace 則より直接求められる．

$$r(x) = \frac{\gamma}{p_\mathrm{g} - p_0 + \rho g (x_0 - x)} \qquad (10.6)$$

式(10.6)の Plateau 境界の半径を液相体積率と気泡の等価球直径 d で表すと（$\phi_\mathrm{l} = \bar{c} r^2/(d/2)^2$，式(3.8))，液相体積率と高さの関係は次式で与えられる．

$$\phi_\mathrm{l}(x) = \bar{c} \left(\frac{\gamma}{d/2}\right)^2 [p_\mathrm{g} - p_0 - \rho g (x - x_0)]^{-2} \qquad (10.7)$$

定数 p_0 を見積るには境界条件を考えなければならないが，それは単純でない．位

置 x_b でフォームの底が液体に接しているとき，界面で ϕ_l^c がウェットフォーム限界の限界（ランダムフォームの場合約 0.36）になっているとしてよいだろう．

$$\phi_l(x_b) = \phi_l^c \tag{10.8}$$

式(10.7)に $x = x_b$ を入れると，

$$p_0 = p_g - \rho g(x_b - x_0) - \left(\frac{\bar{c}}{\phi_l^c}\right)^{1/2}\left(\frac{\gamma}{d/2}\right) \tag{10.9}$$

が得られる．もともとこの式はドライフォームに対して導かれたものであるが，このような近似を受け入れることにすると，液体の上に存在するウェットフォーム層 ($\phi_l > 0.18$) の厚さを見積ることができ，第1近似として，

$$W_{\text{wet}} \cong 0.4\frac{l_0^2}{d/2}\frac{\bar{c}}{\phi_l^c} \cong \frac{l_0^2}{d} \tag{10.10}$$

が得られる．

l_0 は本章の始めに導入した特性長さで，典型的な液体フォーム[*2]では mm のオーダーである．このようなフォームが 10 cm の高さで平衡状態になったとすると，ϕ_l は 10^{-4} と評価される．しかし，ここで注意すべき点は，液相体積率に対するフィルムの寄与を無視できないことである．

最後に，このモデルにおいて，式(3.41) ($\Pi(\phi_g) = \rho g \int_x^{x_b} \phi_g(x)\mathrm{d}x$) を積分し，式(3.8) ($\phi_l = \bar{c}r^2/(d/2)^2$) を用いると，フォームの液相の浸透圧 $\Pi(\phi_l)$ を求めることができる．

$$\Pi(\phi_l) = \frac{\gamma}{r}\left(\sqrt{\frac{\bar{c}}{\phi_l}} + \sqrt{\bar{c}\phi_l} - \bar{c} - 1\right) \tag{10.11}$$

10.2 重力下での気泡の大きさ選別

前節の議論は，平均気泡サイズが高さに依存しない均質なフォーム構造についてのものであるが，我々が通常ビールのグラスで見かける事実は，この仮定に反している．ある程度まで，重力により構造の再配列が誘起され，大きな気泡が浮き上がり小さな気泡が底に沈む．非常に大きな気泡をフォームの底から放つと，これが浮き上がる様子を観察できる．いうまでもなくこれは浮力によるものである．

[*2] 表面張力を $\gamma \cong 1/3\gamma_{\text{water}} \cong 0.024\,\mathrm{Nm^{-1}}$ とすると $l_0 \cong 1.6\,\mathrm{mm}$ となり，普通の気泡径と等しくなる．

134   第10章　重力下での平衡

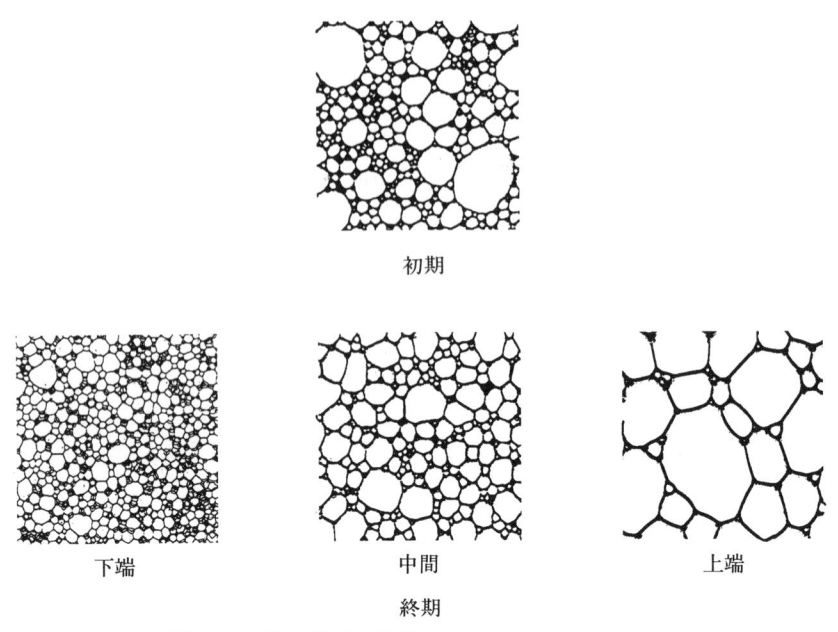

初期

下端　　　　　中間　　　　　上端
終期

図 10.2　強制排水の前後でのフォームの構造変化.

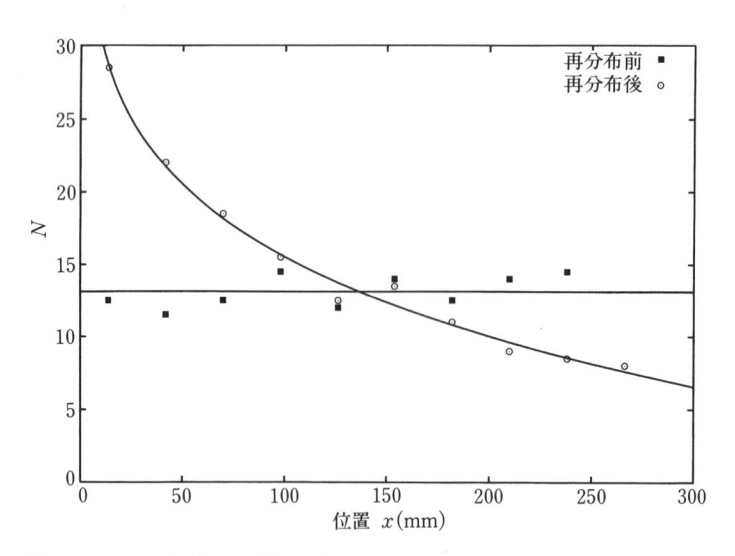

図 10.3　再分布前（黒点）と後（白点）の気泡の数の高さ方向分布.

しかし，フォームのせん断剛性は有限だからこの現象は抑制される．通常，降伏応力以上の浮力を受けるほど1つの気泡が抜きん出て大きいことはない．フォームがウェットで降伏応力が小さい底の方でだけ，気泡サイズの並べ換えが生じ得るのである．したがってウェットフォームの層はそれより上方のフォームよりも小さな気泡でできている．このような事情から，ウェットフォームのこれまでの議論をさらに精密化しようとすると一層の複雑さが生じる．

　フォーム全体がウェットであるとき，この効果はかなり明瞭に現れる．強制排水条件において，液相体積率が大きく，流速が大きい場合，多分散型フォームは最終的には大きさの異なる単分散型フォームが積み重なったものとなる（図 10.2）．気泡サイズに分布が生じるのはこのような理由による（図 10.3）．

第11章 フォームの排水

「穏やかに歌え,
嘆くのはやめて,
慎み深く,淡く,
水の上の泡のように震えている」
——Paul Verlaine

11.1 均一な排水

　排水とは,新たに作られたフォームが第10章の平衡分布に徐々にたどり着くまでの一般的なプロセスである.フォームからの液体の流出は平衡に近づくと遅くなる.この挙動を調べるため,排水された液体を時間とともに計測する実験が多くなされた.しかしこの場合,単純な実験は最良の実験ではなかった.フォームの上部から一定の液体を注ぎ込んで定常的な排水を維持するという実験には,多くの擾乱が入り込みやすかったのである.このような状況を強制排水と呼び,液体が追加されないものを自由排水と呼ぶ.

　流速があまり小さくなければ,この強制排水によりフォームの密度は均一となる.この挙動は電気伝導と似ており,以下の理論にも第9章と同じ部分がある.電気伝導の場合と同様に,液体は主にPlateau境界を流れ,フィルムは何の働きもしないものとする.同じく,Plateau境界は直線的で,結合部は対称的であるとする.電場Eは重力gに置き換える.大きな違いは,電気伝導のコンダクタンスはPlateau境界の断面積A_pに比例するのに対し,Poiseuille流れのコンダクタンスはA_p^2に比例することである.したがって,電流は液相体積率ϕ_lに比例するのに対し,流速はϕ_l^2に比例する.

11.1.1 Poiseuille 流れ

　本書の排水理論では，Plateau 境界の壁面ではすべりが生じないという境界条件を採用する．その結果，問題は Poiseuille 流れ（細い円管中の粘性流体の流れ）に帰着する．一見すると境界条件は奇妙に見えるが，これは多くの界面活性剤では表面粘性が高いことに起因している．この条件は 11.7 節で再検討する．

　表面粘性の考え方は，水に浮いたコンパスの針の振動から Plateau により導入され，Rayleigh により確立された．表面粘性 η_s は 2 次元におけるバルク粘性 η_l に対応し，表面での単位長さあたりのせん断力を表面での速度勾配で除したものである．この量が無限大なら，Plateau 境界の壁面での表面流れは生じず，実際上も表面流れを止める程度には十分大きい．

　粘性 η_l が有限のとき，無次元パラメータ

$$M = \frac{\eta_l r}{\eta_s} \tag{11.1}$$

を表面移動度という．ここで，r は Plateau 境界の半径である（2.1 節，図 1.8）．$M < 0.1$ のとき，流れは近似的に Poiseuille 型となる．Kraynik は，Plateau 境界の半径 r を気泡半径 R と液相体積率 ϕ_l で表すことにより，剛性の評価として，

$$2R \frac{\eta_l}{\eta_s} \sqrt{\phi_l} < 10^{-1} \tag{11.2}$$

を得た．

　この問題の完全解を求めるには，バルク液体と Plateau 境界の壁面とフィルムのそれぞれが組み合わさった運動を詳細に解析する必要があるが，未だになされていない．以下の議論における定量的な不一致のいくつかは，Poiseuille 近似の崩壊で説明できるだろう．

11.1.2 Plateau 境界内の重力による流れ

　当面，Plateau 境界の大きさは一定とし，その内部圧力も一定としよう．また流れは重力だけによるものとする．この仮定の下に，断面積が A_p で垂直軸から角度 θ だけ傾いた Plateau 境界内の流れの平均速度 $\bar{u}(\theta)$ は次のように書くことができる．

$$\bar{u}(\theta) = \frac{1}{f} \frac{\rho g}{\eta_l} A_p \cos \theta \tag{11.3}$$

ここに，ρ は液体の密度，g は重力加速度であり，無次元係数 f は Plateau 境界の形状に依存する．数値計算によれば，理想的 Plateau 境界の f は 49 であり，円柱形状

に対しては $f=8\pi \simeq 25$ である．したがって，Plateau 境界は円柱形状のものよりも約2倍の粘性抵抗をもつ．

図 11.1 に数値計算による Plateau 境界内の流れの等高線を示す．このようにして，Poiseuille 近似の成り立つパイプのネットワークに対する理論ができた（図1.14）．ここでセル壁の曲率は等しいとしているので，パイプ中には圧力の分布はない．この理論では，すべての結合部で流れのバランスが取れている，すなわち接合部で液体が生まれても消えてもいけない．4面体対称性をもつ頂点では $\sum \cos \theta = 0$ であるから，電気抵抗の場合と同様にこれは成り立っている．

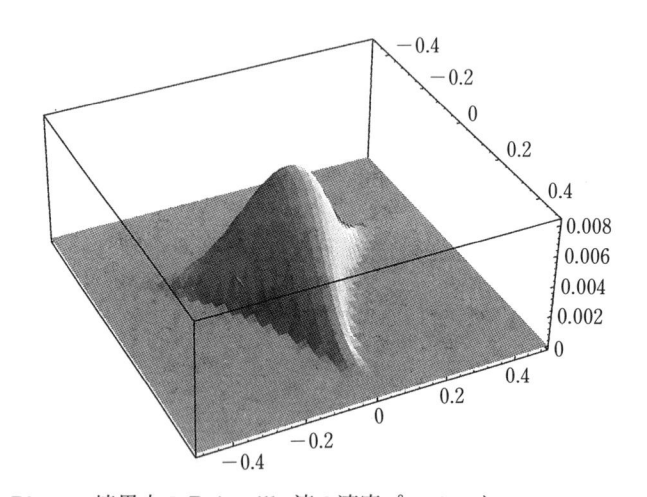

図 11.1 Plateau 境界内の Poiseuille 流の速度プロファイル．
(Peters, E. A. J. F. (1995). M. Sc. thesis, Eindhoven University of Technology, Netherlands)

11.1.3　フォームの排水と電気伝導との類似性

すでに述べたように，フォームの排水と電気伝導の理論はよく似ているので，排水の定量的記述を行うことができる．フォーム内の全伝導度は，Plateau 境界の等方性を考慮すると，

全伝導度＝(1/3)×(チャンネル単位長さあたりのコンダクタンス)
　　　　×(単位体積あたりのチャンネルの長さ)

である．伝導度とは単位体積の立方体におけるコンダクタンスである．電気伝導と排

水において対応する物理量は電流密度 j と単位面積あたりの体積の通過速度 q であり

$$j = \sigma_l E \tag{11.4}$$

$$q = \sigma_l^{\text{flow}} \rho g \tag{11.5}$$

である．ここで，σ_l と σ_l^{flow} は液相の電気伝導度と流れのコンダクタンスである．

フォームの電気伝導度は

$$\sigma_f = \frac{1}{3} \times \sigma_l A_p \times l_v = \frac{1}{3} \sigma_l \phi_l \tag{11.6}$$

で与えられ，流れのコンダクタンスは，

$$\sigma_f^{\text{flow}} = \frac{1}{3} \times \frac{A_p^2}{\eta_l f} \times l_v = \frac{1}{3} \frac{A_p}{\eta_l f} \phi_l \tag{11.7}$$

で与えられる．ここで，f は数値計算によって求まる 49 程度の定数である．$3f\eta_l$ を有効粘度と呼び，η^* で表す．

$$\eta^* = 3f\eta_l \cong 150\eta_l \tag{11.8}$$

1つの Plateau 境界内の有効コンダクタンスを，

$$\sigma_l^{\text{flow}} = \frac{A_p}{\eta_l f} \tag{11.9}$$

と定義する．しかし電気伝導とは異なり，これは Plateau 境界の断面積 A_p の関数であり，材料定数ではない．これより式(11.7)は

$$\sigma_f^{\text{flow}} = \frac{1}{3} \sigma_l^{\text{flow}} \phi_l \tag{11.10}$$

と表され，フォームの電気伝導度（式(11.6)）と流れの類似性が定式化された．

11.1.4 フォームの排水性の定式化

断面積が A_{cylinder} の容器中のフォームにおける均一な排水の全体積流速は

$$Q = \sigma_f^{\text{flow}} \rho g A_{\text{cylinder}} \tag{11.11}$$

で与えられる．式(11.7)を代入すると，

$$Q = \frac{\rho g}{\eta^*} \phi_l^2 A_{\text{cylinder}} l_v^{-1} \tag{11.12}$$

が得られる．ここで，η^* は式(11.8)の有効粘度である．

l_v の値は Kelvin セルに対して式(3.4)で与えられている（$l_v \approx 5.35/V_b^{2/3}$）．そこで，定常的排水において，液相体積率が流速の関数として

$$\phi_l = \left(\frac{5.35\eta^*}{\rho g}\right)^{1/2} (V_b^{2/3} A_{\text{cylinder}})^{-1/2} \sqrt{Q} \tag{11.13}$$

で与えられる．あるいは，流速 Q と流れに垂直方向の速度 v との関係として
$$Q = A_{\text{cylinder}} \phi_l v \tag{11.14}$$
を用いると，
$$v = \left(\frac{V_b^{-2/3} 5.35 \eta^*}{\rho g}\right)^{-1/2} \left(\frac{Q}{A_{\text{cylinder}}}\right)^{1/2} = \sqrt{\frac{\rho g}{3 f \eta}} \sqrt{\frac{1}{l_v A_{\text{cylinder}}}} \sqrt{Q} \tag{11.15}$$
が得られる．

この関係は実験的に検証することができる．第1の方法は，図11.2のようにフォームのコラムをセットし，定常的な流れ Q を上から注ぐというものである．ただし流れ速度があまりに小さすぎると，仮定している密度の均一性が得られなくなる．ϕ_l は，フォーム-液相界面の沈下から Archimedes の原理を適用して求める（5.3節）．

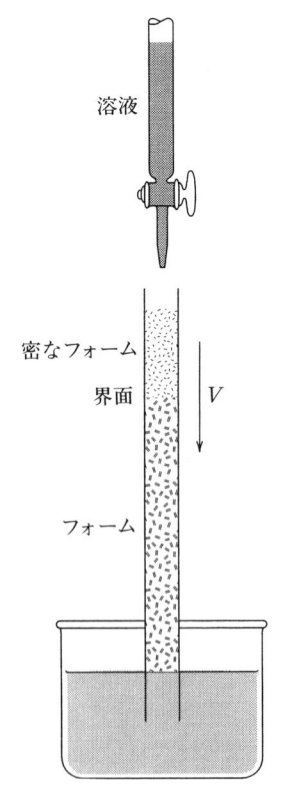

図 11.2　強制排水の実験．

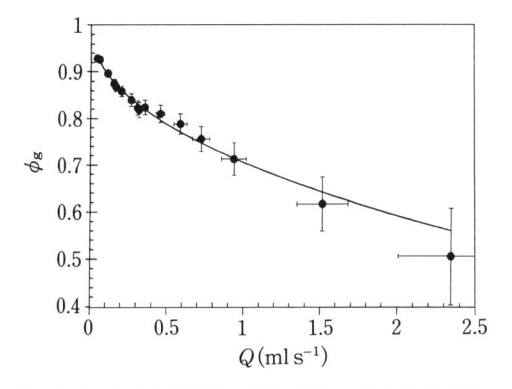

図 11.3 気相体積率と体積流出速度の実験結果.

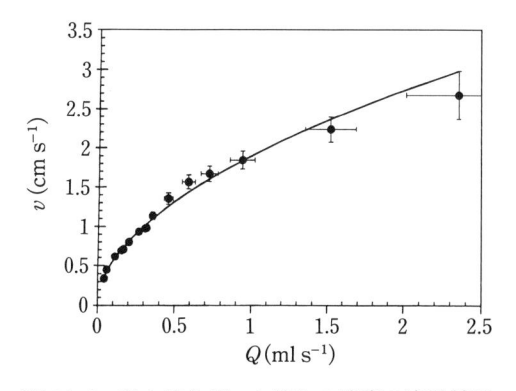

図 11.4 孤立波を用いた流れの速度の実験結果.

図 11.3 に示すように,式 (11.13) で示される ϕ_l と Q のべき乗関係が得られる.

第 2 の方法は,式 (11.15) を使うもので,流れの密度を測定するのではなく,流れの速度を測定するというものである(図 11.4).流速をどう測定するのか疑問に思うかもしれないが,次節でそれが簡単にできることを示す.

11.2 強制排水における孤立波

ここまでは均一で定常的な排水を仮定してきたが,それはフォームに比較的大きな体積流速 Q が付加されたときに観察される.しかし一般に排水は均一ではなく,

Plateau 境界の断面積も均一ではない．この場合には，Plateau 境界の高さ方向の位置の違いによる圧力差を考慮することが必要となる．一般的な理論の前に，均一な排水の実験で観察された重要な結果について述べよう．

均一な排水の実験において，まずドライフォームを準備し，上部から液体の供給を開始すると，その直後に，はっきり識別できる界面が一定速度で下降するという驚くべき現象が生じる．この界面より上部は均一なウェットフォームとなる．この速度は前節で導いた速度 v であり，そこで v と Q の関係を定規とストップウォッチで実験的に求め，式(11.15)と比較することができる．式(11.15)で予測される平方根関係は簡単に検証できるのである．

この界面は見た目ほどには鋭くなく，典型的には数 cm の幅をもつ．これが鋭く見えるのは，ϕ_l が数%以上になるとフォームは不透明で白く見えるようになるので，見た目にはドライからウェットへの遷移の最初の部分しか見えないからである．実際には図 5.10 のような滑らかなプロファイルを示す．これは本章後半で述べる方法による実験結果である．このプロファイルは進行しても一定の幅と形を保っている．これが孤立波の特徴であり，すなわちその形を保持するような非線形偏微分方程式の解である．ではどんな偏微分方程式を解けばよいのか．

11.3 フォームの排水方程式

液相体積率の位置と時間の関数 $\phi_l(x, t)$ に関する偏微分方程式を得るには，11.1 節の理論を不均一流れに対して一般化する必要がある．これは付録 F で行う．得ら

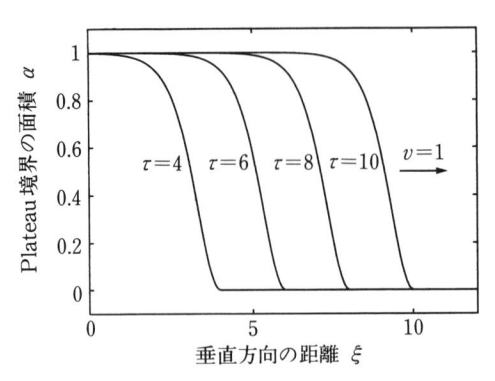

図 11.5 方程式(11.16)の速度 $v=1.0$ の孤立波解（式(11.17)）．

11.3 フォームの排水方程式

れた方程式

$$\frac{\partial \alpha}{\partial \tau} + \frac{\partial}{\partial \xi}\left(\alpha^2 - \frac{\sqrt{\alpha}}{2}\frac{\partial \alpha}{\partial \xi}\right) = 0 \tag{11.16}$$

をフォームの排水方程式と呼ぶ．ここで，すべての値は $\phi_1 \to \alpha$, $x \to \xi$, $t \to \tau$ に無次元化されている．これによって数学的に単純化され，物理量は付録 F にあるように必要となったときに再導入すればよい．

方程式(11.16)には観測されている孤立波に適合する解析解がある．それは図 11.5 に示すように，

$$\alpha(\xi, t) = \begin{cases} v \tanh^2(\sqrt{v}[\xi - v\tau]) & \xi \leq v\tau \\ 0 & \xi \geq v\tau \end{cases} \tag{11.17}$$

である．孤立波の解は，Q が 0 でない Q_1 から Q_2 に増加するときにも出現するが，このように簡単な式で表すことはできない．図 11.7 はその数値解である．速度を $v(Q_1, Q_2)$ とすると，

$$v(Q_1, Q_2) = v(0, Q_1) + v(0, Q_2) \tag{11.18}$$

であり，特に流れの増加が小さいとき ($Q_1 \simeq Q_2$) には，

$$v(Q_1, Q_2) = 2v(0, Q_1) \tag{11.19}$$

となる．これは図 11.6 にあるように 1 回の実験で確かめることができる．このように孤立波は他の孤立波に追いついたとき，合体する．この衝突時の挙動が孤立波とソ

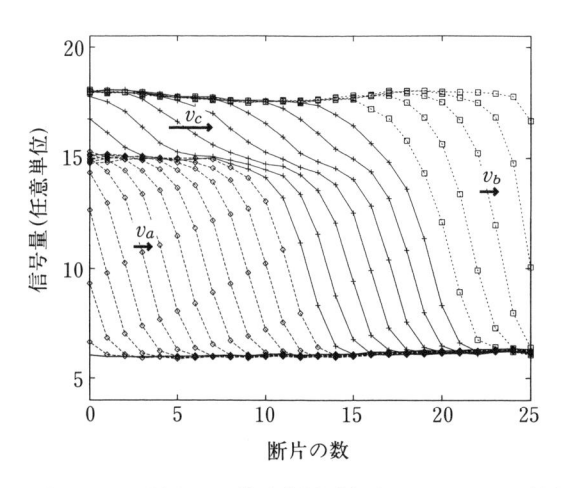

図 11.6 図 11.7 に対応する静電容量測定法による 2 つの孤立波の合体の実験データ．

リトンの違いである．どちらも非線形偏微分方程式の解である．

フォームの排水方程式には，このほかにもいくつかの興味深い解析解が存在するが，一般的には，図11.7のように数値的に解く必要がある．

完全な方程式(11.16)を用いる必要のないときもある．Kraynikによる近似では，Laplace則による圧力変動を無視して，次のように簡単な方程式としている（付録F）．

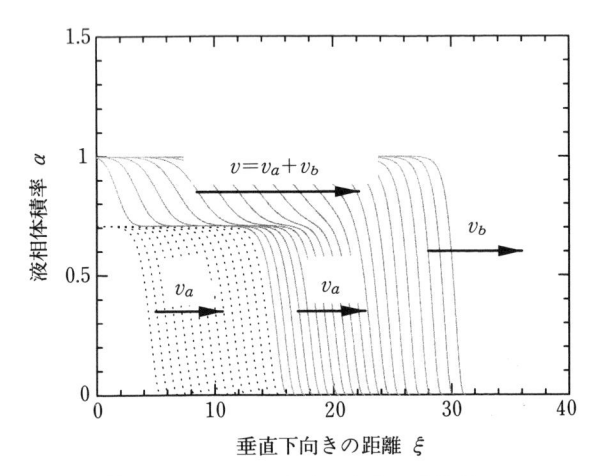

図11.7 2つの孤立波の合体の計算結果．

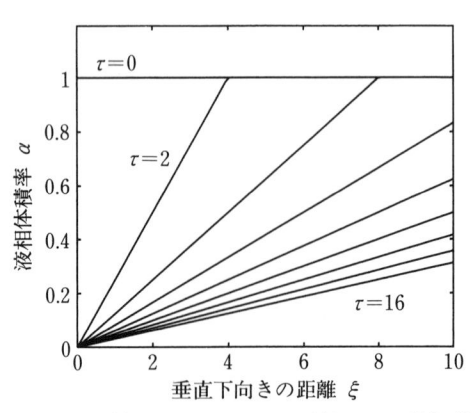

図11.8 自由排水フォームに対するKraynikの近似では，液相体積率の高さ方向分布は直線的で，その傾きは時間の逆数に比例する．

$$\frac{\partial \alpha}{\partial \tau} + \frac{\partial \alpha^2}{\partial \xi} = 0 \tag{11.20}$$

この式は,液相体積率(すなわち α)の位置による変化が緩やかな場合に適用可能である.この方程式は,Kraynik 解とも呼ぶべき興味深い自明な解が1つある(図11.8).

$$\alpha(\xi, \tau) = \frac{1}{2} \frac{\xi - \xi_a}{2\tau - \tau_a} \tag{11.21}$$

ここに,ξ_a は τ_a 定数である.この解は次節で取り扱う自由排水に対しとりわけ有用である.

11.4 自由排水

均質なウェットフォームからの自由排水はかなり複雑な現象であるが,その基本的特徴は,図 11.9 に示すように,フォームの排水方程式の解析解により議論することができる.

多くの場合,プロファイルの上部は Kraynik の解(式(11.21))に従っている.この近似は厳密には異なっている.Kraynik の取り扱いではフォームの上部では $\alpha = 0$ であるはずであるが,実際には有限の値をとる.しかし,実験でもシミュレーション

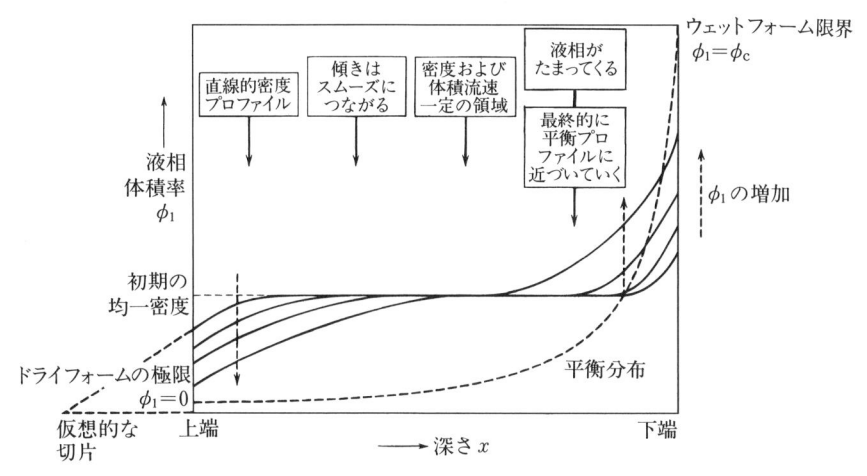

図 11.9 自由排水においては,ここに示すような様々な挙動が実験でもシミュレーションでも観察されているが,最終的には平衡分布にたどり着く.

でも密度フォーム最上部のプロファイルは直線的で，その傾きは式(11.21)にあるように時間とともに減少する．図5.16はその例であるが，直線的プロファイルはフォームの初期の均一密度に達する点まで伸びている．Kraynikの解析では初期密度に達する点でプロファイルは折れ曲がるが，厳密解ではスムーズにつながるはずである．Kraynikの解より下の部分では，式(11.13)に従う一定の体積流速 Q の領域が現れ，さらに下がって液体との界面が近づくと，α がふたたび増加するようになる．この挙動を数学的に記述することもできるが，ここではプロファイルが最終的に到達する平衡状態（式(10.7)）と整合していることを指摘するだけで十分であろう．

自由排水は概して非常に複雑な現象である．単に排水した液体を測定するだけの実験を行っても，上述の解析結果とは一致しない．実験では多くの領域が観察され，それぞれで異なった定式化がなされている．一般的には，Kraynikの解はフォームの底まで伸びていることが多い．この場合，（無限大ではないが）十分長い時間では，Kraynikの解（式(11.21)）より，排水された液体は

$$\Delta V = V_0 - \frac{1}{k(t-t_0)} \tag{11.22}$$

で与えられる．Kraynikの解がフォームの底に達するまでは，解の前方では液相体積率は一定であり，排水速度はほぼ一定である．フォームに到達後は，指数関数的に平衡プロファイルに近づく．

11.5 定量的予測

排水理論を検証しようとする実験のほとんどは強制排水を対象としている．管の中に単分散フォームを形成し，定常的体積流速 Q で上から液体を注ぎ入れる．孤立波の速度 v は Q の関数として求められる．これは通常

$$v = c_{\text{v,exp}} \sqrt{Q} \tag{11.23}$$

でよく記述され，理論ともよく一致する．ひとたび孤立波がフォームを通り抜けると，新しい（均質な）液相体積率をArchimedesの原理により求めることができる．そのデータは，

$$\phi_l = c_{\phi_l,\text{exp}} \sqrt{Q} \tag{11.24}$$

でよく記述される．ここで，$c_{\phi_l,\text{exp}}$ は最小2乗フィットにより求められる．式(11.23)および(11.24)とをそれぞれ理論式(11.15)，(11.13)と比較すると，

$$c_v^2 = \frac{\rho g}{5.35\eta^*} V_b^{2/3} A_{\text{cylinder}}^{-1} \qquad (11.25)$$

$$c_{\phi_1}^2 = \frac{5.35\eta^*}{\rho g} V_b^{-2/3} A_{\text{cylinder}}^{-1} \qquad (11.26)$$

が得られる．気泡体積 V_b は細管内に規則フォームを作ることで測定できる（13.11節）．管と気泡の径の比 λ の広い範囲にわたってデータが得られている．

1つの実験で，排水理論は c_V を半分に過小評価し，c_{ϕ_1} を2倍に過大評価するという結果が得られた．この不一致を解消するには，式(11.25)と(11.26)の η^* 値を1/4にすればよい．このことは Poiseuille 流れという前提条件が破綻していることを意味する．

11.6　排水方程式の限界

フォームの排水方程式にはもともといくつかの適用限界があるが，それでも実験との一致は非常によい．

よく似ている電気伝導（第9章）と比較すると，前提とした近似がよく理解できる．電気伝導の場合には，非線形補正項は Plateau 境界のジャンクション部の効果を示すものとして簡単に取り込むことができた．中間的な液相体積率の場合，この効果は大きい．原理的には同様の解析を排水に対しても行うことができ，大きな非線形

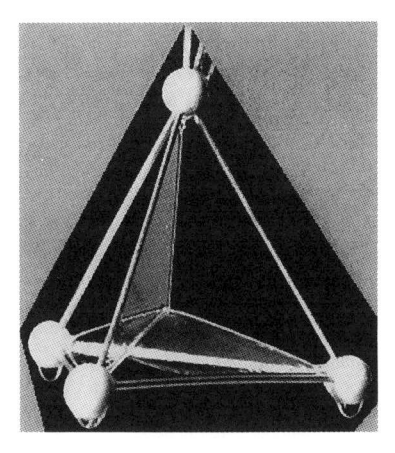

図 11.10　4面体形状のワイヤフレームにより固定された石けん膜の頂点（接合部）を流れる強制排水．

補正項が予想される．Plateau 境界域（および結合部）の表面そのものが流れにより擾乱を受けることも考えられる．この効果は，4面体形状のワイヤフレームに張った石けん膜に強制排水を施す方法で観察することができる（図 11.10）．頂点（結合部）の位置は流速に比例して変化する（図 11.11）．

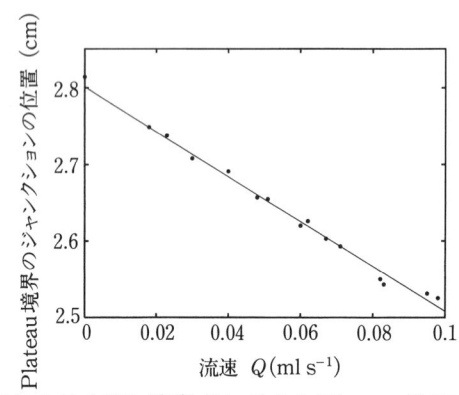

図 11.11 図 11.10 における流れ速度 Q に対する Plateau 境界ジャンクションの位置の変化．

　流れが速まると，フォームの構造そのものが再配列を起こすと考えられるが，このことはこれまでまったく研究されていない．そのほか，Plateau 境界の Poiseuille 流れの正当性，フィルム面内の流れの無視などについても，考える必要があろう．
　いずれの影響も大きい可能性がある．すなわち，現状では我々はかなりよい単純な第 1 近似理論を有しており，それを改良する誘惑に駆られているのである．さもないと，なぜ第 1 近似理論がこれほどうまくいくのか理解できないであろう．

11.7　ジャンクション部律速の排水

　5.9 節に述べた Koehler らの蛍光測定の結果は，本章の排水理論とは適合しない．データから，Poiseuille 条件が成立していないこと，流れは Plateau 境界ではなく，ジャンクション部での流れの寸断により律速されていることが考えられた．v と Q をべき乗則で結びつけると，式(11.15)の 0.5 よりはるかに小さな指数が得られた．したがって，一般的なフォームのうちの少なくとも 1 つ（洗剤）では表面粘性は非常に低く，さらなる理論を必要としている．

11.8 定常的排水の不安定性

ここまでのフォームの排水理論は，パイプのネットワークで静的な流れが生じる場合に対応するものである．しかし流れが速い場合，気泡の半数が下に流れ半数が上へ向かうという対流の流れが観察される．図11.12にこの様子を示した．この流れは液相体積率がウェットフォームの限界 ϕ_l^c よりかなり小さなときでも発生する．

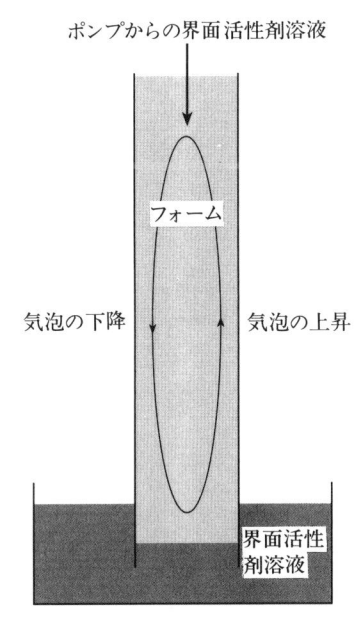

図 11.12 強制排水の流れが速くなると，対流による不安定が発生する．

流れの不安定化に起因するもう1つの現象として，4面体形状の針金枠に張った石けん膜において，Plateau境界から膜に向かう不均一な液体の流れが生じ，結合部から液滴がしたたり落ちることが観察される．

このような流れが発生すると，強制排水によってウェットフォームを作ることができなくなる．特にウェットフォームで剛性喪失を調べようとする場合には，微小重力下での実験を考える必要がある（第8章）．

11.9 排水状況の実験的測定

MRIはフォームの水平断面の平均密度を求めることができるので，垂直方向の密度分布を直接測るのに用いられる（5.5節）．あるいは，フォーム密度の局所プローブとして電気伝導度やキャパシタンスを測定し，密度分布を求めることもできる（5.4節）．電気伝導度と液相体積率の関係は第9章に与えられており，これは均質

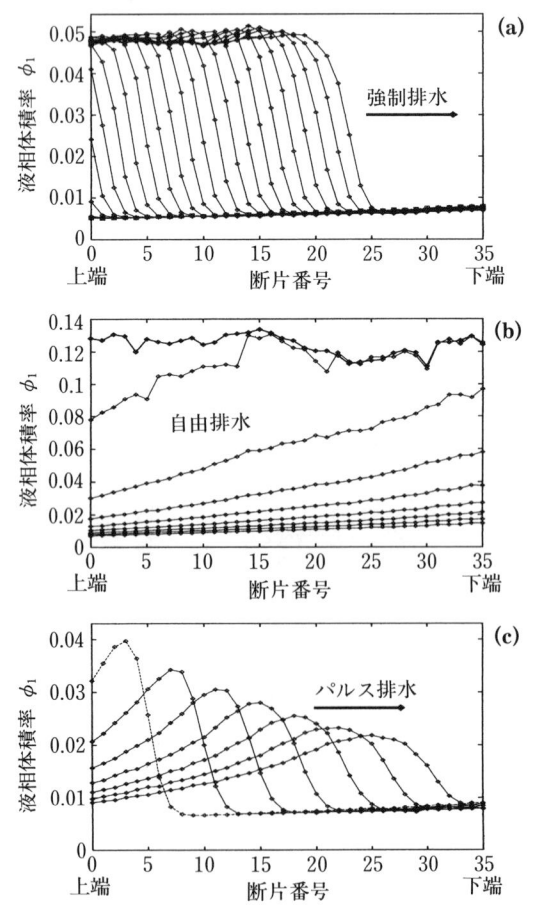

図 11.13 強制排水，自由排水，パルス排水の実験データ．

な柱状のフォームを作るときの確認手段として用いることができる．非伝導性フォームに対しては図 5.11 の装置で電気容量を測ればよい．

このような装置で各種の排水の実験を行うことができる．図 11.13(a) は電気容量測定で得られた強制排水における位置と時間の関数としての密度分布である．測定は 2 秒ごとである．波面が一定速度で伝搬することがはっきりわかる．その幅は一定であり，これまでの実験とよく一致している (11.2, 11.3 節)．

図 11.13(b) は 11.4 節の自由排水のときの密度分布である．強制排水により液相体積率が一様なフォームを形成してから液体の注入を止めたところ，液体はフォーム

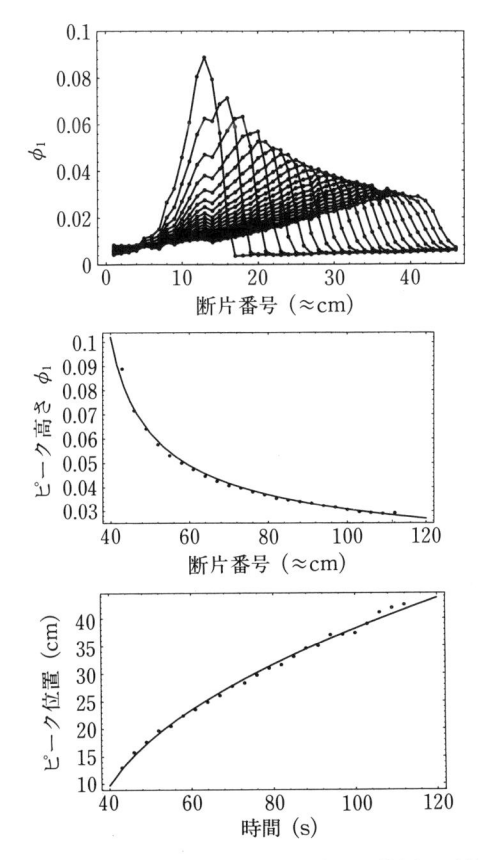

図 11.14 パルス排水の実験データで，ピークの高さと位置が時間の関数として示されている．

から自由排水して流れ出した．ここでの分布は20秒ごとに描かれている．液相体積率と位置との直線関係はKraynikにより式(11.21)で予想された通りであり，MRIのデータでもそれが伺える（図5.14〜5.16）．

最後に，図11.13(c)はパルス排水である．少量の液体をフォームの上部に注入すると，これはフォームの中を流れるに従って次第に広がった．このパルスの頂点位置と液相体積率の時間に対する関係として，次の実験式が得られた．

$$\phi_{l,peak} \propto t^{-1/2} \tag{11.27}$$

$$x_{peak} \propto t^{1/2} \tag{11.28}$$

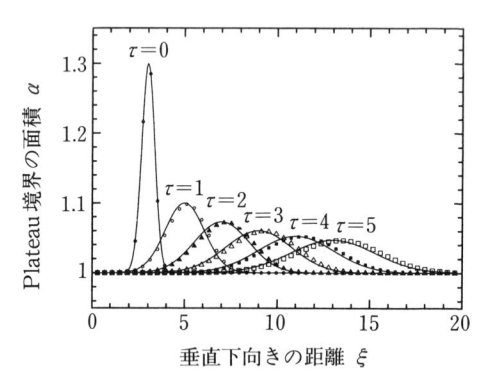

図 11.15 定常的排水状態にパルスが加えられたときの数値解．実線の線形安定理論とよく一致している．

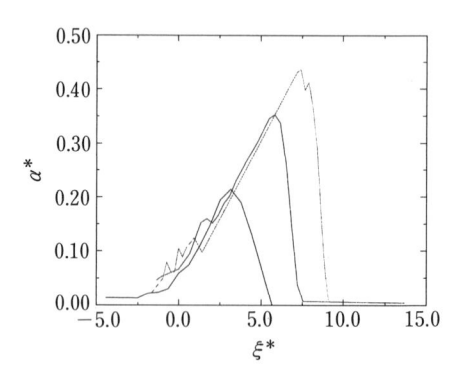

図 11.16 伝搬中のパルスのスケーリング挙動．理論によれば規格化したパルスは ξ^* が低いところでは1本の直線で表される（J. Eggersによる）．

この依存性は次のように説明される．パルスの尾の形状は，排水方程式（式(11.20)）のKraynik解（式(11.21)）で表される．パルス中の全液体の量は変わらないことを考えると，式(11.27)と式(11.28)がすぐに得られる．

図11.15は，定常的排水状態（$a_0=1$）にパルス排水が重なったときの様子を，フォームの排水方程式を数値的に解いて調べたものである．電気容量測定で観察したドライフォーム（$a_0=0$）におけるパルス排水挙動（図11.4）とよく似ている．

排水方程式(11.16)の新しい力学的解析をStoneらが行った．彼らは排水方程式のスケーリング挙動に基づいて解の相似性を調べ，図11.16に示すようにパルスの尾のデータを重ね合わせることができた．

以上をまとめると，電気容量測定の実験により様々な排水挙動を調べることができる．測定結果は少なくとも定性的には上述の排水モデルから説明できる．

参考文献

Koehler, S. A., Stone, H. A., Brenner, M. P. and Eggers, J. (1998). Dynamics of foam drainage. *Phys. Rev.* **E58**, 2097.

Koehler, S. A., Hilgenfeldt, S. and Stone, H. A. (1999). Liquid flow through aqueous foams: the node dominated foam drainage equation. *Physical Review Letters* **82**, 4232-4235.

Verbist, G., Weaire, D. and Kraynik, A. M. (1996). The foam drainage equation. *Journal of Physics: Condensed Matter* **8**, 3715-3731.

Weaire, D., Hutzler, S., Verbist, G. and Peters, E. A. J. F. (1997). A review of foam drainage. *Advances in Chemical Physics* **102**, 315-374.

第12章 フォームの崩壊

「こちらへ来たれ，虚しいものよ，
王に吹かれたシャボン玉よ，
国のうねりに漂うものよ，
こちらでおのれが運命を眺めよ」
——Jonathan Swift，ある死せる将軍への皮肉な哀歌

　ほとんどの液体フォームは長い時間存在することはできない．通常は外側に露出した膜が破れて崩壊する．これには多くの条件がかかわっている．排水により膜は薄くなっていくが，蒸発はこれをさらに加速するであろう．界面活性剤の濃度が適切でないかもしれない．膜への埃の付着，不純物や添加物（非発泡剤）も不安定性を助長するであろう．これは実用上重要な問題である．その中心には膜の安定性の問題があり，これは第1章ですでに議論した．ここでもう一度この問題に立ち返り，フォームを安定化させるあるいは崩壊させる要素を明らかにしよう．

　注意：これは本書の中で最も難しい部分である．近年多くの研究がなされているにもかかわらず，フォームの安定性について厳密な正当化された議論は少ない．その理由として，溶液の化学組成の変動，微量添加物や不純物による影響が大きいこと，準静的解析では扱えない不安定性の動的挙動，の3つが挙げられる．

　この問題は今後も長期間にわたり最先端の主題であり続けるだろう．

12.1　表面張力と膜の安定性

　平衡状態にある非圧縮性液体の全エネルギーは，第1近似ではその体積に比例する．これは構成分子の相互作用が短距離であることを意味する．イオン性液体でも，遮蔽効果により同様である．しかし，これに表面積に比例する補正項が必要となる．この場合，第1近似では表面は相互作用のスケールでは平面であるとする．

12.1 表面張力と膜の安定性

　純粋な液体では，液体を分割して新しい表面を作るときに失われた分子間相互作用が，表面エネルギーの主原因である．

　表面エネルギーは固体でも液体でも定義することができるが，液体の方がその影響を強く受ける．なぜなら，液体にはせん断抵抗がなく，表面エネルギーとその他のエネルギー（重力など）との和を最小とする形状をとることができるからである．

　表面を変形させたり引き伸ばしたりするにはエネルギーが必要で，表面に張力が存在するように見える．付録 A.1 の簡単な議論より，この単位長さあたりの張力は表面エネルギーと等価であることがわかる．

　表面エネルギーあるいは表面張力は，界面活性剤が添加され表面に濃化すると大きく変化する．界面活性剤分子はナトリウムやカリウムの有機脂肪酸塩からできている．溶液中では界面活性剤分子はイオン化し，正に帯電したナトリウムイオン，カリウムイオンがバルク溶液中に残り，負に帯電した脂肪酸が表面に集まる．脂肪酸が気液界面に集まる理由は，その独特の分子構造による．脂肪酸は，尾と呼ばれる非極性炭化水素鎖と，極性があり負に帯電した頭からできている．この2つの部分は異なった溶解度をもっているので，脂肪酸は，表面に存在して，極性の頭は溶液中に残り，尾は気体中に突き出ようとするのがエネルギー的に有利となる．

　界面活性剤の濃度が増加すると，表面全体が活性化剤の単分子層で覆われるようになる．それ以上濃度を増やすと，バルク溶液中の活性化剤が集まって50〜100分子のミセルと呼ばれるクラスター（コロイド粒子）を形成し，そのなかに疎水基を隠すようになる．

　このことは，図 12.1 に示す石けん溶液の表面張力と活性化剤濃度の関係に見ることができる．表面張力は活性化剤の添加とともに単調に減少するが，ある臨界値を超

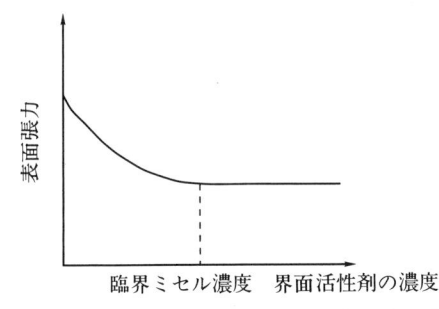

図 12.1 界面活性剤の濃度による表面張力の典型的な変化．

えると濃度に依存しなくなる．この限界濃度を臨界ミセル濃度といい，CMCと略記する．臨界濃度以上添加した活性化剤は表面に存在できず，バルク溶液中にミセルを形成する．

12.2 膜内部の力

5.7節に示したように，膜厚は透過光の強度を測ることで決定できる．蒸発がない条件で排水すると，厚さ30 nmの黒い膜ができることがわかっている．この種の膜は一般的黒膜と呼ばれる．蒸発が起こると膜はさらに薄くなり，厚さ約5 nmのNewton型黒膜が得られる．これらの黒膜の性質を調べるには，石けん膜を構成するイオンと分子およびそれらに働く分子間力について詳しく調べなければならない．

膜のバルク部分は，水分子と通常は金属正イオンから成る．しかし，このイオンの多くは表面近くに集まって，（通常）負に帯電した界面活性剤の頭とともに電気的2重層を作る．活性剤イオンの中性の尾は表面に突き出ている．そして膜全体は中性となる．

van der Waals力は分子間距離の6乗に反比例する．膜中のすべての分子との相互作用による全 van der Waals ポテンシャルは，膜厚 t_f の2乗に反比例する．

$$V_{vdw} = -\frac{V_a}{t_f^2} \tag{12.1}$$

ここで，V_a は各分子に対する定数で，負号はこれが引力型ポテンシャルであることを示している．膜が薄くなると，電気的2重層の電荷が重なり合うため，電気的斥力が増し，両表面の斥力が増加する．この斥力によるポテンシャルエネルギーは，V_β と x を定数として，

$$V_{er} = V_\beta \exp(-xt_f) \tag{12.2}$$

と書ける．付加的なエネルギー項として，分子間とイオンの間のBorn斥力 V_{born} と立体配置による斥力 V_{steric} がある．どちらも短距離斥力である．

膜の全ポテンシャルエネルギーはこれらエネルギー項の総和で表される．

$$V = -\frac{V_a}{t_f^2} + V_\beta \exp(-xt_f) + V_{born} + V_{steric} \tag{12.3}$$

これを示したものが図12.2である．t_f が大きいときは van der Waals 力による引力が支配的である．膜厚の減少に伴って最初に現れるエネルギー極小は，電気的2重層の斥力によるものであり，一般的黒膜はこのエネルギー極小に対応している．より薄

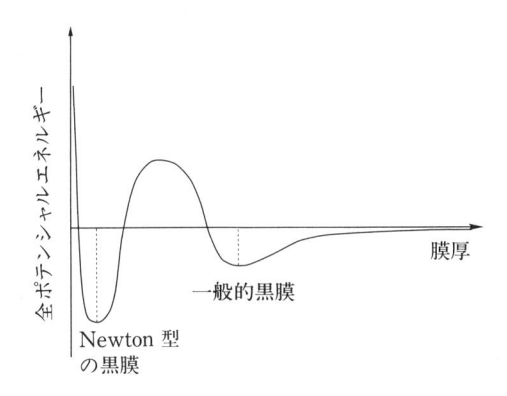

図 12.2 フィルムの厚さによるエネルギーの変化は2つ以上の極小を示す．

(グラフ縦軸: 全ポテンシャルエネルギー、横軸: 膜厚、極小点のラベル: Newton型の黒膜、一般的黒膜)

くなると van der Waals 力が再び支配的になり，その後短距離斥力が第2の極小を作る．これが Newton 型の黒膜に対応する．

すべての界面活性剤で，ポテンシャルエネルギーがこのような2つのエネルギー極小を示すわけではない（あるものは2つ以上の極小を示す）．2種の黒膜が存在するかどうかは，式(12.3)の各エネルギー項のパラメータの値に依存する．例えば，中性洗剤では電気的2重層は存在しないが，親水基同士の相互作用による短距離斥力が働く．

12.3 膜の薄化

石けん膜は，それが孤立しているか否かに関わりなく，すぐに薄くなり始め，平衡値に達するまで徐々に薄くなる．これには，外力による膜の伸長のほか，重力による排水，隣接する Plateau 境界への液体の吸引といった，多くのメカニズムが働いている．Plateau 境界を介した排水は非常に速いことを思い出そう．その結果，境界が小さくなると，Laplace 則に基づき境界内の液相圧力が低下し，境界へ液相が吸い込まれるための駆動力が生じる．このプロセスを境界の再構築という．その後，ある種の条件で蒸発が薄化に寄与する．

最近の排水理論によれば，膜の薄化に大きな影響を及ぼす排水経路は Plateau 境界のみである．膜の破壊とフォームの崩壊において最も重要な役割を演じるのは，膜の薄化である．

Myselsらの古い研究によれば，膜を通じての排水は，膜の表面が剛であるか否かでまったく異なる挙動を示す．剛性は表面粘性によって支配されるが，表面粘性の重要性についてはすでに前章の冒頭（Plateau境界を通じての排水）で触れた通りである．Myselsらは表面粘性は「問題の溶液に立てたマッチの軸を指ではじくと観察できる」と指摘している．

事実上剛な表面をもつ膜（剛体膜と呼ばれるがこれは誤解を招きやすい）は，ドデシル硫酸ナトリウム（SDS）といった界面活性剤により得られるが，その排水はバルクの粘性 η_l に律速されるため非常に遅い．膜の厚さは高さが変わっても変わらないという条件の下で，重力による膜を通じての排水は以下のように近似できる．下向きの速度の横方向分布 $v_x(y)$ は，

$$v_x(y) = -\rho g y - \eta_l \left(\frac{\partial v_x}{\partial y} \right) \tag{12.4}$$

を満たす必要があり，境界条件は

$$v_x = 0 \quad x = \pm \frac{t_f}{2} \tag{12.5}$$

である．この解は，図12.3に示すような放物線となり，

$$v_x = -\left(\frac{\rho g}{8\eta_l} \right)(t_f^2 - 4y^2) \tag{12.6}$$

となる．厚さ t_f が時間と高さに依存するなら，質量保存則を

$$\frac{\partial t_f}{\partial t} = -\left(\frac{\partial g}{4\eta_l} \right) t_f^2 \frac{\partial t_f}{\partial x} \tag{12.7}$$

と書くことができる．上部から液体が補充されない条件では，これの簡単な解として

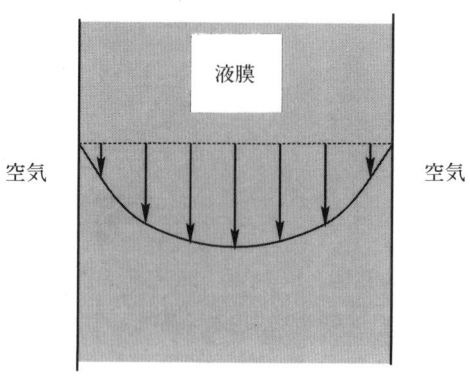

図12.3 剛体膜（剛な表面をもつ膜）からの液相の排水は放物線状の流れとなる．

次の放物線が得られる．

$$t_f^2 = \left(\frac{4\eta_1}{\rho g}\right)\frac{x}{t} \tag{12.8}$$

剛ではない表面をもつ膜はこれより1桁以上も大きな速度で排水し，その結果定常状態とはほど遠い様々な効果が見られる．

最近，まったく異なる原因により膜表面が剛になることが指摘された，これは界面活性剤の濃度勾配によるもので，したがって流れ方向に沿って表面張力の勾配が生じる．このとき，バルク流れによるせん断に対抗する接線力を生じる．

フォームの中で膜の薄化を支配しているのは明らかに Plateau 境界の再構築である．したがって，排水において主役を演じるのは Plateau 境界であるが，境界と膜との複合効果も存在している．液相体積率と膜厚を連続的に変化させ，測定すれば，この挙動が明らかになるだろう．Lemlich は強制排水の条件下で膜厚の測定を行ったが，現時点でこの実験をさらに発展させることは興味深い．

12.4 膜の安定性と破壊

純粋液体の薄い膜では，石けん膜を有限の厚みに保っている両表面間の反発力がないため，急速に薄くなって熱的揺らぎにより破壊する．界面活性剤に覆われた膜でも，揺らぎに対する安定性が保証されなくなるまで薄くなることはあろう．膜の持続性を説明する重要な因子は Gibbs-Marangoni 効果である．Gibbs は表面張力の界面活性剤濃度に対する依存性を発見し，Gibbs 弾性 Γ を次のように定義した．

$$\Gamma = \frac{d\gamma}{d \log A} \tag{12.9}$$

ここに，A は表面積である．Gibbs 弾性とは，表面積を増加させると，新たな界面活性剤を膜内部から取り出す必要があり，界面活性剤のバルク平衡濃度は低くなることに起因する．界面活性剤は表面張力を低下させるので，Gibbs 弾性の係数は通常は正である．この定義は静的安定に対応しているが，この効果は動的な面も含んでいる．すなわち均一な膜を薄くしようとするどのような局所的変形も，表面張力を増加させ，この表面張力の揺らぎは膜厚を均一に戻すように働く．

界面活性剤による安定化効果には，このほかにも例えば表面粘度を増加させるなどの効果がある（11.1.1項）．すべてのフォームはある時間がたつと崩壊する．このとき，膜が最も薄いフォーム最上部から内側に向かって崩壊してゆく．

12.5 発泡抑制剤

フォームの形成と安定化は常に望まれているわけではない．気体と液体を混ぜたり，液体中に飽和した気体を放出させる際には，厄介な副生成物としてフォームが形成される．これは気体の輸送を妨げ，工業的には輸送効率を落とす．洗剤工業においても，フォームが形成されないように注意しており，発泡抑制剤あるいはフォーム抑制剤を添加することが必要な手段となっている．化学物質の微量添加に比べ，高温のワイヤーや超音波のような物理的手段はあまり使われていない．

発泡抑制剤の処方と生産は大きな産業となっているものの，その科学的根拠は薄弱である．これまで提案されてきた多くの発泡抑制のメカニズムは，何回となく実験的に否定されてきた．ここでは大まかにその概要を述べよう（図12.4）．

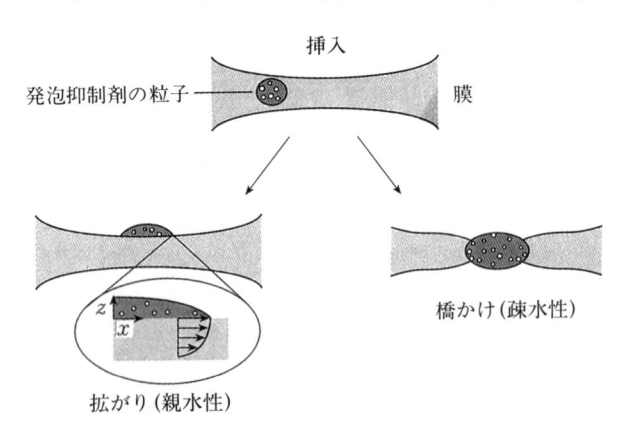

図12.4 市販の発泡抑制剤では，親水性成分および疎水性成分の両者がフィルムの崩壊に重要な働きをしている．
(Bergeron, V., Cooper, P., Fischer, C., Giermanska-Khan, F., Langevin, D. and Pouchelon, A. (1997). PDMS based antifoams. *Colloids and Surfaces A : Physicochemical and Engineering Aspects* **122**, 103-120)

水溶性フォームに対する多くの発泡抑制剤の基本的特徴は，疎水性あるいは親水性にある．実際には粒子と液剤の組み合わせが大きな効果をあげている．

疎水性添加物による石けん膜の破壊は以下のように考えられる．膜中に固体粒子を分散させる．3相共存点での接触角 ϕ の大きさによってがまわりの膜の形状が決ま

る．膜厚は粒子表面で著しく減少し，系が擾乱を受けたときの不安定化につながる．極端な場合，$\phi=180°$ である．

疎水性液滴はレンズ状となってさらに細かく分散し，この効果を高める．

なぜこの2つの組み合わせが特に有効なのかはよくわかっていないが，この2つを膜に加える必要があるのである．

参考文献

Garrett, P. R. (1993). *Chem. Eng. Sci.* **48**, 367.
Garrett, P. R. (ed.) (1993). *Defoaming : Theory and Industrial Applications.* M. Decker, New Yoek.
Mysels, K. J., Shinoda, K. and Frankel, S. (1959). *Soap Films (Studies of their Thinning and a Bibliography)*. Pergamon Press, London.

第13章
規則フォーム

「このところ，George Darwin が泡のようなものだと決めつけた恋愛に係わっている」
——Kelvin から Rayleigh への手紙，1887 年 11 月 20 日

13.1 規則性と不規則性

2次元の規則フォームは8.3節のハニカム構造として簡単に作ることができる．気泡寸法がほぼ等しければ，多かれ少なかれ完全に規則的なフォームを作ることができる．これに対し，3次元単分散フォームは，そのままでは規則配列せず，剛体球のBernal ランダム充填のような不規則構造をとる．

少なくともドライフォームではそうなるが，単分散のウェットフォームでは比較的簡単に規則配列をとることがある．例えば，液相体積率の高い単分散エマルジョンは規則構造をとる．未だ試みられてはいないが，規則度の高い3次元フォームを実験的に作り出せるかもしれない．後述するように，それを可能にするかもしれない手立てがいくつかあるからである．

13.2 2次元規則フォーム

図13.1の六方構造（有名なハニカム構造）は2次元単分散規則フォームである．長い間，これがセル寸法一定でエッジ長さ最小の構造と考えられてきた．一般にこれを発見したのはミツバチとされており，ミツバチは賢明であるのか否か，どのような方法でセルを作るのか，といった問題について，多くの科学的議論がなされてきた．

セルサイズの等しい2次元規則フォームのうちエッジ長さが最も短いのはハニカム構造である，という明確な事実について，数学的に厳密な証明はいまだなされていない．ただし直線状のエッジのみからなる限定した問題についてはすでに証明されてい

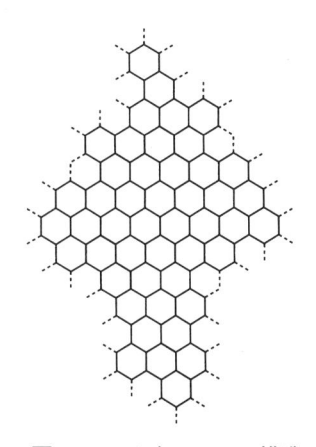

図 13.1 六方ハニカム構造.

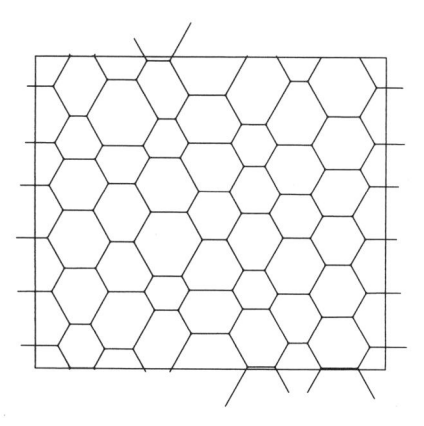

図 13.2 セル内圧力が一定の条件下でもハニカム構造の個々のセルの面積は変化し得る.

る．本書執筆時点では，一般的証明も間近いといわれている．

六方構造の液体フォームは粗大化しない（第7章）．すべてのセルの圧力が等しいからである．このことは，セルの面積が等しくなくても，位相幾何学的な変化が起きなければ成立する（図13.2）．

ミツバチのハニカムは13.10節で述べるように，3次元的特性も有している．

13.3　3次元単分散フォームの表面

容器を満たす3次元単分散フォームは，内部が規則化していない場合でも，その表面は規則化していることが多い（図13.3）．気泡が平らな表面（またはセルサイズ程度の凹凸を含むほとんど平らな表面）を満たすときには，2次元フォームの場合と同様に規則化する傾向があり，一般的にハニカム構造となる．表面セルの3次元的特性の議論は，13.10節で行う．

図13.3　3次元単分散フォームの内部は不規則構造になっていて，表面ではハニカム構造が観察されることがある．

13.4　3次元規則フォーム：Kelvin問題

3次元単分散フォームはどのような規則構造のときにエネルギー最小となるかは，明白ではない．この問題はThomson卿（後のKelvin卿）が1887年に宇宙空間のエーテルの構造の研究の中で初めて提示した．エーテルとは光の波動を伝播すると考えられた仮想的な物質である．

Kelvinはこの問題を，Plateauの平衡則に基づいて速やかに解決し，出版した（図13.4）．彼は，セルの形が同一の場合についてのみ考察した．3つの可能性が図13.5に示されている．もちろん，5角12面体は空間をすき間なく充填できないので

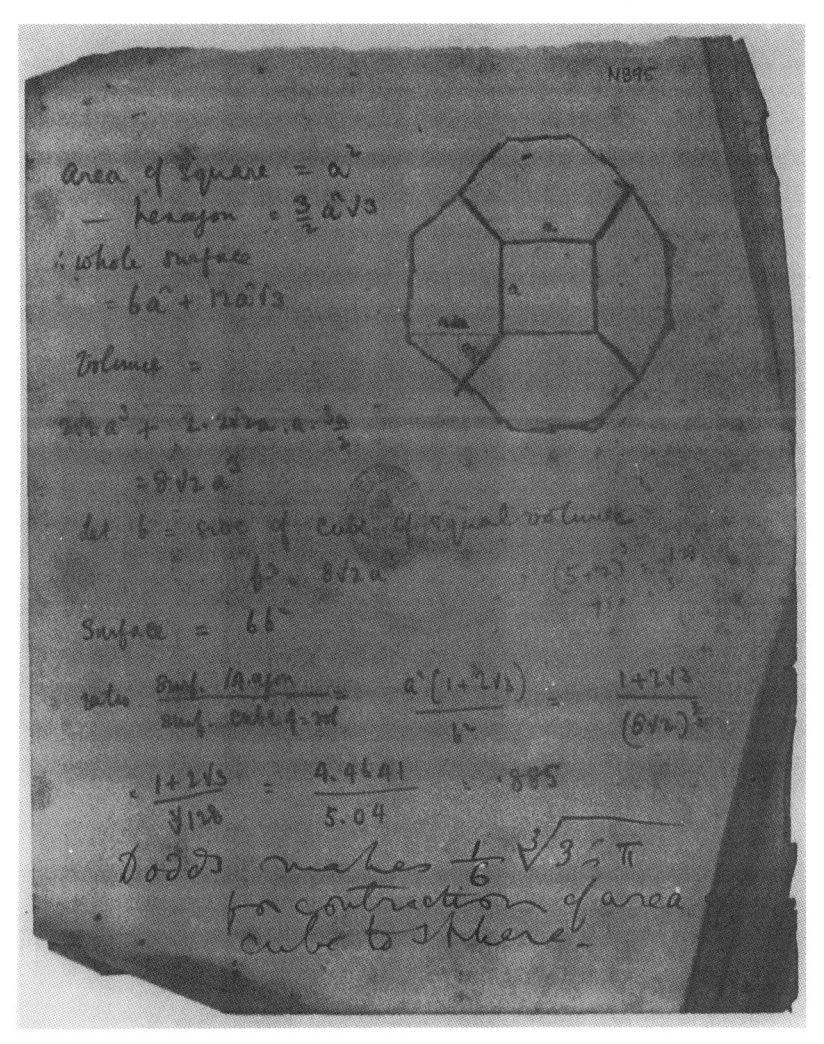

図 13.4 Kelvin のノートのコピーおよび彼の論文の第 1 ページ(「境界面積最小の空間分割について」, Taylor & Francis Ltd. による).

On the Division of Space with Minimum Partitional Area*

Sir W. THOMSON

1. This problem is solved in foam, and the solution is interestingly seen in the multitude of film-enclosed cells obtained by blowing air through a tube into the middle of a soap-solution in a large open vessel. I have been led to it by endeavours to understand, and to illustrate, Green's theory of "extraneous pressure" which gives, for light traversing a crystal, Fresnel's wave-surface, with Fresnel's supposition (strongly supported as it is by Stokes and Rayleigh) of velocity of propagation dependent, not on the distortion-normal, but on the line of vibration. It has been admirably illustrated, and some elements towards its solution beautifully realized in a manner convenient for study and instruction, by Plateau, in the first volume of his *Statique des Liquides soumis aux seules Forces Moléculaires*.

2. The general mathematical solution, as is well known, is that every interface between cells must have constant curvature** throughout, and that where three or more interfaces meet in a curve or straight line their tangent-planes through any point of the line of meeting intersect at angles such that equal forces in these planes, perpendicular to their line of intersection, balance. The *minimax* problem would allow any number of interfaces to meet in a line; but for a pure minimum it is obvious that not more than three can meet in a line, and that therefore, in the realization by the soap-film, the equilibrium is necessarily unstable if four or more surfaces meet in a line. This theoretical conclusion is amply confirmed by observation, as we see at every intersection of films, whether interfacial in the interior of groups of soap-bubbles, large or small, or at the outer bounding-surface of a group, never more than three films, but, wherever there is intersection, always *just three films*, meeting in a line. The theoretical conclusion as to the angles for stable equilibrium (or pure minimum solution of the mathematical problem) therefore becomes, simply, that every angle of meeting of film-surfaces is exactly 120°.

3. The rhombic dodecahedron is a polyhedron of plane sides between which every angle of meeting is 120°; and space can be filled with (or divided into) equal and similar rhombic dodecahedrons. Hence it might seem that the rhombic dodecahedron is the

---

*Reproduced from *Phil. Mag.* (1887) Vol. **24**, No. 151, p. 503.
**By "curvature" of a surface I mean sum of curvatures in mutually perpendicular normal sections at any point; not Gauss' "curvatura integra", which is the product of the curvature in the two "principal normal sections", or sections of greatest and least curvature. (See Thomson and Tait's "Natural Philosophy", part i, §130 and §136.)

21

図 13.4 （続）Kelvin の論文.

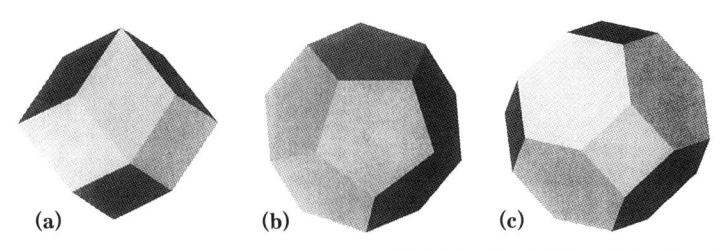

13.4 3次元規則フォーム：Kelvin 問題

(a)　　　　　　**(b)**　　　　　　**(c)**

図 13.5　理想的空間充填セルの候補．（ a ）斜方（菱形）12 面体，（ b ）5 角 12 面体，（ c ）Kelvin 14 面体．

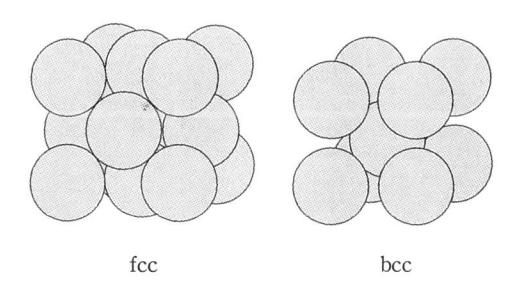

fcc　　　　　　bcc

図 13.6　2 種の規則的充填．面心立方構造（fcc）と体心立方構造（bcc）．

対象外である．斜方（菱形）12 面体は面心立方構造として空間を充填する（図 13.6）が，頂点に集まるエッジの数が多く，Plateau 則によればこの構造は安定ではない．3 つ目が Kelvin の最終的な選択で，Keivin 14 面体と呼ばれ体心立方構造として空間を充填する（図 13.6）．これは図 13.5(c)に示すように1つの条件を満足していない．すなわち辺や面のなす角が Plateau の平衡値とは異なっているのである．Kelvin は図 13.7 に示すように，少しの修正でこの要請を満たすようにできることを示した．彼にとってこの形状を描くのは難しいものであったが，コンピュータグラフィックスを使えば簡単である．図 13.5(c)と図 13.7 の違いはゆるやかにうねる6角形の面形状にあり，Kelvin はうまい数学的近似解析を行った．

　彼は，この6角形面の平面からの変位 z は小さく，曲率ゼロからの修正は Laplace 方程式（$\nabla^2 z=0$）でよく表現できるとした（付録 A.5 参照）．このときこの変位は，対称性を満足する最低次の調和関数により，Plateau の幾何学的要求（120°）をほぼ満足するように表現できる．4角面は平面のままである．このように修正した Kelvin 14 面体は体心立方構造（図 13.6）で空間を充填し，平衡構造として受け入れ

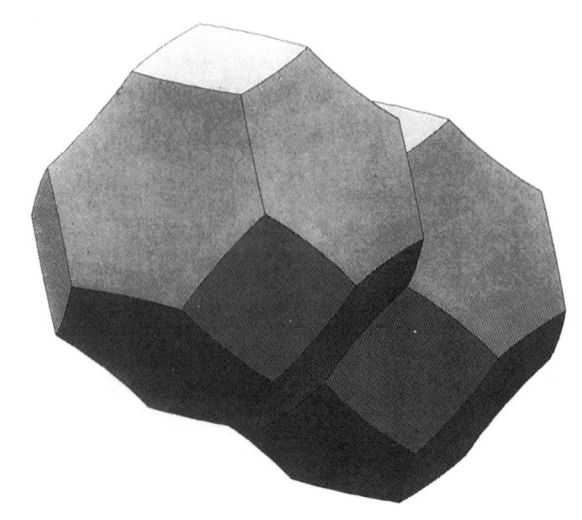

図 13.7 Kelvin 14 面体は 6 つの平面 4 角形と 8 つの曲面 6 角形からなる．

られる．しかしこの構造は Kelvin が考えたように最低エネルギー（最小面積）なのだろうか．この議論は，ハニカム問題が簡単だったのに比べ，何十年も未解決のままである．数学者は Kelvin の主張が正しいとも誤りであるとも証明できずにいた．

生物学者は理想的セルという概念に魅力を感じていたが，自然界にこれを見出すことはできなかった．その後，植物学者 Matzke は 5.1 節で示した実験を試みた．

Matzke の実験は誤った通説を正したが，莫大な労力が必要であり，我々はそれをそのまま再現しようとは思わない．よりよい単分散フォームは第 4 章のように円管内に気泡を吹き込むことで簡単に作ることができ，Matzke の主な結論，すなわち内部では不規則で Kelvin セルは観察されないことを容易に確かめることができる．しかし，13.9 節で議論するように，管壁から第 2 層においては Kelvin セルが観察される（図 13.8）．表面で観察される Kelvin セルが内部で観察されないのはなぜだろうか．さらに，図 13.9 のように円柱状ガラス管の中で紐状の Kelvin セルを作ることもできる．そのためには，ガラス管の直径と気泡の大きさとの比を特殊な値にする必要がある（13.11 節）．

Matzke の偶像破壊活動は Kelvin 崇拝者を論破することには成功したが，問題は未解決のままであった．しかし，この Kelvin 問題は，1994 年に新しい理想構造が発見されるという予想外の展開を遂げた．

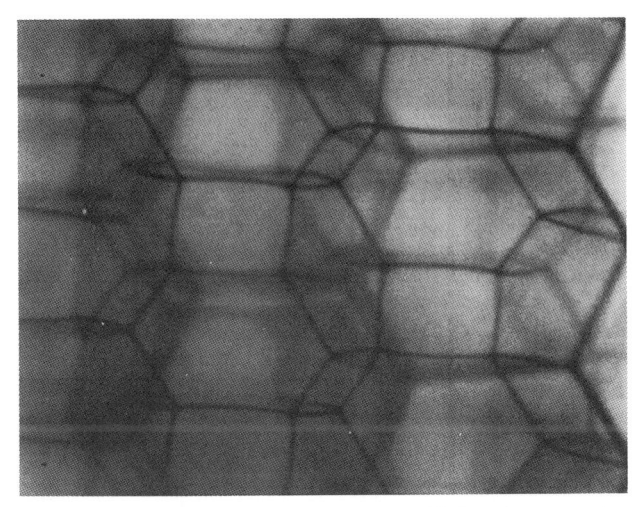

図 13.8 単分散3次元フォームにおいて，ハニカム構造の表面セル（図 13.3）の直下に Kelvin セルの層が形成される．

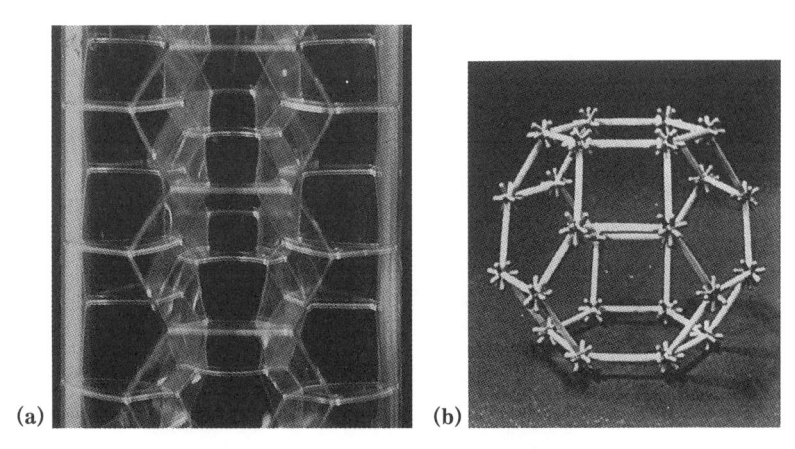

(a)   (b)

図 13.9 規則的円柱状フォーム内の Kelvin セルのひも．右は比較用の Kelvin セルモデル．

13.5　3次元単分散ドライフォームの新しい理想的構造

　1994年にKelvin構造より界面面積の小さい新たな構造が公表された．図13.10に示す2種8個の気泡のクラスターが単純立方配列をなしている，というものである．これが最良であるという証明はないが，似たような構造（表13.1）の研究ではよりよいものは見つかっていない．この構造は，結晶学的にはβ-W/A15/Clathrate-I 構造であり，体心立方（bcc）配列をする4つのセルのクラスターでも記述することができる．Kelvin問題の解の候補として以下のように考案された．

　まず初めに，2次元ハニカムに相当するような，同一形状で3次元空間を充塡する平らな面と4面体対称性を持つセルを探した．これが見つかればKelvin問題の解が得られる．しかし，もちろん見つかりはしなかった．それでもめげずに，この理想的セルの特徴を解析した．第3章で述べた関係にも見られるように，理想的セルは5.104個（式(3.27)）の辺と，13.397個（式(3.30)）の面から成ることがわかった．この非整数値はこのような多面体が存在しないことを意味する．同時に，求める構造はこの理想値からあまりずれない辺と面の数を持つ多面体であろうと考えられる．5

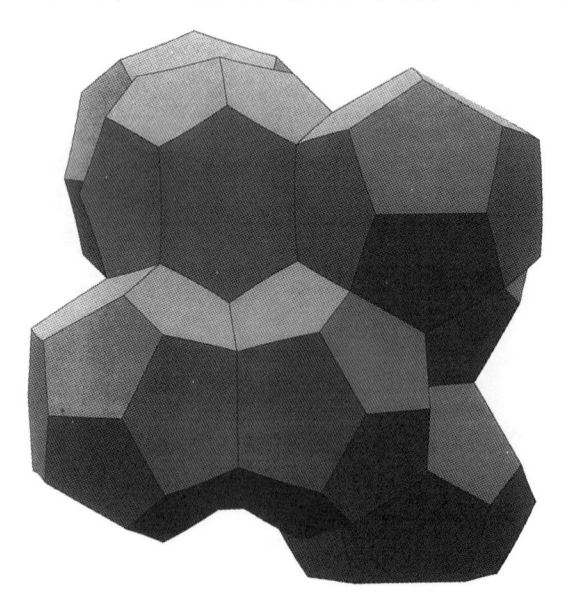

図 13.10　Kelvin構造よりも低エネルギーのWeaire-Phelan構造．

13.5 3次元単分散ドライフォームの新しい理想的構造

表 13.1 均一なサイズのセルからなるドライフォームの様々な構造における単位体積のセルあたりのエネルギー（$\gamma=1$）．bcc は Kelvin 構造，A15 は Weaire-Phelan 構造，C15 は Frank-Kasper 相である．

構造	ドライフォームエネルギー
単純立方	6.00000
fcc	5.34539
bcc	5.30628
C15	5.32421
A15	5.28834

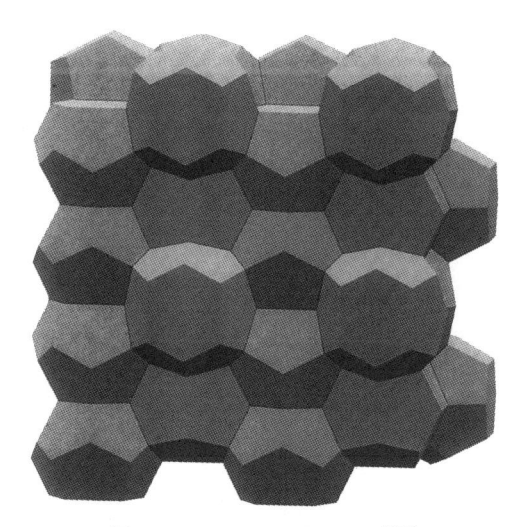

図 13.11 Weaire-Phelan 構造．

角形面と 6 角形面だけの混合によりこの理想に近づけることを考えよう．これは 12 面体と 14 面体（ただし 13 面体ではない）の寄せ集めで達成される．これらの要素だけからなる唯一の構造は図 13.10 と図 13.11 の Weaire-Phelan 構造である．この構造は上述の条件を満たす唯一のものであるので，最小面積構造としての特殊な地位を保ち得るであろう．

172 第13章 規則フォーム

13.6 実験的観察

　Weaire-Phelan 構造の実験観察は 1 つだけ報告されている（図 13.12）．観察の確実性は今後確認する必要があるが，断片的証拠でも十分説得性がある．この写真は，見かけは不規則なフォームの内部を顕微鏡観察し，撮影したものである．これより，この構造が，断片的ながら実際にも存在し得ることがわかる．

　このような構造断片が認められたことは，かなりの驚きであった（ちなみに，掲載した写真は，上記の理論的予測の直前に，いつもどおりに撮影し解析せずに取って置いたものである）．「それを命じた（規則化した）のは誰か」という古くからの感嘆詞がそのときの適当なコメントといえよう．

(a)

(b)

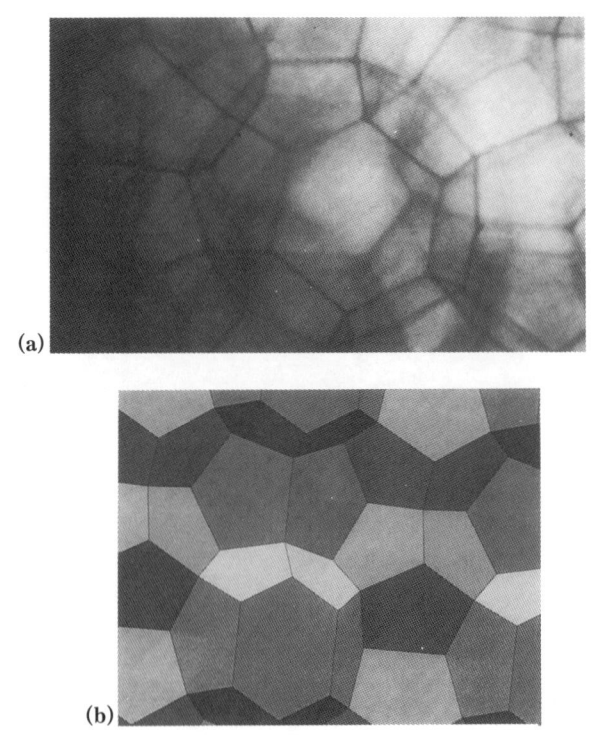

図 13.12　（a）3 次元単分散フォームの内部に観察される Weaire-Phelan 構造の断片，（b）Surface Evolver モデルの計算による Weaire-Phelan 構造．

13.7 関連する規則構造

Weaire-Phelan 構造は，これを格子状構造（すなわち頂点が原子，エッジが結合のボンド）と見なすと，大きな類似構造のファミリーの一員と考えることができる．このファミリーのどのフォームも4面体配置のボンドにより12, 14, 16面体のセルで構成される．いずれも低エネルギーのフォーム構造の候補である．

金属間化合物結晶において原子をセルの頂点ではなく中心に位置させても，同じ構造が出現する．このような2重構造は Frank-Kasper 相と呼ばれ，そこでは原子は局所的には4面体形状に配置する．このこととフォームとの関係は Rivier により指摘された．

詳細な計算によると，これら類似構造の中に Kelvin 構造よりエネルギーの低いものはあるが，Weaire-Phelan 構造より低いものはない．

13.8 単分散ウェットフォーム

Kelvin 問題は次のように一般化することができる．空間のある部分を最小面積の等体積セルで満たすときの理想的構造は何か．あるいは，一定の液相体積率をもつ単分散3次元ウェットフォームの最小エネルギー構造とは何か（図 13.13）．

ウェットフォームの限界では，フォームは互いに接触する球で構成されるが，この

図 13.13 液相体積率が有限のときの Weaire-Phelan 構造．

ときの最小エネルギー構造は，球の面心立方配列あるいはその他の最密充填配列であり，気相体積率は $\phi_g = 0.74$ となる．なぜならこれら最密充填が球のもっとも密な配列を達成するからである．なお，これは Kepler 問題として数学上有名な命題であることを指摘しておく．最近 Hales によりこの証明がなされた．

ここで，Kelvin 構造 bcc 配列が最密充填 fcc 配列より低エネルギーとなる液相体積率の上限はいくつかという疑問が生じる．Phelan が Surface Evolver モデルで計算したウェットフォームでは，図 13.14 に示すように2つの構造のエネルギーの逆転は液相体積率 $9\pm1\%$ で起こる．このことは，どちらか一方の構造を実験的に作り液相体積率を変えても，直ちに構造転移が起こることを意味しているわけではない．このような巨視的系では，力学的に不安定になるまで構造は転移しないからである（これは位相幾何学的な変化が生じることで起こるであろう）．そしてその際，必ずしももう一方の構造に転移するとは限らない．

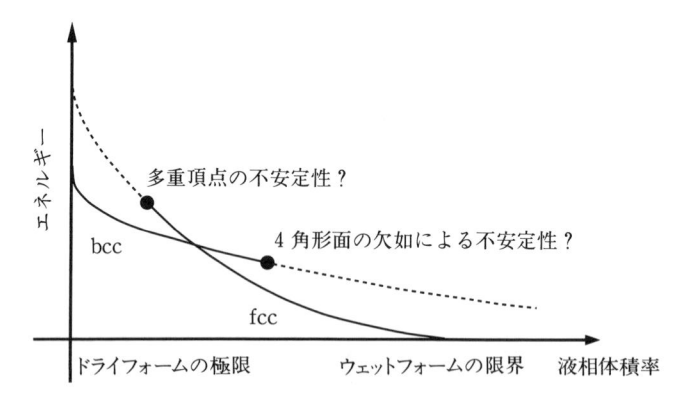

図 13.14 fcc 構造のフォームと bcc 構造のフォームのエネルギー変化の模式図．

ドライフォームの極限では，13.5 節の Weaire-Phelan 構造がエネルギー最低であると信じられている．bcc 構造（Kelvin 構造）はエネルギー極小となっても，エネルギー最低になるわけではない．bcc 構造は，液相体積率が $11\pm0.5\%$ になると（せん断剛性の消滅とともに）力学的に不安定になる．液相体積率の増加とともにKelvin 構造が不安定になる模様はよく理解できる．なぜなら，立方晶 [100] 方向に気泡の接触がなくなる（4角形面が消失する）のとほぼ同時に不安定になるからである．bcc 構造を保つには第2隣接気泡との接触を残さなければならない．金属学では（気泡を原子に置き換えて）古くからよく知られているように，2体間中心力の作用

下で bcc 構造が安定化するには，第 2 隣接原子との相互作用が必要である．これは気泡同士の相互作用でもほぼ成立する．同様に，Weaire-Phelan 構造の不安定化は気泡同士が接触しなくなる液相体積率 $\phi_l \simeq 15 \pm 2\%$ で起こると考えられる．

液相体積率の減少による fcc 構造の不安定化は，非常に低い液相体積率（1%以下）で，多くのエッジが集まる頂点が不安定化したときに初めて生じる（3.10 節）．

以上の結論は，Brakke，Kraynik，Phelan による最近の尨大なシミュレーション結果に基づいている．複数の相の安定性と液相体積率との相関を表す完全なシナリオは間もなく現れるだろう．この安定性の問題は，次節で述べる限られた方法は別として，当面はフォームでよりもエマルジョンで検証されることが多いだろう．

13.9　表面セルと板状フォーム

2 枚のガラス板でフォームをはさむと，同じ大きさの気泡が何層か重なった規則的サンドイッチ構造を作ることができる．単分散フォームは表面では規則化する傾向が

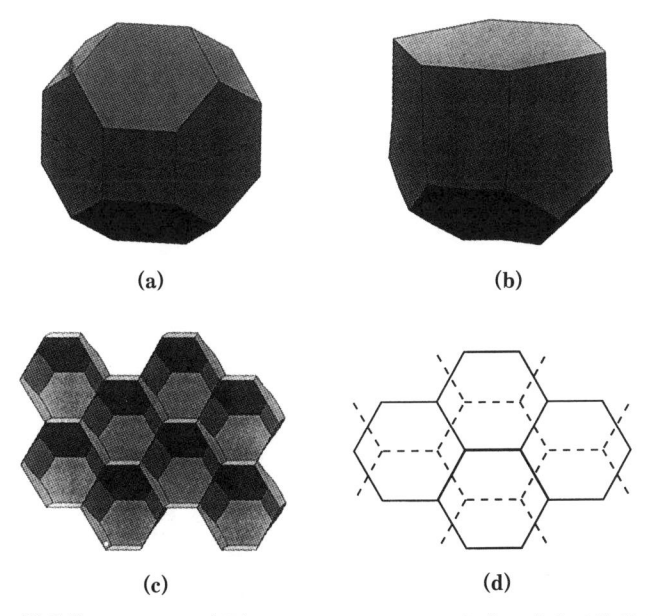

図 13.15　単分散フォームの表面セルは，Kelvin セル(a)の半分が体積を保存するため(b)のように引き伸ばされたものである．この六方構造(c)は(d)のような外観を示す．

あるからである.

13.2節のハニカム状の表面構造をよく調べると，ドライフォームの表面セルは，Kelvin セルを bcc 構造の [220] 方向に垂直な面で半分に切断し，失われた半分の体積を補償するように同じ方向に伸ばしたものに近いことがわかる（図13.15）．バルクフォームでは，一般に次の層も Kelvin セルである（図13.8）．しかし，Kelvin モデルが適用できるのはここまでの表層だけである．ところで，単分散フォームではど

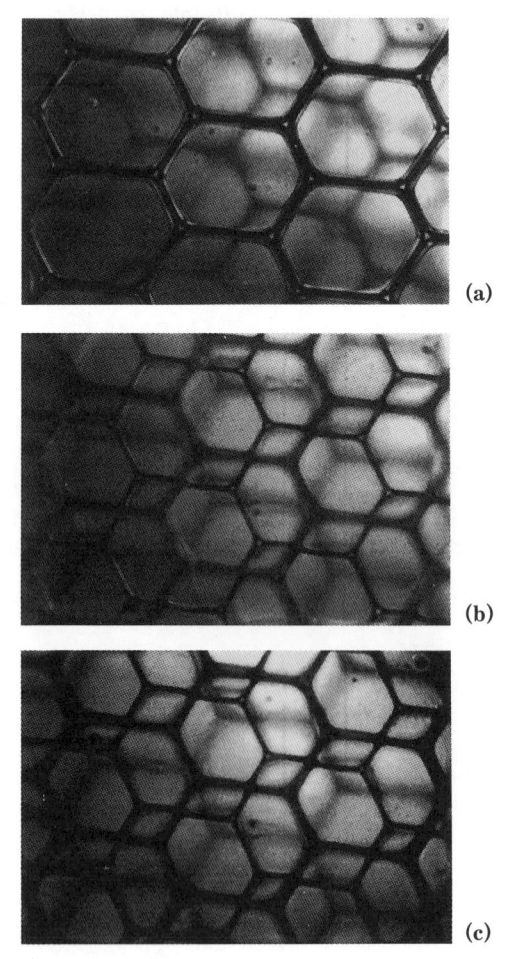

図13.16 ねじれた Kelvin 構造からなる板状構造．ピントの位置が表面(a)から内部(c)へ移動している．

こでも見られるこの表面構造を Matzke が観察していないのはとても奇妙である (5.1 節).

2 枚のガラス板で薄い板状構造を作ると，完全な Kelvin セルの層あるいは少しねじれた Kelvin セルの層を作ることができる（図 13.16，図 13.17）．これをウェットフォームにすると，最密充填への転移が期待される．第 2 隣接セルとの接触を失って 4 角形の面が消えるとき，前節の議論に従い転移が生じる．ねじれ Kelvin 構造からの転移では，表面に垂直な方向は fcc の ［111］方向になり，Kelvin 構造からの転移では hcp 構造となる．試料をぬらしたり乾かしたりすることで，あるヒステリシスをもって，2 つの構造の間を往き来させることができる．

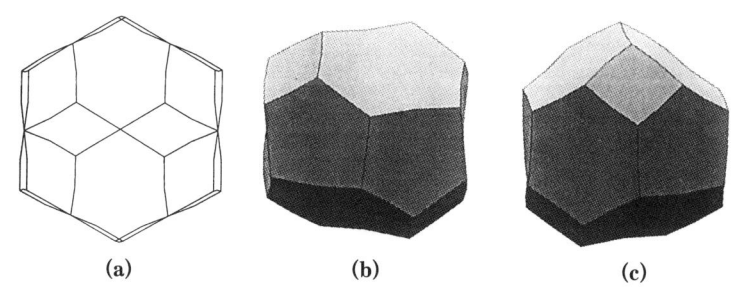

(a) **(b)** **(c)**

図 13.17　シミュレーションによるねじれた Kelvin 構造の外観(a)，および異なる方向からの外観(b)，(c)．

13.10　ミツバチのジレンマ

ミツバチの巣は 2 軒長屋になっている．先に議論した理想構造をもつ 2 つのハニカムが外側に向き，間に隔壁がある[*1]．平らな壁では蜜蠟が無駄になるので，ミツバチは当然平らな壁を使っていない．個々のセルの端は傾いた菱形の面でできており，それらは fcc のような配列をし，Plateau 則を満たしている（図 13.8(b)）．特に，頂点の角度は理想的正 4 面体角である $\cos^{-1}(-1/3)$ に近い．このこと自体が不思議であり，議論の的となってきた．

しかし，この構造は他の構造よりほんとうに表面積が小さいだろうか．実はそうではないことがわかっている．これは 1964 年に卓越した数学者 Fejes Tóth が「ミツバ

[*1] 今日の養蜂業者はこの構造を人工の蜂巣の基礎としている．

チは何を知り，何を知らないか」という魅力的な論文の中ではじめて指摘した．他の構造とは，前節で2層の板状ドライフォームセルで現れたもので，図13.18(a)に示す半Kelvinセルのようなハニカムセルの終端である．そこで，ミツバチの誤り（そう呼んでよいなら）を実験的に示すことができる．ただしFejes Tóthによれば，新しい構造による節約は0.35%以下であり，ミツバチが浪費家であるとはとてもいえない．このような経済性の議論に意味があるか否かは，生物学あるいは進化論の理論家に任せよう．ほかにも考慮すべきことがある．それは単純性と構造的安定性である．

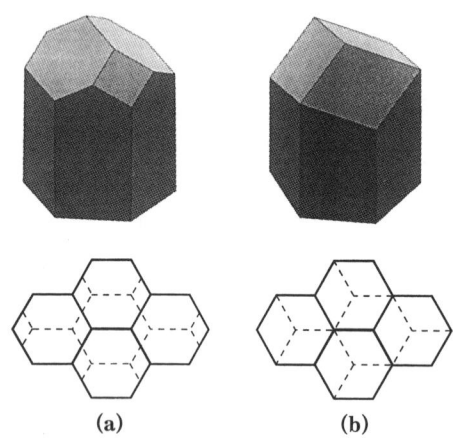

図13.18 （a）図13.15の表面セルに対応するFejes Tóthの構造，（b）ミツバチの巣で見られるもう1つの構造はエネルギーが高い．

気泡の液相体積率が増してくると，図13.19のようにFejes Tóthの構造からハニカム構造への転移が生じる．

13.11　柱状フォーム

　円柱管に同じ大きさの大きな気泡を導入すると，自動的に図13.20にあるような規則フォームが形成される．祭りのとき街灯の柱にくくりつける風船のようである．驚くべきことに，観察されたすべての表面は6角形である（図13.20(a)の竹状構造を除く）．このことは，（内部構造には立ち入らずに）これらを分類すると，生物学の表面構造に使われる葉序指数で分類できることを意味する（付録G参照）．円柱管と気

13.11 柱状フォーム *179*

(a)

(b)

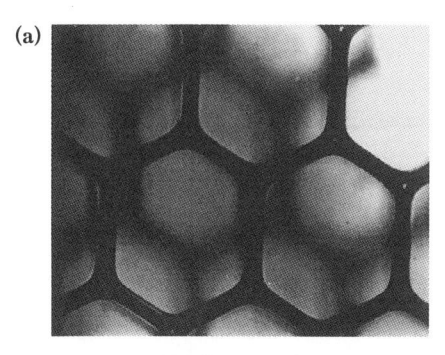

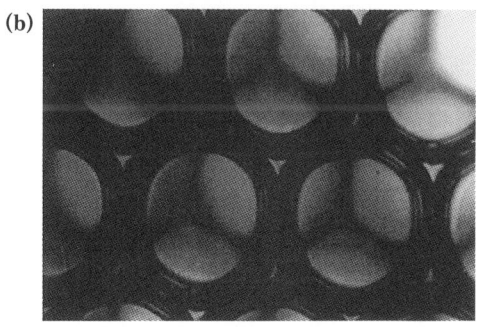

図 13.19 2層フォームにおける液相含有率の増加に伴う Fejes Tóth の構造(a)からハニカム構造(b)への遷移.

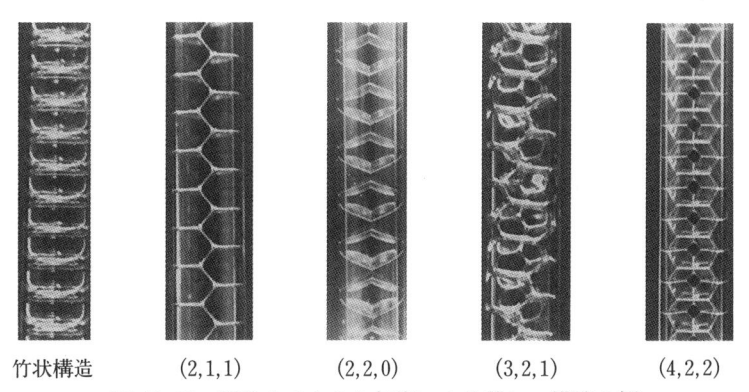

竹状構造　　　(2,1,1)　　　(2,2,0)　　　(3,2,1)　　　(4,2,2)

図 13.20 円柱内の大きな気泡による美しい構造の例.

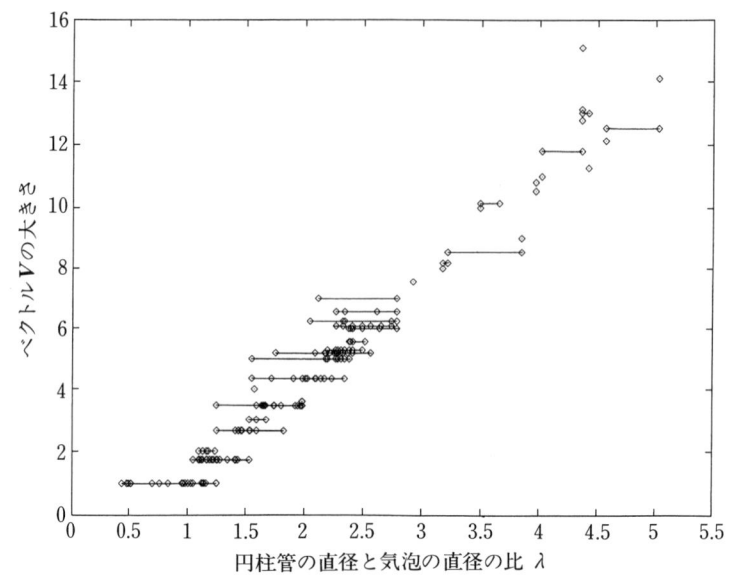

図 13.21 円柱管と気泡の直径の比 λ によって様々な円柱状構造が現れる．六方格子ベクトル V の大きさで構造を特徴づけている（付録 G）．
(Pittet, N., Rivier, N. and Weaire, D. (1995). Cylindrical packing of foam cells. *Forma* **10**, 65–73)

泡の直径の比 λ に応じて多くの構造が発見されている（図 13.21 参照）．このような構造は気泡が円柱管の 1/4 程度まで小さくなっても規則性を保っており，このとき管内の構造は非常に多様化する．すなわち，内部セルは Kelvin 構造となることもあれば，Weaire-Phelan 構造となることもある．

管内に気泡を導入している間に気体の圧力を変え，気泡サイズをゆっくりと変化させると，次第に構造が変化する．この過程は Pittet が詳しく観察した．図 13.22 に示すように λ を増減させることでヒステリシスが観察される．このことは転位論との類推から説明されるであろう．一方，同じ大きさの気泡のフォームをウェットにしたりドライにしたりすると，図 13.23 に見られるように位相幾何学的な変化が続いて起こり，構造転移を誘発する．さらに，図 13.24 に示すような不思議なねじれ構造も観察される．ねじれた領域はすべての気泡の位置を回転させながら，流速によって決まる一定の速度で管を降下する．

13.11 柱状フォーム　*181*

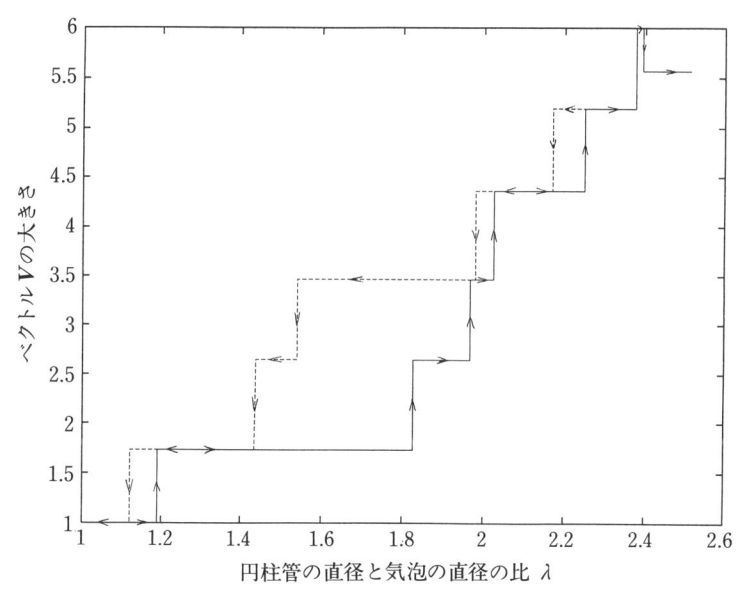

図 13.22 λ の増減による構造遷移のヒステリシス.

(縦軸: ベクトル V の大きさ, 横軸: 円柱管の直径と気泡の直径の比 λ)

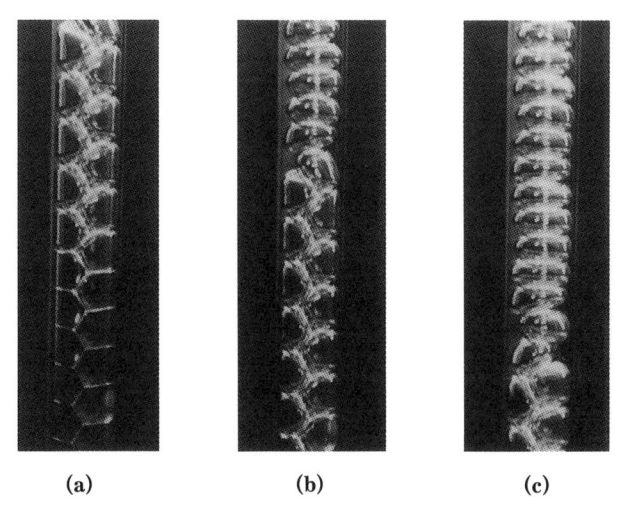

(a)　　　　　(b)　　　　　(c)

図 13.23 円柱状フォームをウェットにすることで生じる相境界の移動.

第 13 章　規則フォーム

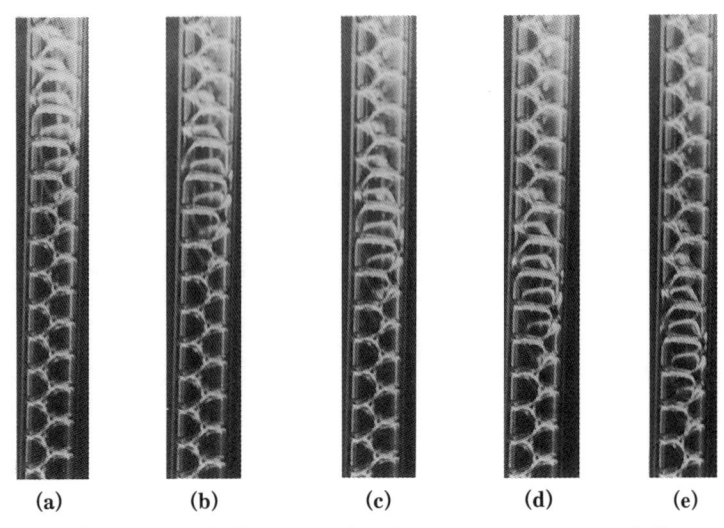

(a)　　(b)　　(c)　　(d)　　(e)

図 13.24　円柱状フォーム内に生じる原因不明のねじれ欠陥．

このような円柱状フォームにより，フォームの正確で系統的な実験ができるものと期待される．それらは図 13.25 のようにうまくシミュレートされている．

13.12　フラクタルフォーム

おもしろく，かつある意味で病的ともいえる図 13.26 のようなフォーム構造を作ることができる．これはフラクタル構造の例として広く知られている Sierpinsky 充填や Leibniz 充填と本質的に同一である．

フラクタルフォームのアイディアは，フォームの粗大化の成長則を考察する過程で浮んだもので，遷移領域の解析（7.4 節）を行っているとき，非常に広い気泡サイズ分布をもつ構造として思いついた．しかし実際には，たとえ不規則フォームであってもこのような構造をとることはない．

13.12 フラクタルフォーム　*183*

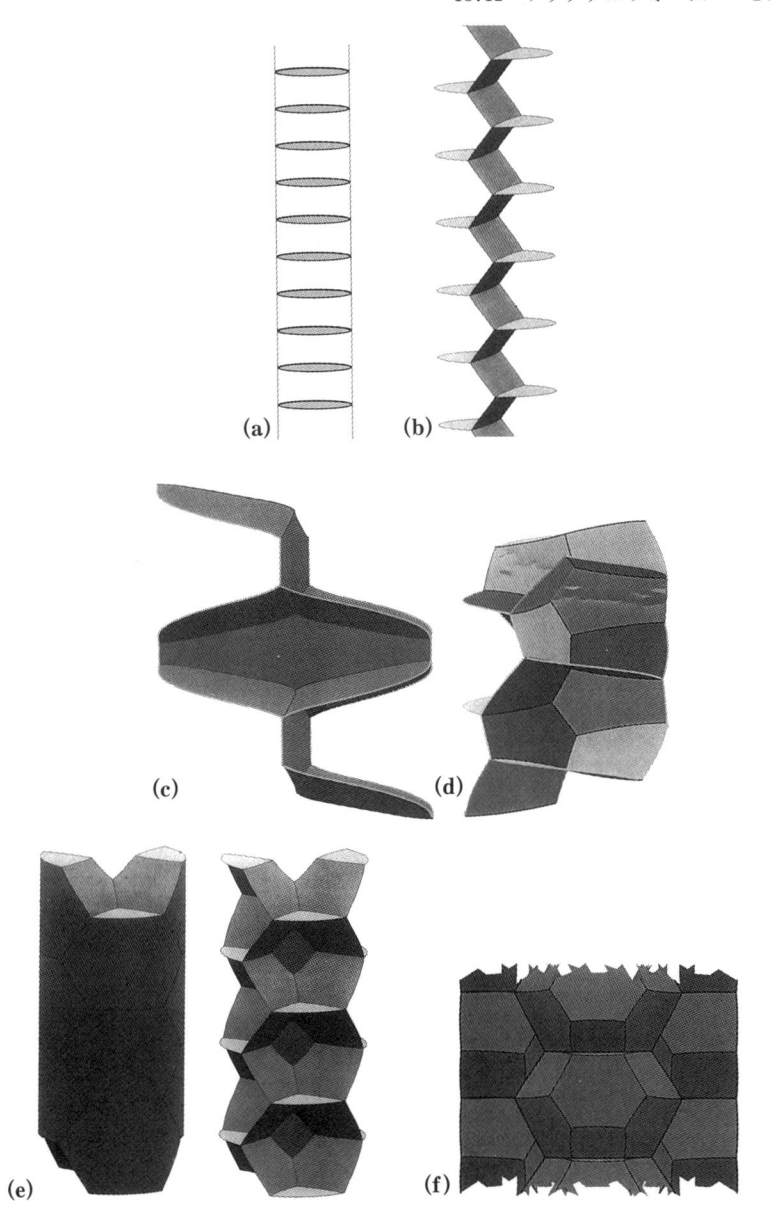

図 13.25 シミュレーションによる規則的円柱状フォーム．

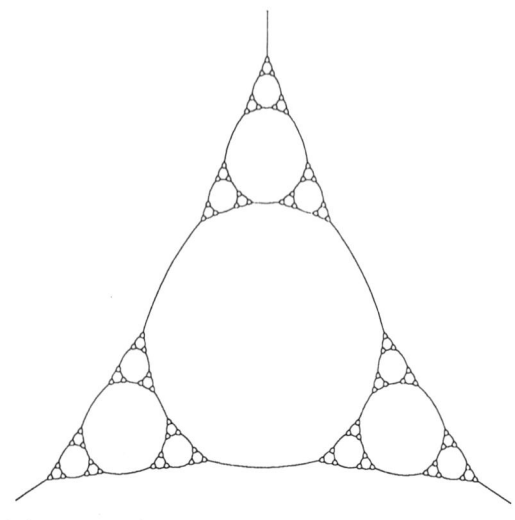

図 13.26 フラクタルフォーム.
(Herdtle, T. and Aref, H. (1991). Relaxation of fractal foam. *Philosophical Magazine Letters* **64**, 335-340)

参 考 文 献

Fejes Tóth, L. (1964). What the bees know and what they do not know. *Bull. Am. Math. Soc.* **70**, 469.
Weaire, D. (ed.) (1997). *The Kelvin Problem.* Taylor and Francis, London.

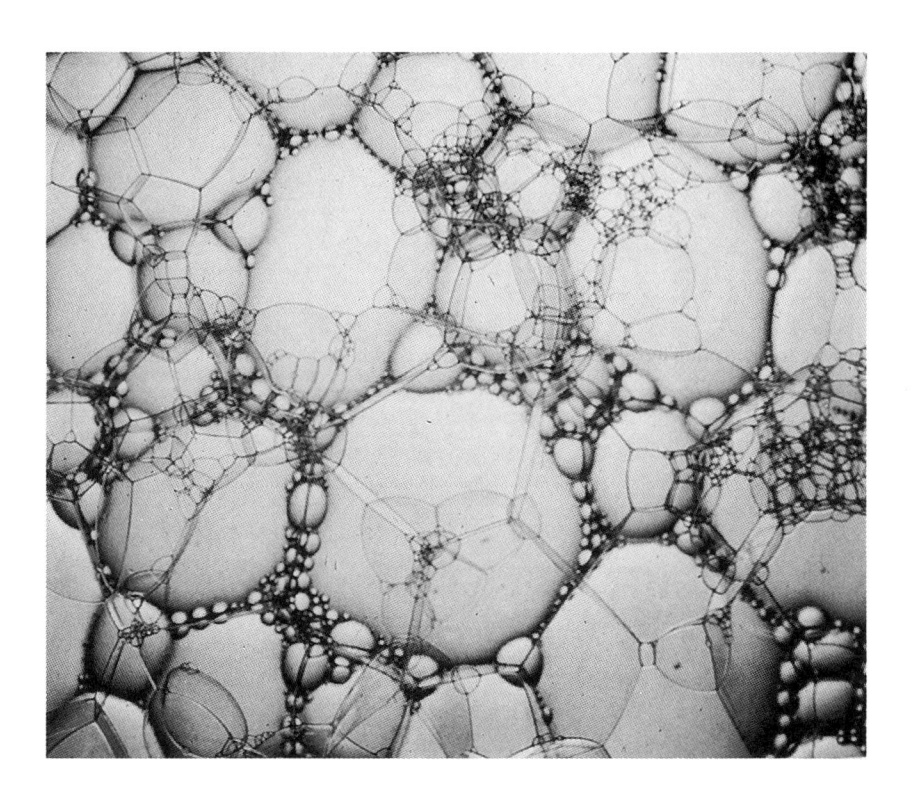

Boran の「はちみつ」

第14章 液体フォームの応用法

「ビールの泡は，ビールそのものではない」
——オランダの格言

　液体フォームは，石けん，洗剤，ひげ剃りクリーム，清涼飲料水など，日常的になじみ深い．多くの場合，液体フォームがアピールするのは，顧客の触感や満足感といった心理学的側面である．他方，洗たく槽の中の石けん水は，泡を発生して洗剤の存在を示す以外にどんな役割を果たしているのだろうか．石けんやシャンプーの発泡特性はしばしば必要ないといわれる．しかし，第8章で説明した特殊なレオロジー特性によって，ひげ剃り前の顔や洗浄前の工場壁のような垂直な表面にフォームを張りつけるために，液体フォームは必要である．液体フォームはすぐに流されることなく物体の表面を覆う特性をもつため，消火活動にも非常に役立っている．
　化学工学の分野では，フォームはそのろ過特性と浮揚性を利用して，不純物を分離する手段に用いられている．
　最近の情報によれば，騒乱を鎮静化するための野蛮な手段の代用品としてフォームが用いられている．フォームにくるんでしまうことにより，比較的無害に逮捕できるのである．実際，フォームに包まれると楽しいかもしれない．ナイトクラブのフォームパーティーが人気を集めているのもこのためである．ローリングストーンズのビデオにもフォームパーティーが写っている．
　クリーニング，染色，印刷のような繊維工業における多くのプロセスで，大きな表面積の織物に作用する化学薬品が必要となる．化学薬品のキャリアーとしてフォームを使用することにより，水の消費量や二次廃棄物の量を大幅に低減できる．
　フォームによって原子炉内部の汚染物質を容易に取り除くこともできる．
　発泡の抑制は，小規模ながら1つの産業となっている．実際，いつ有害なフォームが生じてもよいように，様々な日常用あるいは非常用の発泡抑制剤が販売されている．気体-液体系の原子炉，気体-オイル系の分離機，ポンプなどで，液体と気体が混

合または撹拌される場所には必ずフォームが形成されるだろう．この場合，もしフォームが残留し，ガスコンプレッサーに入るようなことがあれば，破滅的な結果をもたらすだろう．

14.1 ビールとシャンペン

ビールの醸造業者は，自社のビールに昔から伝わるフォームを作り出さなければならない．発泡させすぎると醸造自体が難しくなり，発泡抑制剤の投入を余儀なくされることがある．

天然のたん白質はビールの界面活性剤であり，望ましいフォームを作るためにこれを添加することもある．二酸化炭素とともに窒素ガスをビールに溶かすと，きめ細かく安定なフォームが形成されることが判明した．今日の「缶生ビール」において，プラスチック挿入口からビール内に注入されるのは窒素である．

これは，経験と試行錯誤に基づいた実際的な進展のよい例であるが，混合ガスによるフォームの形成過程は，将来的に価値ある研究テーマである（7.8節参照）．

ビールを飲んだあとにグラスの内側に残るフォームのレース状パターンのみごとさをながめるのも愛飲家の楽しみの1つである．醸造業者はフォームのこの側面にも注意を払わなければならない．

今日では，これらのすべてが品質管理の対象となっており，どのような試験法（4.4節）を選ぶべきかが日夜議論されている．同様に，シャンペンフォームも鑑定家の卓越した目と口蓋により検査される．画像解析技術（第5章）は，正にこの目的のために開発されたのである．

理想的なシャンペンフォームは，きめ細かなウェットフォームとして素早く形成され，すぐにつぶれる．しかも，ワインの表面を囲むメニスカス部に沿って，小さな気泡が『ネックレス』状に残っていることが望ましい．

14.2 食物フォーム

液体をたたいたり，かき混ぜたりすることにより，多くのフォームが台所で作られる．卵白が典型的な例であり，そのたん白質がよい界面活性剤となってる．他方，卵黄には，発泡抑制剤として作用する脂肪質の粒子が存在する．酒石英は安定化剤として作用する．

逆説的ではあるが，泡立てたクリームを安定にしているのは，凝集した脂肪質粒子である．さらにかき混ぜて脂肪質粒子を凝集させ続けると，バターになる．

エマルジョンでもありフォームでもあるアイスクリームの構造はさらに複雑で変わりやすく，氷の結晶とおそらくゲル状の成分から成る．

14.3 フォーム分留

染料のような異なる界面活性をもつ混合溶液をフォーム分留の方法で分離することができる．分離管の底部にある液体に空気を吹き通して管内に気泡を作り，これに溶質を吸収させる．フォームは上昇しながら溶質を上方へ運ぶ．フォームはひとまとまりとなって管内を移動するが（これをプラグ流れという），この流れの挙動も解析の対象となっている．

14.4 浮遊選鉱

フォーム分留によく似たプロセスの1つに浮遊選鉱がある．この場合，混合物を分離するために，物質のぬれ性の差を利用する．鉱石の分離に応用されている．

鉱石を微細にすり潰した後，液体フォームに浸し，かき混ぜる．そして鉱石の様々な成分のぬれ性が異なるために偏析が生じる．金属分の少ない鉱石粒子は親水性を持っているため，ぬれてフォームから排出される．金属成分の多い粒子は疎水性であるため，フォームに残留する．

同じプロセスを石炭の選別に利用することができる．石炭自身は疎水性であるためフォームから回収されるが，残りの成分は液体中に残留し，残渣として放出される．

14.5 消火用フォーム

一般的に，火が燃え広がるためには燃料，酸素，熱という3つの条件が必要である．これらのうち1つでも欠けると，火の3角形が崩れ，火災は止まる．

消火活動において，フォームは第1に燃焼領域から酸素を取り除き，第2に発火温度以下に燃料を冷やし，第3に液体の表面で燃料の蒸気を吸着することにより，3つの要件をすべて排除する．

消火活動でフォームを使用する主な目的は，ガソリンのような燃える液体を消すこ

とにある．フォームの密度は小さいので，燃えている液体の上に浮かんで毛布を形成する．水をかけても燃料をかき乱すだけで，火勢はかえって強まってしまう．火災が石油タンクのような容器の中で起こった場合，フォームを容器の底から注入すると，液面まで上昇し，炎を消してくれる．

火災が収まったあとも，再発火を防止するために，できるだけフォームの消滅を遅らせたい．このためには，排水速度の遅いフォームが望ましい．それには液相体積率を増して，フォームに耐熱性をもたせることが必要である．しかし液相体積率を増すと，単位時間あたりに生成されるフォームがカバーする面積が減少してしまう．したがって，どんなフォームが消火に適するかは実際の火災の状況によって変わる．

消火用フォームは，液相体積率 ϕ_l あるいは膨張率 ϕ_l^{-1} に応じて，低膨張フォーム（5:1〜20:1），中膨張フォーム（20:1〜200:1），高膨張フォーム（200:1〜1000:1）に分類される．

低膨張フォームと中膨張フォームは，樹枝状のパイプとフォーム溶液を空気にさらす装置を用いて作る．これらのフォームは，10〜20 m の距離から吹きかけられる．膨張率が増加すると耐熱性は低下するが，単位時間により大きな面積を覆うことができる．軽いフォームほど，燃料をかき混ぜることなく燃料表面で簡単に安定化させることができる．

高膨張フォームは通気性のあるネットやガーゼにフォーム溶液を吹きかけることにより作ることができる．このフォームは軽量なため，遠くから投げつけることはできず，直接火にかざさなければならない．速やかに大きなスペースを満たすことができるので，建物内部の自動消火に多用される．水分が少ないため，フォームに覆われてもまだ呼吸できるのは利点だが，風で飛び散ってしまうほど軽いので，屋外での使用には向かない．また高膨張フォームは排水が速いため，耐熱性に乏しい．

消火用フォームは，耐熱性が高く，かつ燃料表面に速やかに広がって膜を形成しやすいように成分調整されている．

フォームの排水特性はいわゆる1/4排水法（前述の自由排水実験に相当）によって調べることができる．一定量の溶液を含む枝分れしたパイプから作られたフォームを集め，溶液の4分の1が排出されるまでの時間を測定するのである．

フォームの消火能力は，一定の空間的広がりをもつ火炎にフォームを注いでから，炎の90%が消えるまでの時間で評価される．炎が再着火するまでの時間もフォームの消火能力の尺度となる．

14.6 石油回収におけるフォーム

　標準的な石油回収方法として，地層の内部へ水を注入して石油を強制的に排出する方法がある．しかし，この方法で回収できるのは石油の半分で，残りは岩石の気孔内に液滴として留まる．残留石油を回収するには，適当な化学薬品を加えて表面張力を変える必要がある．これは回収費用を増すから，フォームに化学薬品を分散させる方法は有利である．

　多孔質の岩石の中にポンプを使ってフォームを注入しなければならないので，この種の材料内でのフォームの変形を詳細に理解することが必要となる．剛性率や降伏応力のようなフォームの粘性挙動については第8章で議論した．フォームの流動特性や有効粘度はこれらによって定義することができる．

　フォームの液相体積率が高く，かつ泡のサイズが岩石の気孔径よりもずっと小さい場合，フォームは Newton 流体として振る舞うだろう．しかし，液体の割合が減少すると，フォームの粘度が増し，非 Newton 流体として振る舞うようになる．

　またプラグ流れの可能性もある．つまり，フォームの中心部において，すべての泡が等しい速度で運動するのである．しかし，泡のサイズが岩石の気孔径と同程度なら状況が変わり，管路の中を気孔が等速で次々に移動し，気孔に層状の液膜がとどく．

　フォームは，油滴を分離するための薬品のキャリヤーとしてばかりでなく，地層を封止して地下水の動きを制御したり，油井の洗浄にも使われている．

参考文献

Aubert, J. H., Kraynik, A. M. and Rand, P. B. (May 1986). Aqueous foams. *Scientific American* **254**, Number 5, 74-82.

Wilson, A. J. (ed.) (1989). *Foams : Physics, Chemistry and Structure*. Springer-Verlag, Berlin.

第15章 フォームと類似の物理系

「芸術の目的は，単純な真実より複雑な美にある」
——Oscar Wilde

15.1 巨大フォームと微小フォーム

　自然界の相境界やなわばりの境界についても，ある程度は石けん泡のモデルを適用できると考えられる．

　セル構造の詳細は，スケールの大小にかかわりなく表面エネルギーによって支配されることがわかっている．最も大きなスケールは宇宙である．最近の研究によれば，銀河クラスターは石けん膜に相当する壁とPlateau境界に相当するフィラメントから成り，後者はフォームとよく似たジャクションで出会う（図1.4）．この場合，2つの相は物質（おそらく暗黒物質も含まれる）と非物質であるが，重力下の不安定な状態でこの特殊なセル構造が形成される理由や，表面エネルギーの物理的意味は不明である．この分野の特徴は，未だにデータが乏しく，理論づけも乱暴なことである．ある研究者がいったように，「超銀河天文学には厚顔無恥が横行している」．

　最小の物理的スケールでも，セル構造は現れる．いくつかの宇宙論的モデルによれば，またWheelerとHawkingによれば，時空自体の構造は，プランク長さ$\lambda_p = 10^{-35}$m程度の大きさをもつフォームの構造に近い．

　次に実験室で扱いなれたスケールに戻って，議論の余地のあるいくつかの物理系について述べよう．

15.2 粒 成 長

　多結晶の粒構造は，図15.1に例示したように，2次元的にも3次元的にも石けん泡のそれと酷似していることがある．結晶粒の幾何学は表面エネルギーによって決ま

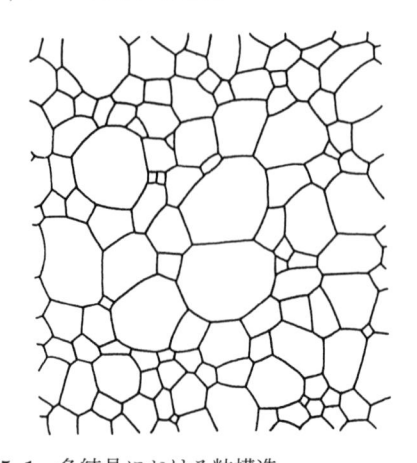

図 15.1 多結晶における粒構造.
(Aboav, D. A. (1980). *Metallography* **13**, 43-58)

るが，決まり方は石けん泡の場合はやや異なる．理論的モデルの中にはこれら2つの場合を区別しないものもあるので，この違いは必ずしも十分に認識されているわけではない．

実際の系の粒成長は，多くの因子が影響するので複雑である．特に，2つの粒の境界に関わる粒界エネルギーは，粒の相対的な配向や粒界の配置に依存する．粒界エネルギーに配向依存性が強い場合，粒界は低エネルギー粒界から成る形態をとろうとする．

固体，特に金属では，多くの場合粒界エネルギーは等方的で，結晶粒構造も石けん泡の構造とよく似ている．そのような場合，粒界の駆動力に関するある仮定をおくことにより，「曲率駆動成長」とでも呼ぶべき理想化された粒成長のモデルを以下のように導くことができる．

粒界上のどの点も，その点での曲率 c に比例した速度 v で粒界と垂直方向に移動するものと仮定する．すなわち

$$v = \mu c \tag{15.1}$$

μ を粒界の易動度という．さらなる付帯条件として，粒界は3重点で互いに120°をなす．

このモデルは合理的ではあるが，厳密な意味での妥当性については異論もある．よってここでは仮想的モデルと考えておこう．

15.2 粒成長

曲率駆動成長モデルによって,石けん泡(ドライフォーム)の粗大化のような結晶粒構造の緩やかな変化を理解することができる.特に2次元では,7.2節の証明を少し修正するだけで n 角形セルの面積変化について,von Neumann の法則と同じ法則を導くことができる.以下では,この法則を発見者の名にちなんで Mullin の法則と呼ぶことにする.

2次元問題で,粒界ジャンクションにエネルギーがなければ,石けん泡に見られるように辺数 (n) が4以上の多重頂点は不安定となる.セル面積の変化の仕方も位相幾何学的な変化も同一なので,石けん泡と結晶粒の構造は非常に似ていることがわかる.違いは何だろうか.

理想的な2次元の石けん泡では,セル内に圧力が存在する状態で系の平衡が保たれる.このため,セルのエッジ(辺)は円弧になる.位相幾何学的変化が生じると,構造はその瞬間新しい平衡状態に移行する.このような理想化が可能なのは,新しい平衡構造に移行するための時間が,拡散によるその後の構造変化の時間よりはるかに短いことによる.

これに対し,理想化された2次元の結晶粒成長では,2つの時間スケールの差が少ないため粒構造は2次元の石けん泡の構造に近づくが決して同じものにはならない.均一になるための粒界拡散として曲率を考えると役立つかもしれない.しかし,どのT1過程が起こってもその都度,当該の頂点に新しい曲率が導入される.位相幾何学的変化が起こらなければ,各頂点の速度は連続である.頂点は,速度

$$\boldsymbol{v} = \frac{2}{3}\mu \sum_{i=1}^{3} c_i(0) \boldsymbol{n}_i \tag{15.2}$$

で移動し,回転は速度

$$\omega = \frac{1}{3}\mu \sum_{i=1}^{3} \frac{\partial c_i}{\partial s_i} \tag{15.3}$$

で起こる.ただし,$\boldsymbol{n}_i$ は i 番目の曲線の法線ベクトルであり,s_i は i 番目の曲線に沿った距離である.

2つの2次元モデルの相違は,小さいセルが消えるまでの時間にも見られる.第7章で述べたように,3角形,4角形,5角形のセルはすべて粗大化中に消えてしまうが,消える際に一度2辺セルにならなければならないことがわかる.最終的な2辺セルへの遷移は,粒径が非常に小さい場合に生じやすいため,長い間,注意が払われなかった.2次元の石けん泡においては,2辺セルは,準静的に形成されないため(3.4節),ほとんど見つからない.

断定はできないが，このようなことはすべて3次元でも同様に生じる．von Neumannの法則（またはMullinの法則）を厳密に3次元に適用することはできないが，平均化された粒成長を記述するのに有効である．

15.3 エマルジョン

エマルジョンは，本書の用語に従えば2液フォームであり，気体-液体フォームの特性をすべて同程度にそなえている．水と油のように2つの混じり合わない液体に乳化剤という界面活性剤を加えることにより安定なセル構造が形成される．

このような物質の状態はコロイドとも呼ばれるが，コロイドには微細な固体粒子を含む懸濁液の意もある．用語はさらに複雑になるが，食用エマルジョンの多くは固体粒子を含んでいる．

多くの場合，エマルジョン中の分散相は寸法 $1\,\mu m$ 程度以下の微小な液滴として非常に細かく分割されている．マイクロエマルジョンと呼ばれるきわめて微細なエマルジョンは，次の2つの理由により，物理学の1つの大きな分野を成している．第1は，界面の曲率が分子サイズの逆数に近づくと，ここで用いた理想的モデルの前提，すなわち2液の界面エネルギーは一定という前提が崩れるからである．曲率の関数としてのエネルギー項を加味しなければならない．第2の理由は，構造スケールが小さいため，熱揺動の寄与が増して様々な規則構造をもたらすからである．

構造のスケールがマイクロエマルジョンより大きく，典型的なフォームより小さいエマルジョンでは排水過程（またはクリーミング）は，特に分散相が高い粘度と母相と同程度の密度を有する場合，きわめて遅い．しばしば2液の相互溶解度は非常に低いので，拡散による粗大化も非常に遅い．

排水とセルの粗大化の影響を排除することにより，精度の高い実験が可能となった．フォームの研究者がエマルジョンを研究対象とするようになったのはこのためである．図15.2は，そのようなレオロジー的測定結果の一例を示している．

エマルジョンのもう1つの利点は，2液の屈折率を一致させられることである．一致がよいと，光の散乱が少ないため，光の回折を利用する標準的な結晶学の方法で構造を解析することができる．しかし，この種の試みは未だ十分にはなされていない．

エマルジョンとフォームとのもう1つの重要な相違は，液滴（セル）の合体と成長のしやすさにある．液滴の合体はフォームにおける膜の破壊（第12章）とよく似た過程であるから，後者と同様の記述が可能である（Gibbs-Marangoni効果など）．し

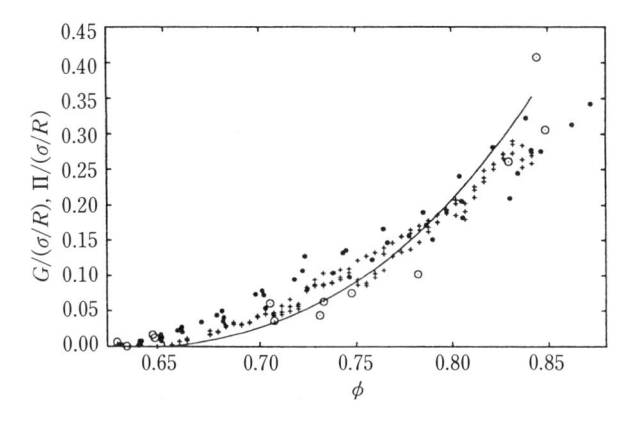

図 15.2 単分散エマルジョンの剛性率 G と浸透圧 Π に及ぼす分散相体積率 ϕ の影響．●印は G の実験値，◉印は Π の実験値，＋印は G の計算値，実線は Π の計算値．
(Lacasse, M.-D., Grest, G. S., Levine, D., Mason, T. G. and Weitz, D. A. (1996). Model for the elasticity of compressed emulsions. *Physical Review Letters* **76**, 3448-3451)

かし，エマルジョンでは液滴の合体が内部で起こりやすいのに対し，フォームでは泡の合体は一般に外から内に向って起こる．

最近，単分散のエマルジョンを効率よく製造する方法が見出された．単分散エマルジョン自体は，Perrin 以来クリーム化と分留という時間のかかる方法で作られてきたが，粗大なエマルジョンをせん断するだけで微細な単分散型のエマルジョンが得られることがわかったのである．大きな液滴はせん断によって引き伸ばされ，さらに Raighley の不安定性の規則（3.9節参照）に従って小さな液滴に分かれる．

15.4 2次元の磁性泡

磁性泡とでも呼ぶべき系が少なくとも2つある．1つは磁気流体とガスを2つのガラス板の間に挟んで得られる2次元のフォームである．他の1つは磁気バブルメモリー用のガーネットの薄膜を適当な条件で処理することによって得られるもので，フォームのようなセル構造をもち，2相の磁化方向は互いに逆向きである．図15.3にこれら2つの系の例を示す．

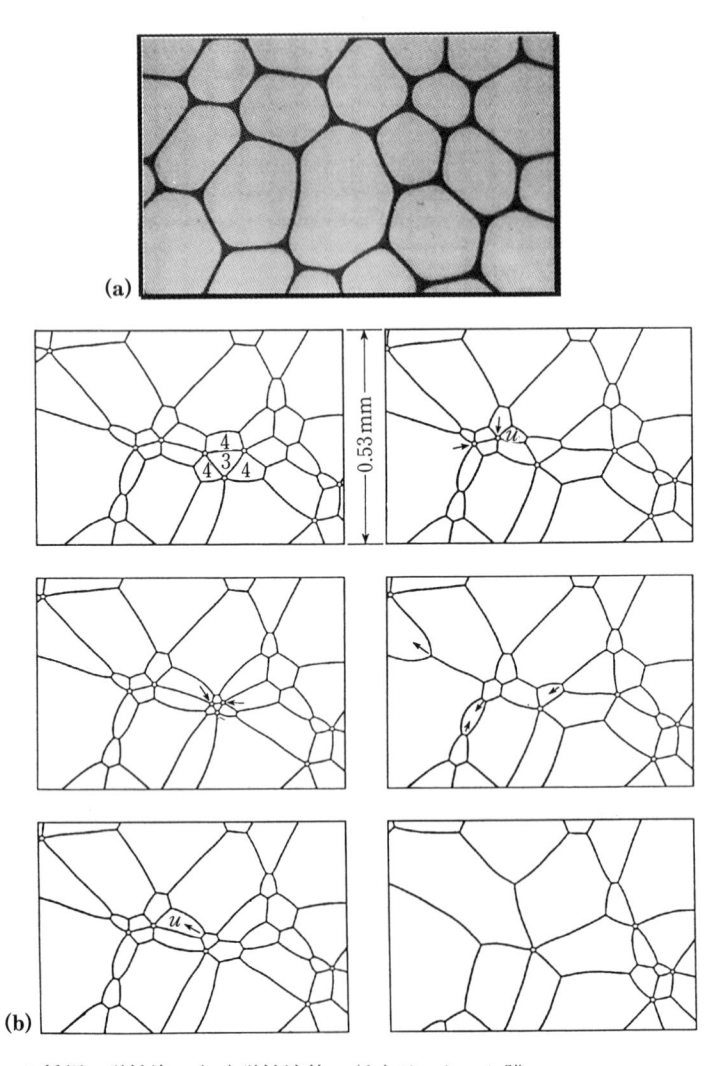

196 第15章 フォームと類似の物理系

図 15.3 2種類の磁性泡．（a）磁性流体，（b）ガーネット膜．
（（a）Elias, F. (1998). Ph. D. thesis, Université Paris VII, （b）Babcock, K. L. (1989). Ph. D. thesis, Harvard University）

いずれのセル構造も，石けん泡のそれとある程度似ている．この類似性は磁性泡と石けん泡に共通する境界エネルギーに由来する．しかし，磁性泡には石けん泡にない長距離相互作用エネルギーの項が存在する．このため，両者のセル構造には相違点もある．

石けん泡のセルが時間とともに成長するように，磁性泡のセルは磁場が弱まると粗大化する（図15.4）．磁場中のこの変化は，時間による変化とは異なり可逆的である

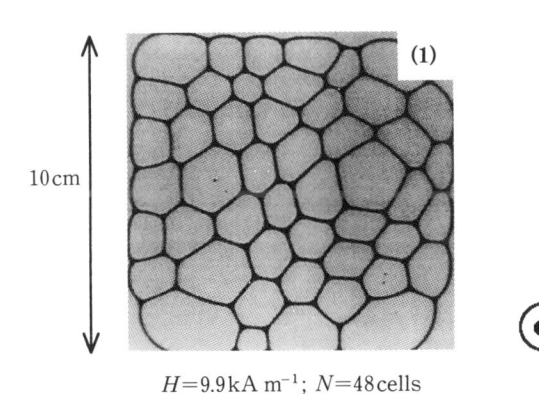

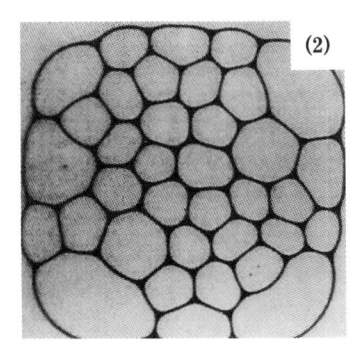

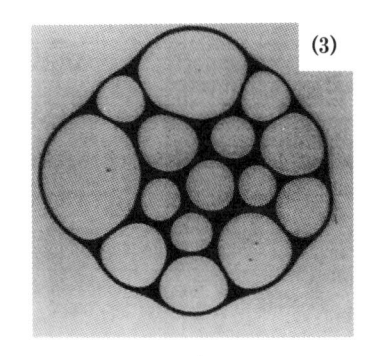

(1) $H=9.9\text{kA m}^{-1}$; $N=48\text{cells}$

(2) $H=8.2\text{kA m}^{-1}$; $N=36\text{cells}$

(3) $H=5.8\text{kA m}^{-1}$; $N=15\text{cells}$

図 15.4 ゆるやかな磁場減少に伴う磁性泡の構造変化．
(Elias, F., Flament, C., Glazier, J. C., Graner, F. and Jiang, Y. (1999). Foams out of stable equilibrium : cell elongation and side swapping. *Philosophical Magazine* **B79**, 729-751)

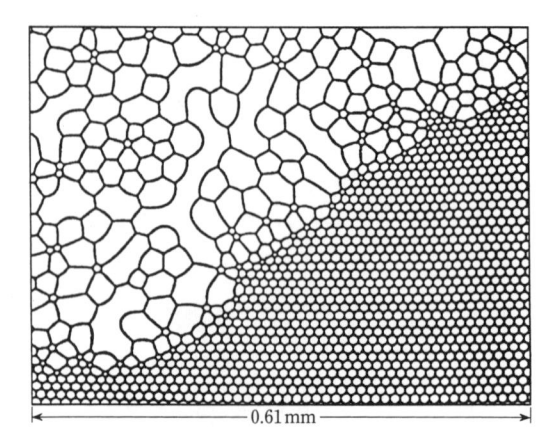

図 15.5 規則的六方格子相と不規則相が共存する磁性泡.
(Babcock, K. L. and Westervelt, R. M. (1989). Topological "melting" of cellular domain lattices in magnetic garnet films. *Physical Review Letters* **63**, 175-178)

ことに注意しよう.

薄膜における磁性フォームの最も刺激的な絵の1枚が，図15.5に示されている．この構造は，Braggの石けん泡や他の2次元泡と似ているが，相違点もある．最も顕著な違いは，試料の不規則部分のあちこちに小さな5辺のセルが発生していることである.

この種の不規則な磁性泡は，磁化方向に磁場を向けると，粗大化する．この粗大化は辺数が n より小さなセル（大半は $n=5$）の縮小とそれに続く消滅によって起こる．ただし，これらのセルが，ある大きさの対称5辺セルより小さくなることはまれで，突然消滅する．図15.6は，規則性のよいドメインから成る試料で粗大化が進行する様子を示す.

それ以上印加すると全体のパターンが消失してしまう臨界磁場が存在する．この限界に近づくと，セルはなだれ的に消滅する．石けん泡がウェット限界に近づいたときに示すなだれ的現象と酷似している（8.7節参照).

この現象はすべて粒界（Bloch壁）エネルギーと，双極子の長距離相互作用によって定性的，半定量的に理解することができるが，詳細なモデル化は難しい.

磁性流体の泡も状況によっては粗大化するが，この場合5辺セルは特別な役割を果たさない.

a) 55.1 Oe   b) 63.0 Oe

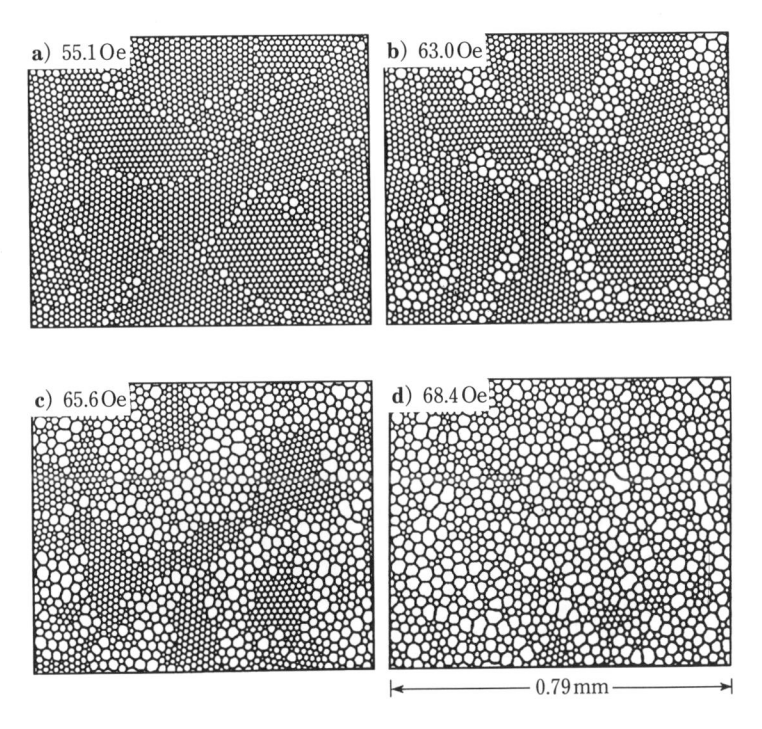

c) 65.6 Oe   d) 68.4 Oe

|←——— 0.79 mm ———→|

図 15.6 ガーネット膜内の磁性泡の粗大化を支配しているのは，最も小さくかつ安定な 5 辺セルである．
(Babcock, K. L. and Westervelt, R. M. (1989). Topological "melting" of cellular domain lattices in magnetic garnet films. *Physical Review Letters* **63**, 175-178)

磁場の方向が変わると，どんな系でも新しいセルは生成されず，したがって粗大化現象が逆行することはない．実際に起こるのは，座屈という不安定現象とその結果としてのでこぼこのあるセル壁の生成である（図 15.7）．磁場変動が連続的なならば，精巧な迷路のような構造が形成される．

15.5 Langmuir 単分子層

界面活性分子を用いて，別種の 2 次元フォーム構造を水の表面につくることができる．界面活性分子のはたらきによって，表面層がはっきりと液相と固相に分離するの

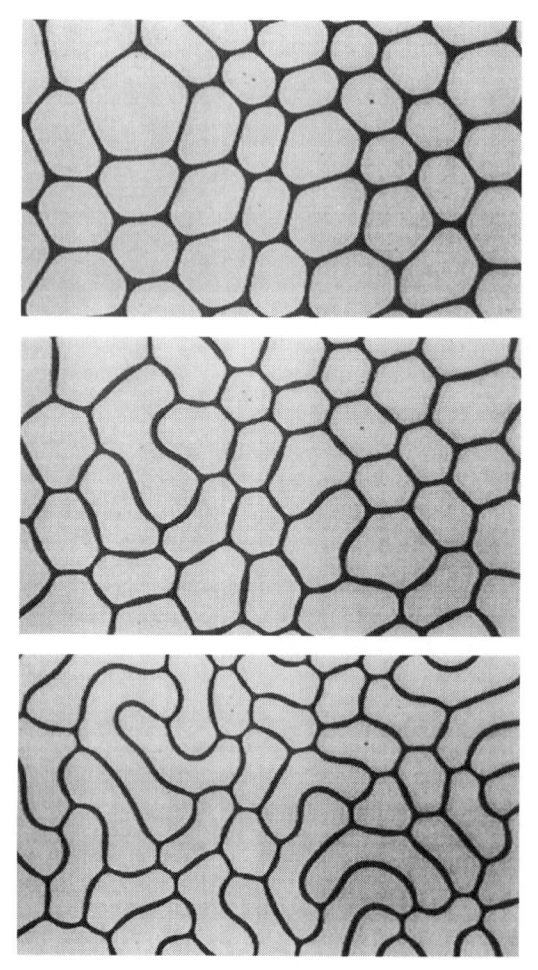

図 15.7 磁性泡の座屈不安定.
(Elias, F., Drikis, I., Cebers, A., Flament, C. and Bacri, J.-C. (1998). Undulation instability in two-dimensional foams of magnetic fluid. *European Physical Journal* **B3**, 203-209)

で,条件がよければこれを光学的に観察することができる(図15.8).液相の膨張が十分なため,2相混合状態がフォーム構造を形成し得るのである.顕微鏡でこのセル構造を見るためには,蛍光色素を添加する必要がある.

図 15.8 Langmuir 単分子層も 1 種の 2 次元フォームである．石けんフォームと類似のセル構造をもつが，2 次元性は石けんフォームより強い．
(Akamatsu, S. and Rondelez, F. (1991). Fluorescence microscopy evidence for two different LE-LC phase transitions in Langmuir monolayers of fatty acids. *Journal de Physique II France* **1**, 1309-1322)

これまでと同じ観察を Langmuir 単分子層フォームで繰り返す必要はないだろう．そのような観察の結果は，普通のフォームとの類推に基づく予測とよく一致するからである．しかし，Langmuir 単分子層と普通のフォームの観察所見が全く同一というわけではない．前者では，磁性泡の場合と同様，表面張力一定という単純な状況にはなく，分子間力も作用するからである．さらに，微量の添加剤が大きな影響を与えることがわかっている．このことは驚くにはあたらないが，ここには多くの研究課題がひそんでいる．

15.6 アンチバブル

ビーカ内の石けん水の表面に石けん水の滴を落とすと，滴はしばらく表面にとどまってから合体消滅することがある．滴と水面の間にトラップされたガスの膜が，短い時間アンチバブルを完全な状態に保つからである．

液滴に十分な勢いがあれば，表面を貫通して，薄い気体の膜で包まれたアンチバブルとして溶液内に入る．しかし，最も効率的なアンチバブル製造法は，大きな浮遊ア

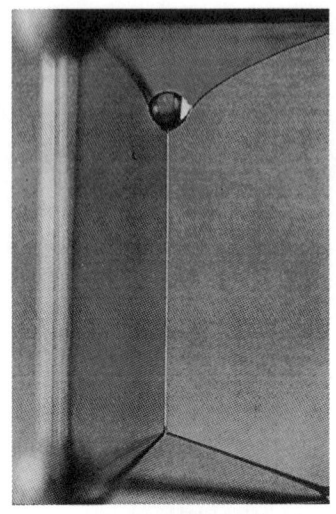

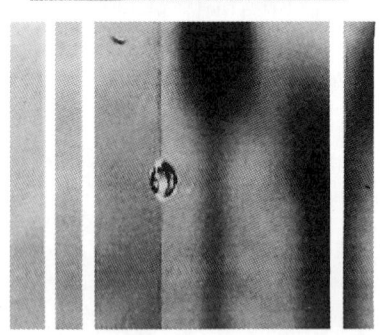

図 15.9 アンチバブルは完全性を保ちながら Plateau 境界上を移動できる．

ンチバブルを作り，これを変形して液体バルク中に小さなアンチバブルを吐き出させるというものである．この方法は意外に簡単で，プラスチック洗びんから表面へ小滴の流れを噴き出すだけである．普通の泡（液体中の気体）のように，アンチバブルも容易に破裂するが，5分間もちこたえたという記録もある．

　Plateau 枠を使った実験でわかったことだが，液滴は Plateau 境界沿いに移動しながら細長い「トリプルバブル」を作る（図 15.9）．

　この種のアンチバブルの形成挙動は非常に気まぐれで，環境のわずかな変化に対しても驚くほど敏感である．その理由が最近の宇宙実験で明らかになった．すなわち，

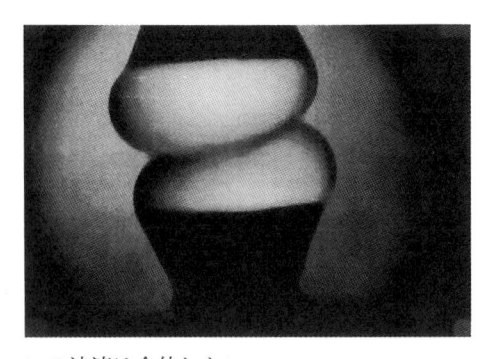

図 15.10 シリコーンの油滴は合体しない.
(Monti, R. and Dell'Aversana, P. (1994). Microgravity experimentation in non-coalescing systems. *Microgravity Quarterly* **4**, 123-131)

　液滴を近づけて，1つに合体するか，合体せずに壊れるかを観察した（図15.10）．その結果，合体せずに壊れる一因が，2つの液滴間のわずかな温度差にあることがわかった．液体や気体の振る舞い，したがって表面張力や Marangoni 効果も，わずかな温度差に敏感だったのである（第12章）．
　アンチバブルからアンチフォームが作れそうだが，そのような試みは未だなされていない．アンチフォームの詳細は，今後繰り返される個々の基礎的発見とその適切な追認によってしだいに明らかにされるだろう．

参 考 文 献

Babcock, K. L., Seshadri, R. and Westervelt, R. M. (1990). Coarsening of cellular domain patterns in magnetic garnet films. *Physical Review* **A41**, 1952-1962.
Dickinson, E. (1992). *An Introduction to Food Colloids*. Oxford University Press.
Dickinson, E. and Rodríguez Patino, J. M. (1999). *Food Emulsions and Foams*. Royal Society of Chemistry, Cambridge.
Fairall, A. (1998). *Large-scale Structures in the Universe*. Wiley, Chichester.
Geller, M. J., Mapping the universe : slices and bubbles. *In* Cornell, J. (ed.) (1989). *Bubbles, Voids and Bumps in Time : the New Cosmology*. Cambridge University Press.
Glazier, J. A. and Weaire, D. (1992). The kinetics of cellular patterns. *Journal of Physics : Condensed Matter* **4**, 1867-1894.

Hyde, S., Andersson, S., Larsson, K., Blum, Z., Landh, T., Lidin, S. and Ninham, B. W. (1998). *The Language of Shape*. Elsevier Science, Amsterdam.

Lucassen, J., Akamatsu, S. and Rondelez, F. (1991). *J. Colloid and Interface Science* **144**, 434.

Stine, K. J., Rauseo, S. A., Moore, B. G., Wise, J. A. and Knobler, C. M. (1990). Evolution of foam structures in Langmuir monolayers of pentadecanoic acid. *Physical Review* **A41**, 6884-6892.

Stavans, J. (1993). The evolution of cellular structures. *Reports on Progress in Physics* **56**, 733-789.

Stong, C. L. (1974). The Amateur Scientist: Curious bubbles in which a gas encloses a liquid instead of the other way around. *Scientific American* **230**, (April) 116-120.

Weaire, D. and McMurry, S. (1996). Some fundamentals of grain growth. *Solid State Physics* **50**, 1-36.

第16章
固体フォーム

「ほとんど空気の製品を顧客に売りつけるのが秘訣である」
——菓子メーカー

16.1 軽量で多機能の材料

　固体フォームは少なくとも実用面では液体フォームと同じくらい重要である．固体フォームはきわめて軽く，用途の大半はこの軽量性ともう1つの物理的性質（例えば低熱伝導度）の組み合わせで決まる．図16.1に固体フォームの例を示す．

　固体フォームの代表的製造方法は液体フォームの急速凝固である．一般に，液体フォームは，原料液体に発泡剤を加え，適当な高温または減圧環境下で発泡させて作る．液体フォームを固化するには冷却法または化学反応を利用すればよいが，固化後に化学処理を施せばさらに組成や構造を変えることができる（例：有機化合物からの炭素フォームの製造）．この種の方法により，身近なポリウレタンフォームはもちろん，無機ガラスから金属まで様々な固体材料のフォームが作られている．固体材料を特定すると，そのフォームの性質に最も大きな影響を及ぼす変数が決まる．

　フォームの構造も同じように重要である．クローズドセル型固体フォームでは液体フォームのセルフェースがそのまま残るが，オープンセル型固体フォームではフェースは消え，Plateau境界のみ残る．ただし，実際の固体フォームではこれほど厳密に区別できないことがある．例えば，パンやケーキを作る際，冷却時の崩壊を防ぐためにフェースを完全には除かずに一部を残すことがある．

　セル内は，普通，気体または液体で満たされている（後者の好例が第17章で述べる生体フォームである）．

　もう1つの重要な変数は密度，すなわち全体積に占める固相体積の割合である（以下，これを記号 ϕ_s で表す）．ϕ_s は液体フォームの密度 ϕ_l に等しく，できたての固体フォームでは，$0 < \phi_s < 0.36$ の範囲にある．

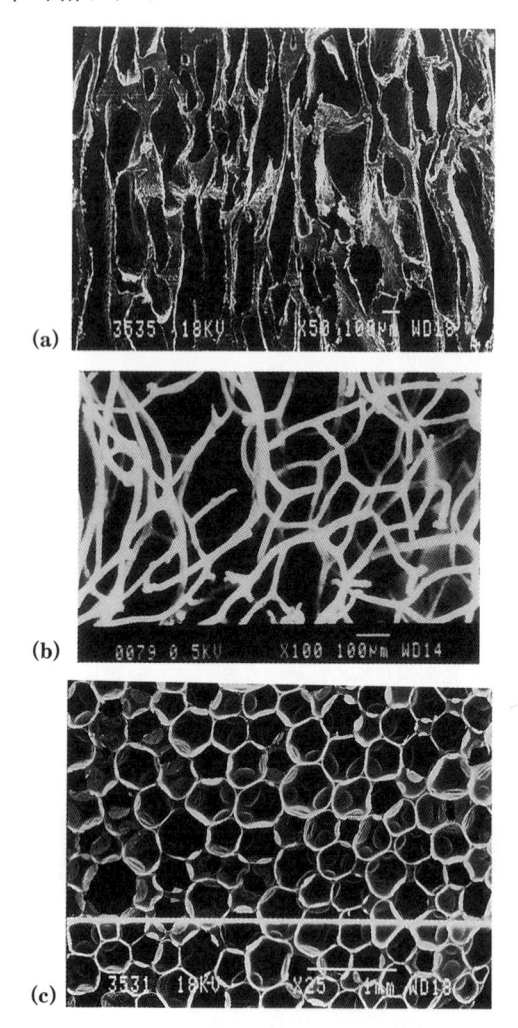

図 16.1 固体フォームの例．(a)パン，(b)天然スポンジ，(c)ポリウレタンフォーム（M. A. Fortes らによる）．

液体フォームに関する前章までの記述内容の多くは，固体フォームでも成り立つ．特に，構造と密度の関係を表す第3章の諸公式はそのまま適用できる．しかし，注意すべきこともある．例えば，ポリウレタンフォームの構造は液体フォームのそれと酷似しているが，ポリスチレンフォームの構造は似ていない．すなわち，ポリスチレン

フォームのセルフェースはかなり平坦で，フェースとフェースの交線に Plateau 境界がほとんどできない．これはポリスチレン固有のレオロジー特性に由来する．

固体フォームのセル構造は大小様々である．複雑な固体フォームに道を拓き，雑多なデータを統一的にまとめたのは Gibson と Ashby である．彼らは，特に固体フォームの諸性質と密度 ϕ_s との関係を単純な規格化式で表した．

固体フォームの特性を定式化する出発点として，液体フォームの場合と同様，まず2次元規則構造（すなわち6角形ハニカム構造）について検討する．2次元モデルであっても，3次元なみのランダム構造を導入することができる．これにより，ハニカムの完全対称構造に由来する問題点がある程度解消される．

16.2 固体フォームの製造

固体フォームの多くは，発泡剤添加法，昇温または減圧による沸騰法，化学分解法のいずれかにより製造される．発泡剤には，フルオロカーボン（現在は使用禁止），CO_2，N_2 などがある．

固体フォームは，原料液体に反応体（ポリマーの場合），触媒，界面活性剤を加え，化学反応速度を制御することにより作られる．この工程管理は化学技術者や調理師にとっては複雑で厄介だが，フォームのもつ遍在性と経済性が彼らの成功を約束してくれる．

オープンセル型フォームの製造にはさらに微妙な問題がある．この種のフォームはセル壁を壊すことによって作られるからである．したがって，残された Plateau 境界のネットワークが自身を支えるに十分な剛性を有しているうちに発泡を停止させなければならない．このプロセスに関わる科学は，膜の安定性に関わる現象と同様，不明な点が多い．関連情報が少ないため研究は立ち遅れている．

固体フォームの成形は大型スラブを切断するか，発泡させながら型に鋳込む方法で行われる（16.7節参照）．ポリスチレンフォームの成形には，中間的なプロセスを用いる．すなわち，あらかじめ発泡剤を混ぜたポリスチレンを小球状に成形し，少し膨らませてから鋳型に入れ，蒸気加熱により最終的に発泡させて製品形状に仕上げる．

ガラスフォームは以下のように作る．ガラスを削って粉末化し，カーボンブラックを混ぜる．これを還元雰囲気中で焼結し，ガスを放出させるとフォームができる．

独立した気泡は時間的にも空間的にもランダムに生成し，ついで成長するが，互いに接触し始めると成長は止まる．しかし，発泡の途中で試料を冷却する方法によって

も，気泡の成長を停止させることができる．この方法によれば，泡同士の接点の数，したがってそれにきわめて敏感な熱伝導度や電気伝導度などの物性値を制御することが可能となる．

16.3 機械的性質

固体フォームの弾性率はほぼ $\phi_s^{3/2}$ に比例する．固相体積率 ϕ_s の代表値は数%だから，固体フォームの弾性率は緻密体のそれより2桁程度小さい．このことは，非常に小さな力でも，非線形弾性変形により1程度の大きなひずみが生じることを意味する．

この種の非線形弾性挙動は，フォームの構造のみならず材質の影響も受ける．そこで，母材の材質をエラストマー，延性材料，脆性材料に分けて述べる．エラストマーは完全弾性体で，いったん負荷したあと除荷しても図16.2のようにヒステリシスループをまったくあるいはほとんど示さずに初めの形状に戻る．延性材料では，応力がある臨界値を超えると，多かれ少なかれ永久ひずみが残る．他方，脆性材料はある応力値で単純に破壊する．第4のカテゴリーとして，液体と固体の中間にある粘弾性材料を加える場合がある．

外力に対するこの種の局部的応答が組み合わさって，固体フォームの全体的な応力-ひずみ曲線が決まる．

固体フォームは弾性限界内ではわずかしかヒステリシスを示さず，応力を0にすると一般に初めの形状に戻る．原形復帰はフォームをクッション材として使う場合に欠

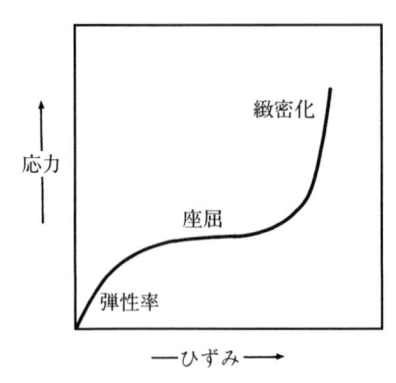

図16.2　エラストマーフォームの応力-ひずみ曲線の模式図．

かせない性質である．延性材料では，高い応力を受けると塑性変形による永久ひずみが残り，原形に戻らない．

このようなフォームは funeous であり，変形履歴によって性質が大きく変わる（1.4節参照）．弾性率はとりわけ履歴に敏感で，変形後のフォームには弾性異方性が生じる．

このことを利用して，Lake は，特定の目的にかなった弾性特性を固体フォームに持たせる方法を着想した．すなわち，フォームに一定の圧縮応力をかけて塑性変形させ，除荷の後に冷却して，改良された構造を保つのである．この際，構造変化が十分に大きければ，負の Poisson 比をもつフォームが得られる．このフォームは，ある方向に引伸ばすとその垂直方向にも伸びる，という異常な性質をもつので，例えば壁に固定する建材の性能向上に役立つ．

脆性材料のフォームではまず局部破壊が起こり，ついで大規模破壊が徐々に進行する．このようなき裂の局在化や伝播に関しても，おもしろい問題がいくつかある．

理解を容易にするために，ここで用いている2次元モデルと類似の真の3次元モデルを考えることができる．オープンセル型フォームの3次元モデルは実体に近いが，クローズドセル型フォームの場合，特に不規則構造体のセルフェースの変形をモデル化するには，非常に多くの変数が必要となる．

16.4 シミュレーションのための 2 次元モデル

第6章で述べた2次元液体フォームのシミュレーション結果は，いずれも2次元固体フォームにも適用できる（図6.1参照）．局部的な機械的性質をどのように定義し，表記すべきかを指定するだけでよい．また，セルエッジがその断面積の大きさに応じた圧力をいっさい受けないと仮定できる場合，3次元オープンセル型フォームを2次元モデルで置き換えることができる．また，各セル内の圧縮性（または非圧縮性）ガスの影響としてその種の圧力が存在する場合，2次元モデルは3次元クローズドセル型フォームに対応する．

以下で用いるのは，曲線状のセルエッジをほぼ等間隔の有限個の不連続点で表す，という方法である（図16.3）．これにより，かなり多くの変数を使ってわかりやすいシミュレーションを展開することができる．セルエッジの変形に起因する弾性エネルギーは各点の位置の関数として近似できる（付録 I 参照）．引張変形と曲げ変形のばね定数 k_s, k_b を指定する必要がある．しかし，k_s は k_b よりずっと大きいため，事実

第16章 固体フォーム

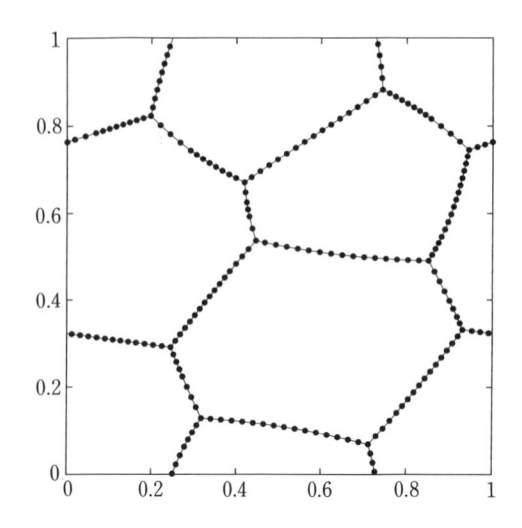

図 16.3 2次元固体フォームの不連続点表示モデル.

上引張変形を無視して，曲げ変形のみ考えればよい．この結果，フォームの弾性率はほとんど例外なく k_b に比例する．Gibson と Ashby の解析では初めから引張変形の効果を暗に無視しているが，我々のシミュレーションではこの効果を簡単に取り入れることができる．

用いたモデルははりの理論に関するものである．固体フォームのエネルギーは，局部的引張のエネルギーと曲げのエネルギーの和として次式で与えられる．

$$E = E_{\text{stretch}} + E_{\text{bend}} \tag{16.1}$$

右辺第1項は次式で表される．

$$E_{\text{stretch}} = \frac{1}{2} k_s \int \left(\frac{dl}{dl_0} - 1 \right)^2 dl \tag{16.2}$$

ここに，l は変形中のはりの一端からの距離，l_0 は変形前の距離である．重要なパラメータ k_s は弾性引張変形に対する抵抗を表す．

同様にして，曲げ変形のエネルギーは次式で与えられる．

$$E_{\text{bend}} = \frac{1}{2} k_b \int (c - c_0)^2 dl \tag{16.3}$$

ここに，c および c_0 は変形中および変形前のはりの曲率，パラメータ k_b は弾性曲げ変形に対する抵抗を表す．セルエッジの交角は 120° で一定である．

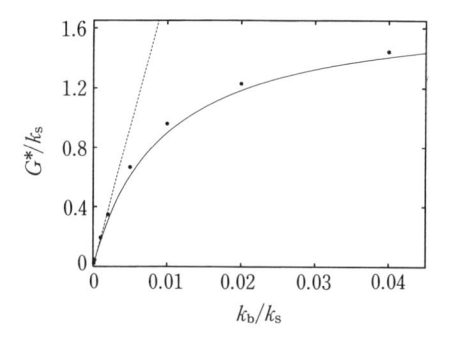

16.4 シミュレーションのための2次元モデル　*211*

図 **16.4**　図 16.3 の 2 次元ハニカムの規格化剛性率 G^*/k_s とバネ定数比 k_b/k_s との関係．黒点は計算値，曲線は解析解．

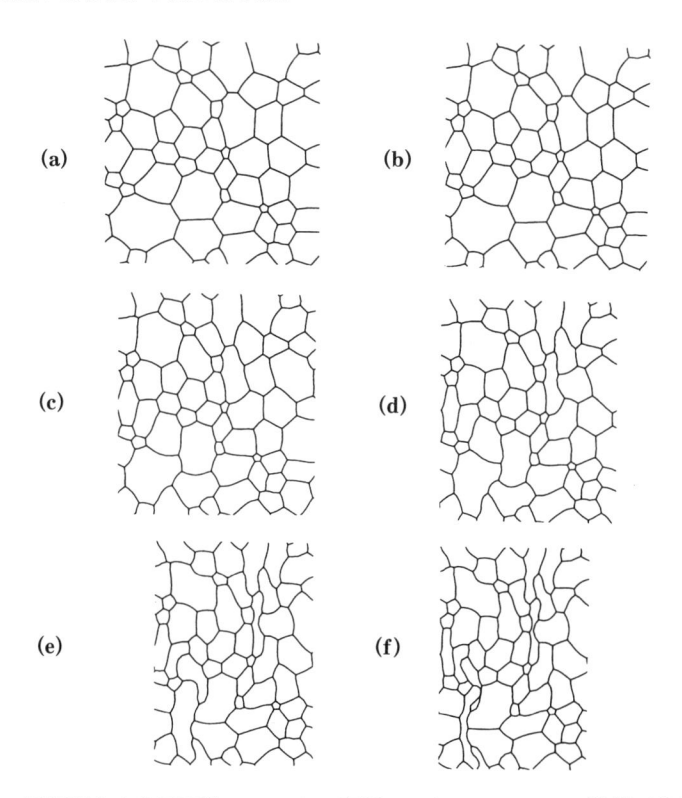

図 **16.5**　不規則な 2 次元固体フォームの変形のシミュレーション結果（負荷方向は水平）．

これら2つのパラメータは次式となる.

$$k_s = Yd \tag{16.4}$$

$$k_b = Y\frac{d^3}{12} \tag{16.5}$$

ここに, Y は長さ l, 幅 d なる2次元はり（セルエッジに相当）のヤング率である. エッジのジャンクション（セルの頂点）部のサイズはないものと見なしている.

多くの目的に関して, 最も重要なパラメータは無次元の比 k_b/k_s である.

計算を容易にするため, 以下の2段階で変数を1つに減らす. まず, 各エッジ（すなわちはり）を15個の不連続な点で表す（図16.3）. これは初等的な方法で, 注意を要するのは頂点部のみである（付録Ⅰ参照）. 次に, 変形体に周期性を付与する.

引張せん断を用いて計算したハニカム構造の剛性率 G^* と k_b/k_s 比の関係を図16.4に示す. 計算値と厳密な解析解との差はごくわずかである.

図16.5は計算機内で不規則2次元固体フォーム（セルの総数50）を変形した結果である. 機械的性質の等方性を近似するためには, セル数はなるべく多い方がよい. 図16.5で我々はすでにいわゆる局部座屈に出会っている. この現象は実験でもコンピュータシミュレーションでも頻繁に現れる. 不規則フォームでは, 初めのうち座屈の影響は周囲の二, 三のセルにしか及ばない. これらのセルは小さな荷重下で崩壊し, 崩壊はついには試料全体に広がる.

局部的な座屈と崩壊の起点は, 例えば平均より細いはりなどの局部欠陥である. このシミュレーションでは, 座屈はより大きな（したがってより曲がりやすい）セルで起こり, ついで付加ひずみと垂直方向に広がるように思われる.

規則構造のハニカムは不規則構造ハニカムとは異なる変形挙動を示す. すなわち, 座屈はすべてのセルで起こり, 結果として破壊も対称的に起こる. 図16.6と図16.7にコンピュータシミュレーション結果と実験結果を併記してある.

ここで紹介した基本的なモデルを改良することにより, 脆性材料の変形挙動や, セル同士が接触して生じる接触力の影響を調べることができる.

16.5 熱伝導度

固体フォームは断熱材料として広く使われているが, その理由は熱伝導度 k が低いことにある. クローズドセル型ポリウレタンフォームのような代表的断熱材の k に影響を及ぼす因子は多数ある. 後述するように, それらの寄与は互いに独立で, 加

16.5 熱伝導度 *213*

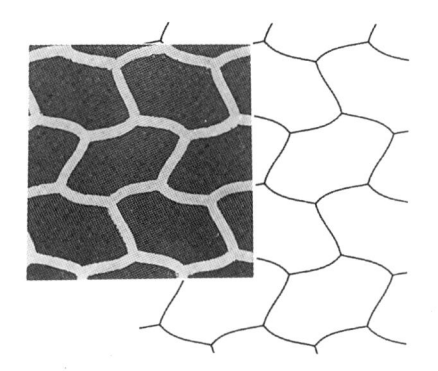

図 16.6 2次元ハニカムの座屈．計算結果を Gibson と Ashby（1997）の実験結果（写真）と比較したもの．

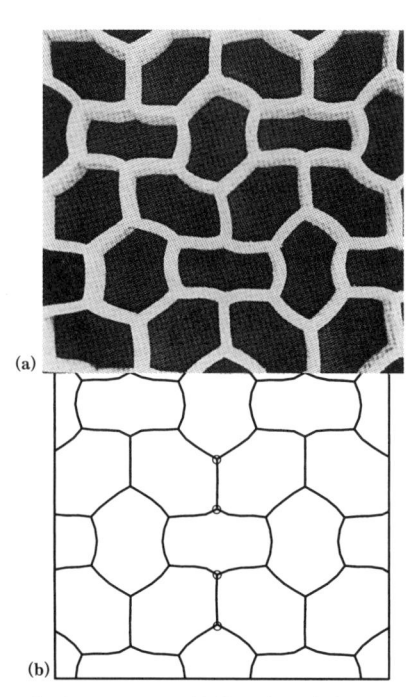

図 16.7 境界上の点を拘束したときの複雑な座屈挙動を Gibson と Ashby（1997）の実験結果（写真）と比べたもの．

算的である．まず，固体フォームでは，熱は Plateau 境界ネットワークおよび（クローズドセルフォームの場合）セルフェースを通って伝わる．この場合の熱伝導は第9章で述べた電気伝導とまったく同じ方法で解析できる．すなわち，熱伝導度と密度の間には電気伝導の場合と同じく，非線形の正相関があり，フェース内の熱伝導の影響を取り込む方法も熱伝導と同様である．

しかし，熱は上記の固体内熱伝導とは別の2つの機構でも輸送される．1つは，各セルの内部でのガスによる熱伝導であるが，これはそれほど大きくはない（固体フォームが優れた断熱材となるのはこの理由による）．他の1つは，フォーム内部での熱輻射である．

実際的な目的のために，これら3つの機構の寄与を見積もる必要がある．

$$k = k_{\text{solid conduction}} + k_{\text{gas conduction}} + k_{\text{radiation}} \tag{16.6}$$

全熱伝導度は，図 16.8 に示すように，固相体積率が数%のときに最小となるように変化する．この場合，ガスの熱伝導が支配的である．

最近，環境問題から，発泡用のガスを変える必要が生じている．以前のガスは熱伝導度の低いフルオロカーボン（CFC）であったが，代替用の N_2 ガスや CO_2 ガスは分子量が小さいため式 (16.6) の右辺第 2 項（ガスの熱伝導）を著しく増加させる．

固体フォームの熱伝導度に対する輻射の寄与率を決めているのは赤外線輻射の吸収長さ l_a である．吸収長さは輻射赤外線の振動数に関して加重平均したもので，温度に依存する．薄片状の固体フォームから放出される赤外線は Stefan の法則に従う．いま考えている系は，間隔 l_a なる 1 組の平行な黒体板で近似することができる．すると，2 枚の板の間のエネルギー流束は次のように表せる．

$$F = l_a \frac{d}{dx}(ST^4) = 4 l_a ST^3 \frac{dT}{dx} \tag{16.7}$$

ここに，S は Stefan 定数（5.67×10^{-8} Wm^{-2} K^{-4}），dT/dx は温度勾配である．

よって $k_{\text{radiation}}$ は次式で表される．

$$k_{\text{radiation}} = 4 l_a ST^3 \tag{16.8}$$

固体フォームをランダム配列したセル壁の集合体と見なし，各セル壁からの輻射が表面に対して任意の方向に起こると考えれば，$k_{\text{radiation}}$ のより厳密な解は次の Rosseland の式で与えられる．

$$k_{\text{radiation}} = \frac{16}{3} l_a ST^3 \tag{16.9}$$

ここに，l_a はセル壁の平均間隔である．

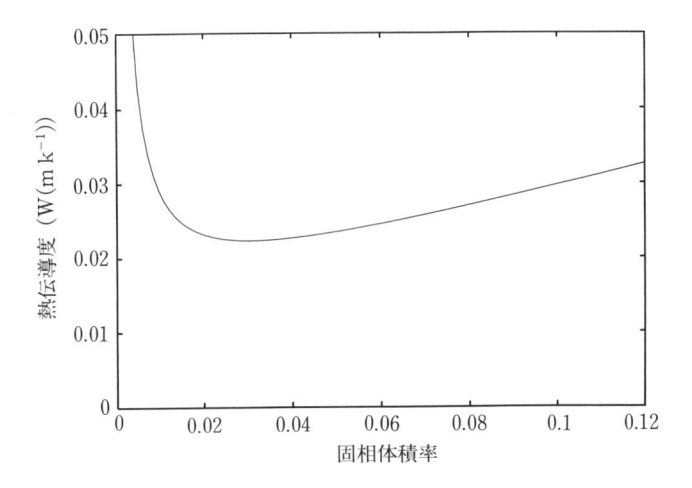

図 16.8 固体フォームの熱伝導度は近似的に輻射,気体伝導,固体伝導の和で与えられる.曲線はクローズドセル型ポリウレタンフォームに関する計算結果.

16.6 不均一な固体フォーム

海綿骨に関連して第 17 章でも述べるように,固体フォームの密度とセルサイズは均一である必要はない.固体フォームの製造過程で,建材などの外見を美しく見せる緻密な外皮が形成されることがある.このように,固体フォームの場合,用途に最もよく合う空間的特性プロファイルを付与し,さらには応力下焼鈍などの方法で形状を付与する余地が大きい.一般に,現行の低技術,低価格な固体フォーム製品にこの種の処理を施すメリットは少ないが,将来的にはより進んだ設計を取り入れるなどして,新たな用途分野を開拓できるだろう.

16.7 金属フォーム

発泡金属は多くの物理学者に驚きをもって迎えられている.図 16.9 にその一例を示す.水素化チタンや水素化ジルコニウムなどの発泡剤と金属粉末との混合粉体をまず固化し,ついで金属の融点域まで加熱すると,発泡剤からガスが発生して金属は膨らみ,クローズドセル型金属フォームができる.通常,予備圧粉体(プリカーサ)を

中空の鋳型に入れ，加熱，発泡させて成形する．図16.10にこのプロセスの模式図を示す．

今のところ，軽量発泡金属の主な応用分野は自動車産業となる可能性が高い．発泡金属は，その特異なレオロジー特性に由来する優れたエネルギー吸収能を有し，衝突時の衝撃をやわらげるからである[*1]．

自動車の構造部分の約20％は金属フォームで代替できる，との推測がなされている．これは車1台あたり60 kgの軽量化をもたらし，結果的に石油の消費量が減る．金属フォームの採用は，高周波域での防音効果の向上や，断熱効果の改善などの相乗効果をもたらすものと期待される．しかも，金属フォームは不燃性であり，100％リサイクルできる．

図16.11は金属フォームを準静的に圧縮変形したときの代表的な応力-ひずみ曲線である．初期の直線部分に続いて，塑性変形に起因する長く平坦なプラトー段階が現れる．さらに圧縮すると，試料は緻密化し始め，応力は急増する．

図16.9　発泡金属．
(Banhart, J. and Baumeister, J. (1998). Deformation characteristics of metal foams. *Journal of Materials Science* **33**, 1431-1440)

[*1] 自動車のあらゆる中空部分にポリマーフォームを流し込み固化させる方法がある．これにより，自動車が水中に落ちても，中空部に水が入らず，フォームの浮力で車は沈まないため，溺死を免れることができる．

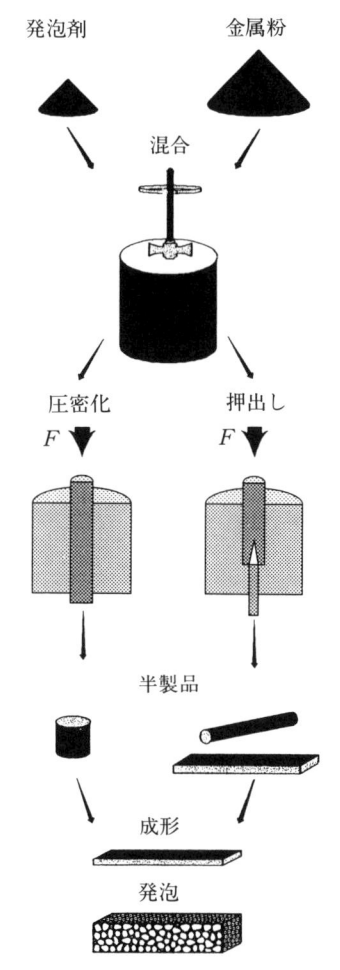

図 16.10 粉末冶金法による金属フォームの製造．最後の発泡工程は制御された条件の下で行われる．
(Banhart, J. and Baumeister, J. (1998). Deformation characteristics of metal foams. *Journal of Materials Science* **33**, 1431-1440)

応力-ひずみ曲線の下部の面積がフォームに蓄えられるエネルギーである．自動車用のフォームとしては，蓄積エネルギーができるだけ大きく，かつ降伏応力ができるだけ低いのが望ましい．このため，ヤング率および降伏応力とフォーム密度との関係

218 第16章 固体フォーム

が重要となる.

変形初期の線形領域においても，精査すると，不可逆的変形が少し起こっていることがわかる．このため，試料に正弦振動を与え，その応答からヤング率を求めた．図

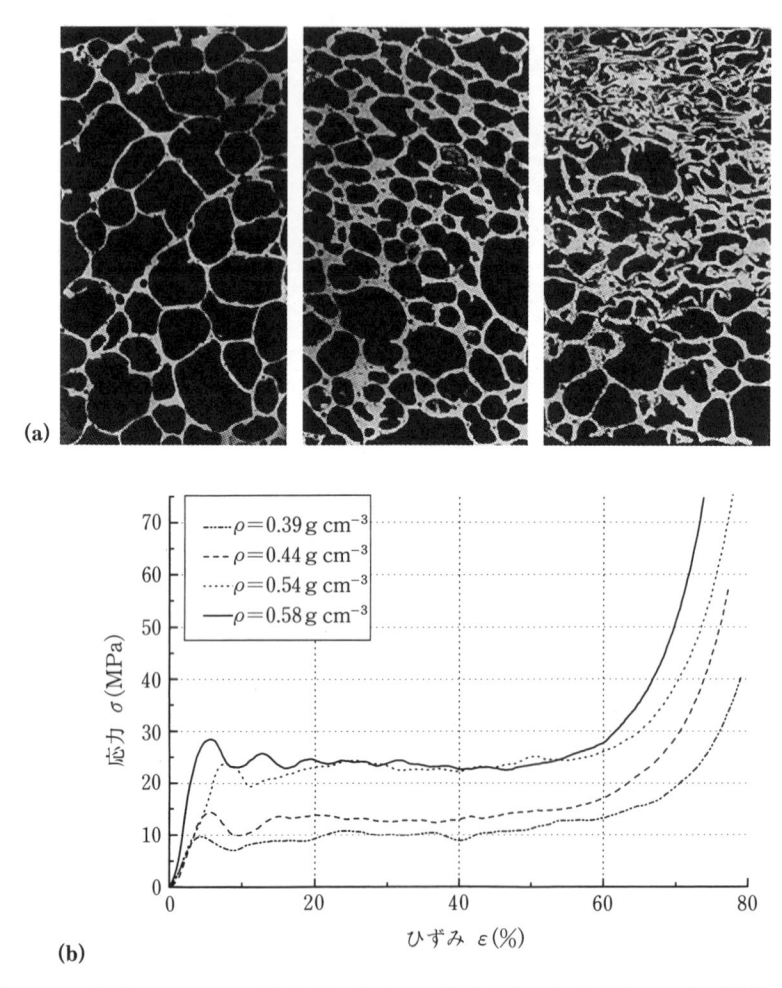

図 16.11 金属フォームの圧縮変形．(a)セル構造変化，(b)応力-ひずみ曲線．((a)Weber, M. (1995). Ph. D. thesis, TU Clausthal and IFAM Bremen. (b) Banhart, J. and Baumeister, J. (1998). Deformation characteristics of metal foams. *Journal of Materials Science* **33**, 1431-1440)

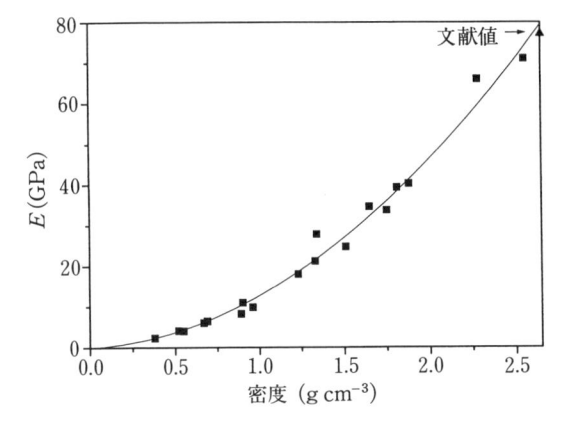

図 16.12 金属フォームのヤング率と密度の関係.
(Weber, M. (1995). Ph. D. thesis, TU Clausthal and IFAM Bremen)

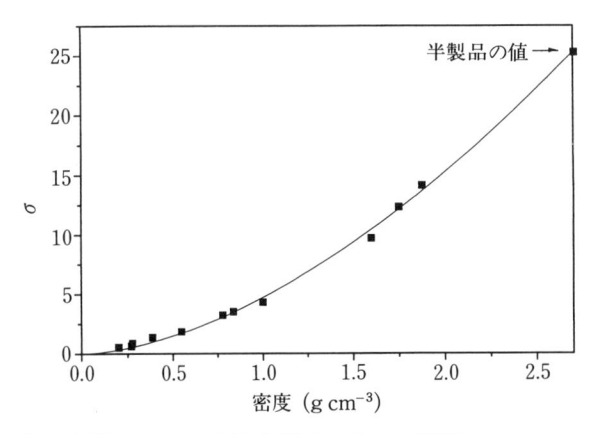

図 16.13 金属フォームの電気伝導度と密度の関係.
(Weber, M. (1995). Ph. D. thesis, TU Clausthal and IFAM Bremen)

16.12 にヤング率と密度の関係を示す.他方,降伏応力は密度の約 1.9 乗に比例する.

金属フォームの電気伝導度と密度の関係は図 16.13 のようになった(第 9 章参照).

金属フォームは物理的発泡法で作ることもできる.溶融金属中に泡を吹き込み,上部にできるフロートをすくい取る,という方法である.この場合,安定なフォームを得るには,金属溶湯中にセラミック粉末を混ぜるか,合金元素を添加するのが有効だ

が，その理由は定かでない．さらに変わった方法として，ガスが飽和した液体金属を共晶相分解させる方法があるが，まだ発展の初期段階である．

上述の進んだ製造技術とは異なり，鉛のように延性に富む金属の発泡化は，原料粉末の配合にさえ注意すれば，教室でも簡単に実演することができる．

今のところ，製造コストの高さが金属フォームの実用化の壁になっているが，主導的な自動車メーカーはこの材料に強い関心を寄せている．

参 考 文 献

Banhart, J. (ed.) (1997). Metallschäume, Konferenzband zum Symposium Metallschäume, 7.-8.3, 1997 in Bremen MIT-Verlag Bremen.
Banhart, J., Ashby, M. F. and Fleck, N. A. (eds.) (1999). *Metal Foams and Porous Metal Structures.* (Int. Conf. Bremen, 14-16 June 1999). MIT-Verlag, Bremen.
Gibson, L. J. and Ashby, M. F. (1997). *Cellular Solids (Structure and Properties)* 2nd edition. Cambridge Universiy Press. （邦訳：大塚正久，セル構造体，内田老鶴圃 (1993)）
Glicksman, L. R. (1994). in *Low Density Cellular Plastics.* ed. by Hilyard, N. C. and Cunningham A., Chapman & Hall, London, pp. 104-152.
Weber, M. (1995). *Herstellung von Metallschäumen und Beschreibung der Werkstoffeigenschaften,* Ph. D. thesis, TU Clausthal, MIT-Verlag Bremen (1997).
Weaire, D. and Fortes, M. A. (1994). Stress and strain in liquid and solod foams. *Advances in Physics* **43**, 685-738.

第17章
いくつかの天然フォーム

「細胞と組織，貝殻と骨，葉と花．これらは物質の主要な要素である．それらの構成粒子の移動，形作り，位置決めなどをつかさどっているのは物理法則である．（中略）細胞と組織における形の問題は数学の問題であり，それらの成長の問題は基本的に物理の問題である．モルフォロジスト（形態学者）とは実のところ物理学の学徒である」
――D'Arcy Wentworth Thompson

人工フォームとは別に，天然フォームもある．生物は一般にセル構造をもつ．りんごをパリッと気持ちよく噛めるのも，そのセル構造に由来する．セル構造に異方性があるため，噛む方向によってりんごの食感は異なる．

生物はその進化の過程で実に多様なセル構造を産み出してきた．そこでは単純な石けん泡を支配する原理がそのまま適用できるかどうか疑わしい場合が多い．英文科学書の最高峰と評されている『生物のかたち』において，著者 D'Arcy Wentworth Thompson は，生体に関わる物理的，数学的原理を大きく発展させるとともに，表面積最小化という結果に対して喚起力に富む刺激的な考え方を提起している．その意味で，この本はフォーム研究者の必読書といえよう．

17.1 海 の 嵐

最も身近な天然フォームは海で見ることができる．強風下でのフォームの生成は，本書で扱ってきた条件とはまったく異なる極限状態で起こる．通常，泡は生まれてもすぐに消えるが，不純物がたまるとこれが界面活性剤としてはたらくため，見た目には汚いが安定な泡が生成し，内陸の奥深くまで飛ぶことができる．これはまた，化学工場で実際に使われている浮遊選別法のよい見本でもある．

全海面に占めるフォームの面積率は写真で測ることができる．それによれば，面積

率と海抜 10 m における風速との間にべき乗則が成り立つ．

フォームの表面下には一連の泡の層が何枚もできる．それとは別に，泡の集合体が海面下 20 m の深さまで認められる．これは，荒波に伴う乱流がもたらすものと思われる．泡集合体の寿命が 60〜300 秒なのに対し，典型的な海面のフォームの寿命は 10〜60 秒と短い．

荒海でのフォームの生成について，初等的だが大胆な理論的解析を試みたのは Newell のグループである．風がもたらすエネルギーと運動量によって，海面には種々の機構で波ができる．勾配が緩やかで波長の長い波は重力に由来し，波長の短い波は表面張力に由来する．単位面積当たりのエネルギー密度が臨界値 $P_0=[(\gamma/\rho)g]^{3/4}$ を超えなければ，エネルギーは海面のさざ波化によって吸収される．この時点では海面はまだ平坦である．他方，P_0 以上のエネルギー密度を吸収するには，より大きな表面積が必要である．これを可能にするのは海面の崩壊で，ぶつかり合う海面の直上に無数のしぶきが上がり，空気-水系のフォームができる．

このモデルでは，熱力学的解析によってフォームの厚さと平均の泡サイズを推定できる．すなわち水滴 1 個のポテンシャルエネルギーを表面エネルギーと等しいとすれば平均泡サイズが求まり，フォームの全表面エネルギーをその生成に要したエネルギーと等しいとすればフォームの厚さが求まる．

17.2 生物のセル

Thompson の主題の 1 つは，動植物と石けんフォームのセル構造の類似性であった．このことを追求するあまり，彼の弟子の中には，例えば Euler 定理（式(3.13)）の研究というあまり意味のない研究に打ち込むものも現れた．実際，彼らが行った 2 次元セル構造体の観察はほとんど何ももたらさなかった．最近では，セルの成長，分割，分類に関する統計的なシミュレーションが物理学者らによって継続的に行われている．

Thompson の主題のもう 1 つは，木材のような 3 次元セル構造体の機械的性質である．機械的性質を最適化するために，自然は木にどのようなセル構造を与えたのだろうか．

17.3 コ ル ク

実用上重要な天然の固体フォームはコルクガシの樹皮から得られる．これは異方性がきわめて強い．水平な切断面で見ると，本書でしばしば示した2次元フォーム構造とよく似た等方的セル構造であるが，垂直な面で見ると，セルは非常に細長い形をしている（図17.1参照）．この種のセルは，しばしば「プリズム状セル」と呼ばれる．

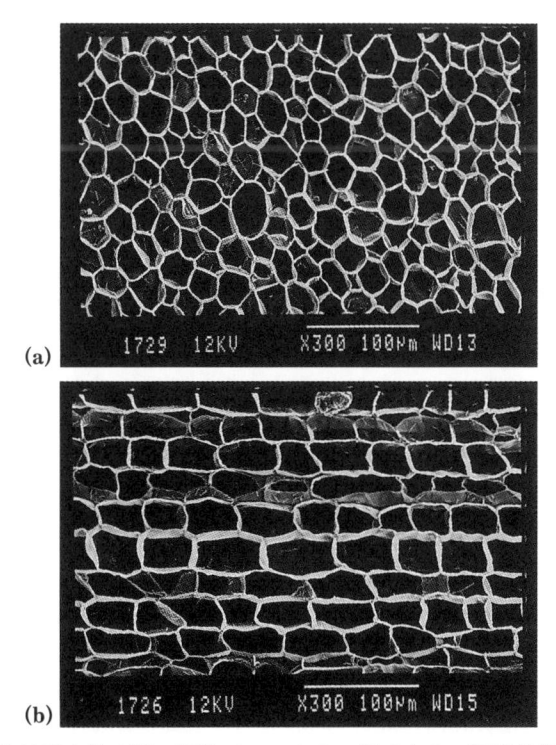

図17.1 コルクは異方性の強い固体フォームの一例である．写真は異なる2つの方向から見たセル構造（Fortes, M. A. と Rosa, M. E. による）．

ワインボトルによく使われるコルク栓は，円柱軸とセルの長手方向が一致するように切り出したものである．コルク栓の利点は，特異な非線形力学特性にある．すなわち，コルク挿入時にセル壁が座屈するので，半径方向に約30%も縮むことができる．

コルクのポアソン比は0に近いので,軸方向に伸ばしても縮めても太さが変わらない.これは大きな利点である.ただし,シャンペンコルクには,高い内圧にも耐えなければならないという別の理由から,粒状のコルクを接着剤で一体化し,異方性をなくしたものを使う.

このような機械的性質のみならず,不浸透性と化学的安定性にも優れるので,この安価な材料は栓にはうってつけである.

17.4 アワフキムシ

初夏のころ,液体フォームを派手に使う昆虫が身近にいる.この虫はcuckoo spitという泡を出して体を覆い,太陽光やおそらく外敵からも身を守る.泡の原料は肛門から滲み出る流体である.

17.5 海綿骨

スイスの解剖学者Meyerは1867年,ヒト大腿骨基部の海綿構造の図を発表した[*1].この大腿骨のセル構造を見たスイスの建築家Culmanはすぐに自身の作品に思い当たった.というのは,以前にCulmanはホッケー競技用のスティックによく似た曲がった棒の主応力方向を計算し,主応力の方向が大腿骨の支柱の方向と一致することを見出していたからである.しかし,この発見の後に公式化された法則にはドイツの医師Wolffの名が冠せられた.Culmanが自分の発見を公表しなかったためである.次をWolffの法則という.

「骨のセル壁は主応力の方向に配列する」

脊椎動物の骨の約20%はセル構造を有する.この種の骨は周囲を緻密骨で覆われており,海綿骨と呼ばれる(図17.2).その支柱部分の骨を小柱という.

海綿骨は脊柱の脊椎骨部分や,関節近くで太くなる手足の骨で見出される.このセル構造は,骨の主要な力学的機能を維持したまま,骨重量を減らすことができる.海綿骨の実験的な応力-ひずみ曲線は他のセル構造体のそれとよく似た特徴を示す.すなわち,まず線形弾性領域,ついで脆性崩壊に由来する平坦なプラトー領域,最後に

[*1] Meyer, G. H. (1867). Die Architektur der Spongosia. *Archisfur Anatomie, Physiologie und wissenschaftliche Medizin, Reichern und DuBois Archiv* **34**, 615-628.

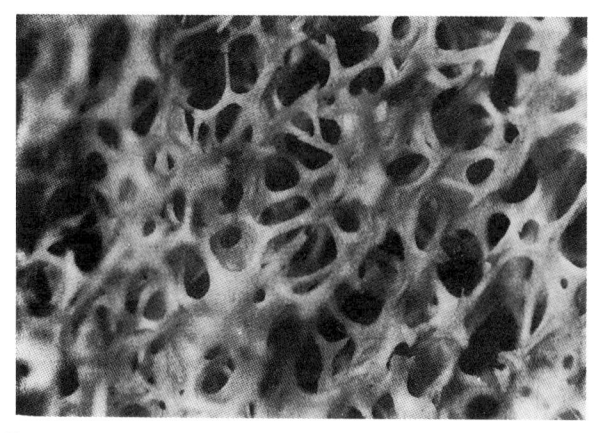

17.5 海綿骨

図 17.2 海綿骨.
(Schffler, M. B., Reimann, D. A., Parfitt, A. M. and Fyhrie, D. P. (1997). Which stereological methods offer the greatest help in quantifying trabecular structure from biological and mechanical perspectives? *Forma* 12, 197-207)

緻密化領域が現れる（第 16 章参照）．

海綿骨の剛性および強度を決めているのは，骨組織の質，骨密度，小柱の傾き角である．Gibson と Ashby によれば，骨のヤング率 E^* は次のように表せる．

$$\frac{E^*}{E_s} = c_1 \left(\frac{\rho^*}{\rho_s}\right)^a \tag{17.1}$$

ここに，E_s, ρ_s はそれぞれ小柱のヤング率と密度，ρ^* は海綿骨の密度，a と c_1 は定数である．この関係は多くのセル構造体で成り立つ．海綿骨の場合，指数 a の値は 1〜3 の範囲にあり，セルの形状・方位と機械的性質との関係によって決まる．

海綿骨の構造上の特徴は何だろうか．一般にその構造は 2 つに大別できる．負荷の小さい部位に見られる低密度のオープンセルフォームと，負荷の大きな部位に見られる高密度で板状のクローズドセルフォームがそれである．また，小柱は，恒常的に高い荷重が作用する部位では応力軸方向に配列することも知られている（ただし，これには例外もある）．いずれにせよ，セル構造の異方性が海綿骨の重要な特徴であるが，詳しい解析はまだなされていない．

Wolff の法則をより正確に表現すれば次のようになる．「小柱は，骨を（海綿骨のような多孔体ではなく）緻密な連続体と仮定したときに予想される主応力の方向に配

列する」*² この方向を連続体主応力方向と呼ぶことができよう．

　骨においては，成長のみならず経時変化もたいへん重要である．骨の全質量は20歳から80歳まで加齢する間に半減する．同時にセル壁も薄くなり，ついには完全になくなる．

　骨粗鬆症という病気にかかると，骨密度が減少し，骨折しやすくなる．このような骨折のメカニズムがわかれば，新しい予防法や治療法が考案されるであろう．さらに，骨構造の理解が深まれば，傷んだ関節と置換すべき人工腰骨の設計も進むだろう．

参考文献

S. C. Cowin (ed.) (1997). Quantiative stereology and mechanics of cancellous bone. *Forma* **12**, 183-324 (Special issue).

D'Arcy Wentworth Thompson (1942). *On Growth and Form*. 2nd edition. Cambridge University Press.（初版（1917）の抄訳：柳田友道ほか共訳，生物のかたち，東京大学出版会（1973））

Dormer, K. J. (1980). *Fundamental Tissue Geometry for Biologists*. Cambridge University Press.

Fortes, M. A. (1993). Cork and corks. *European Review* **1**, 189-195.

Gibson, L. J. and Ashby, M. F. (1997). *Cellular Solids (Stucture and Properties) second edition*. Cambridge University Press.（邦訳：大塚正久，セル構造体，内田老鶴圃（1993））

Newell, A. C. and Zakharov, V. E. (1992). Rough sea foam. *Physical Review Letters* **69**, 1149-1151.

---

*² Martin, R. B. (1997). Quantitative stereology and mechanics of cancellous bone: summary and synthesis. *Forma* **12**, 313-323.

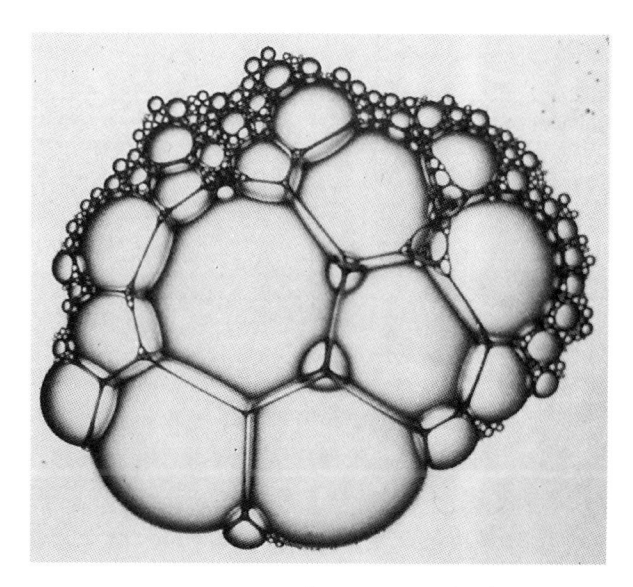

Channel Hopping (Boran, M. による).

第18章
おわりに

「僕は見た．振り向いた君の口に無数の泡がついているのを」
――**Bob Dylan**

前章までにフォームの物理が幾何学，位相幾何学，統計学のほか，とかく見過ごしがちな物理化学に固有の問題とも密接に関わることを学んだ．

著者らが採用した理想化モデルに基づく解析は，平衡状態のドライフォームなどいくつかの問題については成功を収めた．しかし，この主題全体をスポーツグランドに見立てれば，未だほんの一隅を理解したに過ぎない（図18.1参照）．ウェットフォームの取り扱い，急速せん断または構造変化の条件に関わる難しさが，理論・実験の両面でつきまとう．容易な前進はほとんど考えられない．

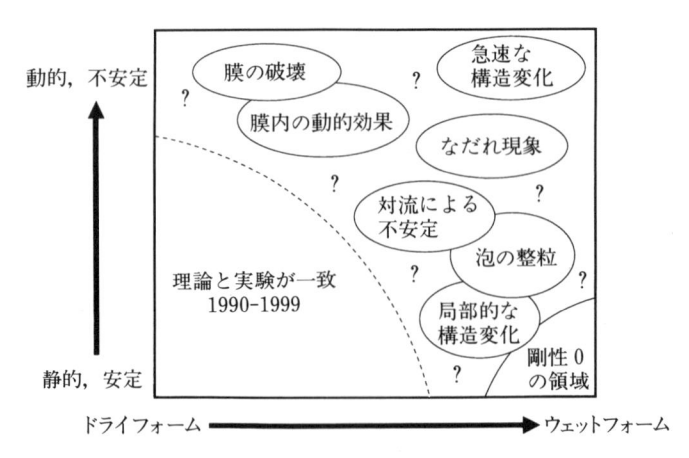

図18.1 今日の理論が適用できるのは図の左下の範囲に限られる．

このような状況下において，しばしば解決への道を拓いてくれるのが経験的アプローチである．それゆえ，ウェットフォームや動的性質に関するより多くの（そしてよ

り優れた）実験の必要性を強調して筆を擱くこととする．第1章で読者に勧めたビールグラスがもし空っぽになっていたら，今度は海岸を散歩し，より劇的で変化に富む光景をたたえることにしよう．

付録 A

単一の石けん膜および石けん泡の形状—物理と数学

A.1 表面張力

均質な液体を仮定すると，簡単な分子間相互作用モデルにより，分子1個あたりのエネルギーは表面よりも内部で低いことがわかる．新たな表面 δA を作るのに必要な仕事 δU は，内部から表面へ移される分子の数，したがって表面積の増分に比例する．

$$\delta U = \gamma \delta A. \tag{A.1}$$

比例定数 γ は表面張力であり，張力と同じ次元（N/m）である．

表面張力の概念は以下のような思考実験により視覚化できる．辺の長さ l なる表面を距離 δx だけ引き伸ばすと（図 2.1），表面積は $\delta A = l\delta x$ だけ増える．よって，なすべき仕事量は $\delta U = \gamma l \delta x$ である．一方，この仕事は全周囲に作用する力 F がなした仕事 $\delta U = F \delta x$ に等しいと見なすことができる．すなわち，$\gamma l \delta x = F \delta x$．

これより，

$$\gamma = \frac{F}{l} \tag{A.2}$$

よって，γ は張力（単位長さあたりの力）と等価である．

A.2 Laplace-Young の法則

1個の石けん泡が収縮して消えない（表面積が 0 にならない）のはなぜだろうか．それは膜の両面に働く表面張力と泡の内外の圧力差 Δp が釣り合うためである．

泡の半径が R から $R - \delta R$ に減少する際の表面エネルギーの減少は

$$\delta U = 2\gamma 8\pi R \delta R \tag{A.3}$$

となる．また Δp に抗してなされる仕事は

$$\delta U = \Delta p 4\pi R^2 \delta R \tag{A.4}$$

となる．平衡状態では式(A.3)と式(A.4)は等しくなるため，

$$\Delta p = 4\frac{\gamma}{R} \qquad (A.5)$$

これが単一の石けん泡に関する Laplace-Young の法則である．

A.3 曲　　面

図 2.1 は局部的な曲率の概念図である．

一般的な表面は，任意の点で，方向に依存する曲率をもつ．表面の法線を含むある平面とその表面との交線は曲線になるが，その局部的な曲率半径は平面の方位に依存する．互いに直交する 2 つの平面を，局部的曲率半径 R_1 と R_2 がそれぞれ最大，最小となるように決めることができる．曲率半径の逆数 R_1^{-1} と R_2^{-1} は主曲率を表し，両者の平均値が当該の点での平均曲率を表す．

すると単一の表面に関する Laplace の法則は次のように表せる．

$$\Delta p = \gamma \left(\frac{1}{R_1} + \frac{1}{R_2}\right), \qquad (A.6)$$

A.4　金属フレーム内の石けん膜

Laplace 則を理解するには，金属ワイヤのフレームを石けん水に浸す実験を行えばよい．石けん水からフレームを取り出すと，フレーム内に石けん膜ができ，何個かの膜が交わる場所で Plateau 則が成り立つ（図 3.15(b)，図 11.10，図 15.9 参照）．

この場合 $\Delta p=0$ だから，Laplace 則から，表面上のすべての点で曲率の和 ($R_1^{-1}+R_2^{-1}$) も 0 でなくてはならない．よってフレーム内にできる膜は，泡を巻き込んでいない限り，平均曲率 0 なる表面である．

この種の膜面は変分法の結果を示しているので，数学的にも興味ある研究課題となる．

A.5　表面積の最小値

上記のような金属ワイヤのフレームにできる膜の 1 つ（記号 J）を考える．膜 J は，一部がワイヤ，残りの一部が他の膜との交線から構成される閉曲線で囲まれてい

る．この表面は，数学的にはデカルト座標系の関数 $z(x,y)$ によって表すことができる．ただし，境界曲線の $z=0$ 面への投影が単純な閉曲線となるように座標系を選ぶ．

膜 J の表面積 A は次式で表せる．

$$A = \iint \left[1 + \left(\frac{\partial z}{\partial x}\right)^2 + \left(\frac{\partial z}{\partial y}\right)^2 \right]^{1/2} dx dy \tag{A.7}$$

ここで積分は閉曲線内部で行う．

「与えられた境界に対し，表面積 A が最小となるような表面形状 J は何か」という興味ある問題がある．この問題（いわゆる Plateau 問題）の解は変分法によって得られ，Euler-Lagrange 方程式の形をもつ．それによると，J が所望の最小面積表面となるためには，関数 $z(x,y)$ がある偏微分方程式を満たす必要がある．

このような表面積が最小となる表面の平均曲率は 0 である．よって，ワイヤフレームに閉じ込められた表面は，最小の表面積を有する表面の典型である．

Kelvin は式(A.7)右辺の微分係数は 2 つとも 1 に比べて小さいと仮定し，次のように近似した．

$$A \simeq \iint \left[1 + \frac{1}{2}\left(\frac{\partial z}{\partial x}\right)^2 + \frac{1}{2}\left(\frac{\partial z}{\partial y}\right)^2 \right] dx dy. \tag{A.8}$$

これに対応する微分方程式は次式で与えられる（13.4 節参照）．

$$\nabla^2 z = 0. \tag{A.9}$$

付録 **B**

Lamarleの定理

　石けん膜のドライフォーム極限における平衡に関するPlateauの諸規則を数学的に実証したのは，彼の同時代人Ernest Lamarleである．まずLamarleは，Plateauの諸規則はいずれも「石けん膜の全表面積は最小である」という条件から発していると主張し，続いて諸規則の導出に取りかかった．すでに見たように，規則の多くは自明だが，1つだけ重要なものがある．Lamarleの定理とでも呼ぶべきその規則は，以下のように表せる．

定理 B.1　6枚以上の石けん膜が1点で出会うことはない．

　後述のように，この定理の証明に際して，物理学者は受け入れるだろうが数学者は疑問を呈するであろう「平滑の仮定」を用いる．Lamarleの1世紀後に，Taylorは，仮想表面に関わる種々の数学的複雑さをも取り込んで，より厳密な証明を行った．

　Lamarleの解析は80ページに及び，Taylorのそれはさらに長い．その理由は，考え得るすべての場合について証明を行っているからである．より簡潔で一般的な証明も可能と思われるが，未だなされていない．

　まず，多数の膜が出会う点を球の中心とする．球の大きさが0に近づく極限では，石けん膜を平面と見なすことができる．膜と球との交線は中心を共有する円弧である．Plateauのもう1つの規則（2.3節では自明と見なしたもの）により，円弧が球面上で交わるのは，交角120°の3重点においてのみである．よって，可能な構造は図B.1の10例に限られる．この制約はEulerの定理からは導けない．この規則の妥当性を示すには，それぞれについてワイヤフレームを作ってみればよい．

　構造(a)と(b)はここでは関係がない．構造(c)はPlateauの規則と合致する．あとは構造(d)〜(j)が不安定なこと，すなわち表面積を減らすように変形できることを示せばよい．構造(d)を例にとって考える．これは立方対称構造で，膜のぬれ性を考える場合，特におもしろい（3.10節参照）．

付録 B　Lamarle の定理　　*235*

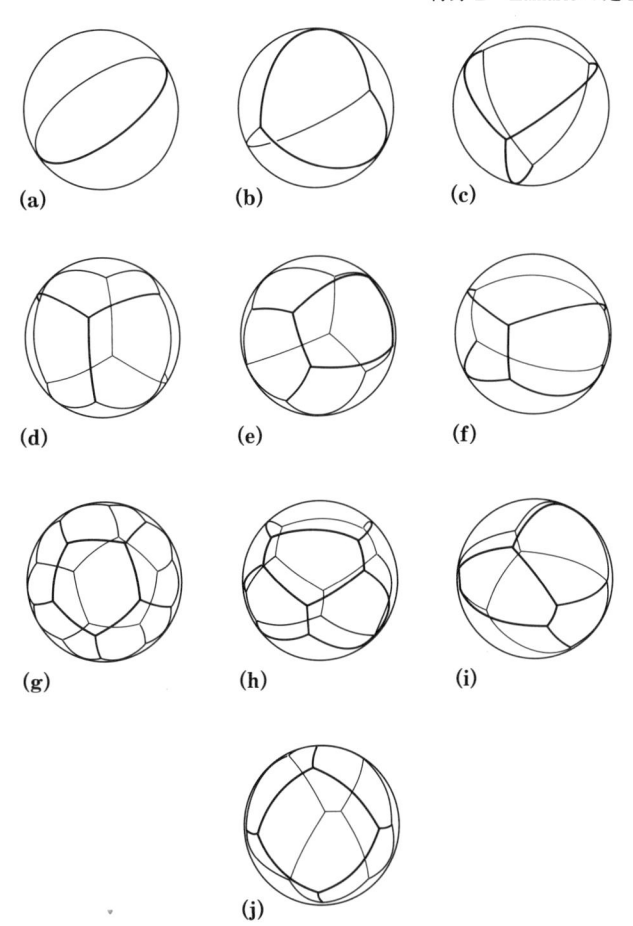

図 B.1　交角がすべて 120° となるような大円の円弧を球面上に描く方法は 10 通りある．このうちドライフォームで平衡構造をとり得るのは 8 つあるが，安定な構造は単純な(c)のみである．
(Almegren, F. J. and Taylor, J. E. (1976). The geometry of soap films and soap bubbles. *Scientific American* **235**, 82-93)

立方体のワイヤフレームによる実験から，8 重頂点は不安定で，自発的に図 3.15 のような構造に変化する．余分な 4 辺形の表面が 1 つ現れ，8 重頂点は 4 個の 4 重頂点に分解する．我々が知りたいのはエネルギー（すなわち表面積）と構造（すなわち

不安定性によって生じる正方形膜の辺長 D）との関係である．表面張力のなす仕事を考えればすぐわかるように，エネルギーは D の 2 次関数となる．Phelan は膜を平面と仮定してこの関係を求めた．

エネルギーと D の関係式の信頼性は，D の平衡値を見積もることで評価できる．1 辺 l の立方体でエネルギーが最小になるのは $D=0.073\,l$ のときである．他方，実験結果は $D\simeq 0.16\,l$ である．この差は膜を平面で近似したためである．

エネルギー式の 2 次の項は負で，l にかかわりなく次の大きさをもつ．

$$\left.\frac{\partial^2 E}{\partial D^2}\right|_{D=0}=-0.12 \tag{B.1}$$

この結果は上述の不安定性とも対応する．なお，表面張力を 2γ，および $\gamma=1$ とした．

付録 C
バブルクラスター

　Kelvin 卿はかって，単一泡の研究は一生かかるだろう，と述べたが，Plateau 則の研究者が前進するためには，互いに接触した2個以上の泡が必要である．

　本書では，泡の集合体の性質に主眼を置いているので，理解を深めるために統計的解析が必要となることがある．以下では，より完全な数学的取り扱いができる泡の小さなクラスターを考える．

　泡を使って解くことのできる問題が（証明なしの解答とともに）すでにギリシア神話に現れている．今日では等周問題と呼ばれ，2次元（または3次元）では以下のように表せる．「長さ（面積）が一定の曲線（表面）で囲まれた部分の面積（体積）を最大にせよ」．自明とも思われるこの問題の解，すなわち「2次元では円，3次元では球」がドイツの数学者 Weierstrass と Schwarz によって数学的に証明されたのは，やっと19世紀の後半である．

　付録 A で指摘したように，石けん泡は表面積が最小となる形状をしており，等周問題の解なのである．よって，泡の幾何学を研究すると，次に述べる最小表面積問題を解く際，大変役に立つ．体積 V_1 および V_2 なる2つの泡がある．V_1 および V_2 を取り囲み，全表面積が最小となるような表面はどんな形状か．この要件を満たす表面は，互いに結合した2つの泡であると推測された．これを2重泡推測という．

　$V_1 = V_2$ の場合，この推測は（Morgan の仕事にも触発されて）最近，数値解析により証明されたが，同時に実験数学の威力を明示することとなった[1]．しかしながら，$V_1 \neq V_2$ の場合については，まだ解かれていない．

　数個の泡のクラスターは非常に教育的で，現代数学理論に更なる挑戦を求めている．比較的小さなクラスターは球面状の膜で囲まれるが，クラスターサイズが大きいと膜は球面でなくなる．

---

[1] Hass, J., Hutchings, M. and Schlafly, R. (1995). The double bubble conjecture. *Electronic Research Announcements of the American Mathematical Society* **1**, 98-102.

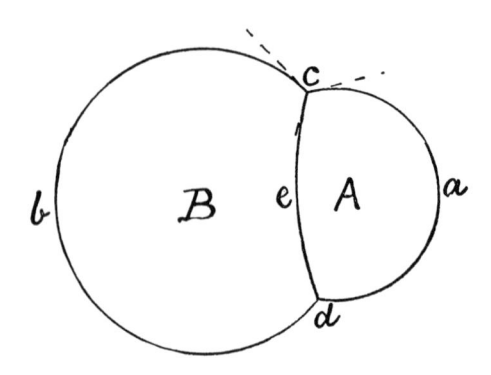

図 C.1 Boys が描いたダブルバブル（Dover Pub. による）．

　この理由を理解するのに，次の議論が有効である．まず，4 個の泡が 4 面体状に配列したクラスターを考える．

　このクラスターには 4 個の泡と，10 個の面（膜）と，10 個の線（Plateau 境界）が含まれる．平衡問題の解を球面を用いて求めようとすると，表面あたり 4 個の自由度（すなわち，中心の座標と半径），したがって全部で 40 個の自由度がある．泡の体積を一定とすると，4 つのガス圧も可変パラメータとなる．これよりクラスター全体としての並進および回転の自由度 6 を差し引けば 34 の自由度が残る．その内訳は，線を規定する 20 個，体積条件の 4 個，表面における Laplace 条件を満たすための 10 個である．これより，球面という制約の枠内で，解が見つかるかもしれない．

　小さなクラスターについては，これによって球面解が存在することが証明されたわけではない．反転（付録 D）を利用すればより直接的な証明が可能である．同一寸法の 4 個の泡からこの種の対称的クラスターが形成されることは，作図法で簡単に理解できる．このクラスターは反転操作により球面を保ったまま一般の 4 泡クラスターに変換される．

　泡の表面を球面に保ったまま，1 つのクラスターに最大何個の泡を収容できるだろうか．泡のサイズが自由なら，何個でも収容可能である．理由は，新しい 1 個の泡を既存の 3 個だけと接するように付着させることができるからである．新しい泡は，次に形成される 4 面体クラスターのうちの 3 個になるだろう．泡のサイズが等しいとこの過程は無限には続かず，クラスターの大きさは最大でも泡 7 個分である

付録 D
修飾定理

　反転の性質を利用して，2次元石けんフォームにおける修飾定理をエレガントにかつ一般的に証明することができる（2.3節参照）．反転はまた，より限定された3次元問題にも利用できる．

　修飾定理とはおよそ次の通りである．「2次元ドライフォームに Plateau 境界を重ねて修飾するとウェットフォームの平衡構造が得られる」．この方法により辺数3の境界のみを導入できる．いいかえれば，辺数4以上の Plateau 境界が存在しないか，存在を無視できるとき，ウェットフォームを修飾されたドライフォームと見なすことができる．図 D.1 に修飾の一例を示す．

　換言すれば，「辺数3の Plateau 境界で出会う曲がった辺は，円弧として境界につながっている場合は，1点で交わる」．このことを示すのに反転操作を利用できる．

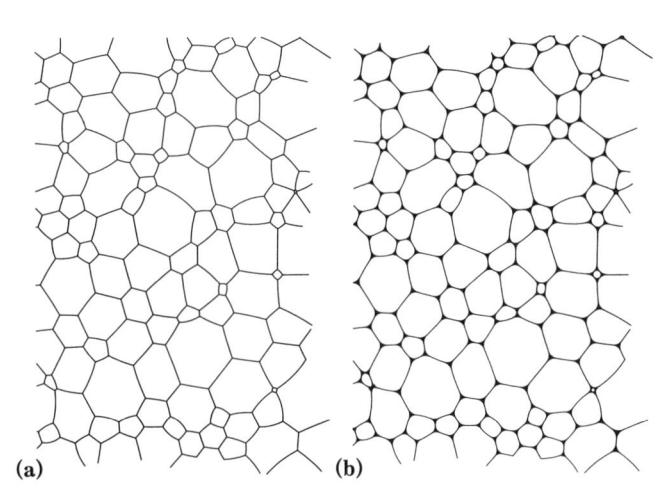

図 D.1 ドライフォームに Plateau 境界を「修飾」することにより2次元ウェットフォームを作ることができる．

(円または球に関する) 反転操作は 2 次元または 3 次元のセル構造を他の構造に変換するために用いられる．もしはじめの構造が 2 次元石けんフォームの平衡構造ならば，変換後の構造も，後述するように，同一である．3 次元で同じことが成り立つのは，セル表面がすべて球面であるようなきわめて特殊な場合に限られる．

平衡の条件は，Laplace の法則と各頂点における表面張力の釣り合いである．Laplace 則によって 2 次元のすべての境界は円弧に限定される．各頂点で出会う辺の表面張力 γ と曲率 $1/r$ との間に次の関係が成り立たねばならない．

$$\sum \frac{\gamma_i}{r_i} = 0. \tag{D.1}$$

もしこの条件が満たされないと，Laplace 則に見合う圧力差は存在し得ない．表面張力の釣り合い条件は次式で与えられる．

$$\sum \gamma_i \tau_i = 0, \tag{D.2}$$

ここに，τ_i は頂点で出会う辺 i の単位接線ベクトルである．

2 次元フォームの場合，反転操作は次の特徴をもつ．
1. 2 つの曲線の交角は一定である（等角性）．
2. 円弧は円弧に変換される（直線は曲率半径 ∞ の円弧である）．

反転後も平衡が保たれることを確かめたので，次に修飾定理に移ろう．図 D.2 は対称な Plateau 境界に反転操作を施すと，非対称な Plateau 境界ができることを示す．これと逆の操作は可能だろうか．可能であることを示すために，まず反転を並進・回転・鏡映と組み合わせる．この組み合わせ操作は複雑な解析における等角変換である．すなわちこの操作によって，3 つの点を指定された 3 点に変換することがで

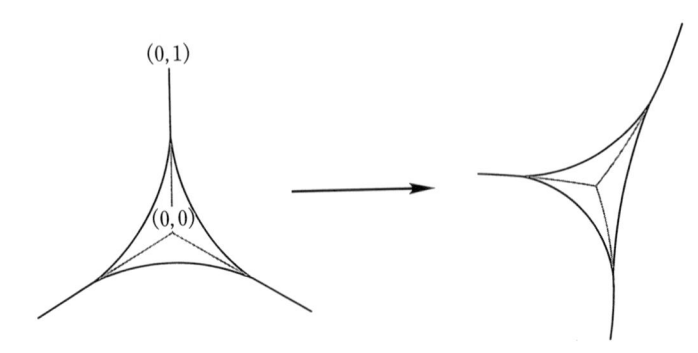

図 D.2 点 $(0,1)$ を中心とする円について反転を施すと，対称な Plateau 境界が非対称となる．

きる．したがって，Plateau 境界の隅の 3 点を，正 3 角形の 3 つの頂点に変換できる．そのためには，Plateau 境界を構成する 3 つの円弧が同じものでなければならないが，これは幾何学的に簡単に証明できる．すると，平衡の条件から，変換後の構造は変換前の Plateau 境界の完全対称性をもつことになる．このように，反転の性質を援用することで，修飾定理を対称な場合から非対称な場合に一般化することができる．

修飾定理は 3 重 Plateau 境界の 1 つ 1 つに適用できることに注意したい．この場合，各境界の内圧は等しくなくてよい．

円を球に置き換え，接線を接面に置き換えれば，3 次元の反転は 2 次元の反転とまったく同じ性質をもつ．このため，反転操作によって，ある平衡構造を別の平衡構造に変換できるが，厳しい制約条件が 1 つある．それは，変換前後の構造がいずれも球面から成る，というものである．

これより，修飾定理が 3 次元に拡張できない理由が直ちにわかる．3 次元の Plateau 境界は一般に球面でないからである．曲率の総和が一定，という関係は表面が球面でない限り，反転の後には成り立たない．

とはいえ，反転は，3 次元の小さなバブルクラスターの平衡を論じる場合，明らかに有用である（付録 C）．この種のクラスターはある大きさまでは完全に球面のみで構成される．

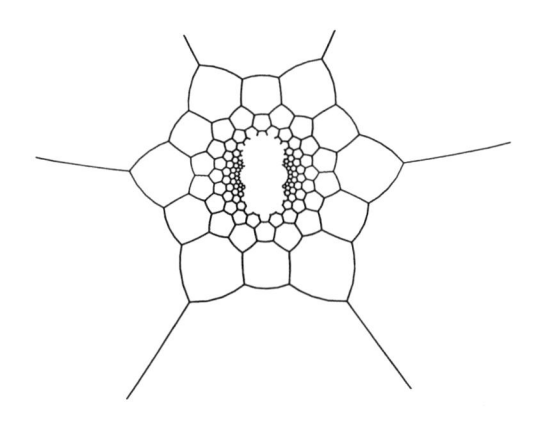

図 D.3 見なれたハニカム構造は反転によってこのように非対称な構造に変わる．ハニカムが無限の大きさをもつとき，図の原点は特異点となる．

付録 E
電気伝導に関する Lemlich 式

　Lemlich 式は種々の方法で求められる．以下の議論は Lemlich 式がいかに厳密解に近いかを示しており，Lemlich 式の有用性を保証している．

　この式は普通の等方的なフォームに当てはまるが，非等方的フォームにも容易に一般化できる．等方的フォームの場合，電流密度 j と電場 E の関係は次式で与えられる．

$$j = \sigma_f E, \tag{E.1}$$

ここに，σ_f はフォームの電気伝導度である．液体の電気伝導度 σ_l を用いて上式を書き直せば，

$$j = \sigma \sigma_l E \tag{E.2}$$

ここに，$\sigma = \sigma_f/\sigma_l$ はフォームの相対電気伝導度である．

　ドライフォームの極限では，電流は断面積 A_p が一定，したがって単位長さあたりの抵抗が一定の細い導電体のネットワークを介して伝わる（第 3 章参照）．すなわち，電流は正 4 面体ジャンクションで出会う Plateau 境界により運ばれる．Lemlich 式を導くため，実際にはわずかに曲がっている Plateau 境界をまっすぐと見なす．

　以上の仮定から，ネットワーク内の各点におけるポテンシャルを次式で表すことにより，このネットワーク問題の解が直ちに得られる．

$$\phi = -Ex, \tag{E.3}$$

ただし，E は x 方向の電場である．この式は一般的なネットワークには当てはまらないが，今の場合は正しい．なぜなら，式(E.3)のポテンシャルによって各導電体内に生じる電流は，電荷保存（Kirchhoff 条件）にしたがって，4 面体頂点で 0 に加えてもよいことが示されるからである．

　x 軸から θ だけ傾いた方向の電流は次式で与えられる．

$$I = A_p \sigma_l \cos \theta. \tag{E.4}$$

頂点では，4 面体の対称性により $\sum \cos \theta = 0$ だから，電荷は保存される．あとは電流密度を求めるだけである．

付録 E 電気伝導に関する Lemlich 式

電流の x 方向成分は次式で与えられる．
$$I_x = A_p \sigma_l E \cos^2 \theta. \tag{E.5}$$
全長 l_v なる導電体を含む単位体積にわたって式(E.5)を積算する（l_v については 3.1 節参照）．

個々の導電体（すなわち Plateau 境界）の長さと I_x の積が電流密度を与える．よって，
$$j = A_p \sigma_l E l_v \overline{\cos^2 \theta}, \tag{E.6}$$
ただし，$\overline{\cos^2 \theta}$ は平均値を表す．等方的 3 次元フォームについては，$\overline{\cos^2 \theta} = 1/3$．また，$A_p l_v$ は液相体積率 ϕ_l に等しい．

以上から，
$$j = \phi_l \sigma_l E / 3, \tag{E.7}$$
すなわち，
$$\sigma = \frac{1}{3} \phi_l, \tag{E.8}$$
これが Lemlich 式である．

Plateau 境界内ではなく，平らな膜内の電気伝導についても，これとまったく同じ方法で Lemlich 式を証明できる．この場合，電場と θ をなす方向として定義されるのは，平坦膜への法線である．膜内の電流密度は $\sin \theta$ に比例し，その x 方向成分は $\sin^2 \theta$ に比例する．等方的な膜における $\sin^2 \theta$ もしくは $(1 - \cos^2 \theta)$ の平均値は 2/3 であるから，膜の Lemlich 式は $\sigma = 2\phi_l/3$ と書ける．

付録 F
排水方程式

フォームの排水方程式は以下のモデルに基づいて定式化される（第 11 章参照）．

膜内の液体流の排水への影響は完全に無視できるとする．そこで Plateau 境界に沿う流れのみ存在すると仮定する．Plateau 境界は正 4 面体ジャンクションで出会う直線的な水路のネットワークと見なせる．さらにこの水路の流れは Poiseuille 型であり，界面での速度は 0 と仮定する．

Plateau 境界の表記を簡素化するため，さしあたり断面積 $A(x,t)$ なる鉛直な Plateau 境界を考える．x は鉛直方向の距離，t は時間である．非圧縮性流体を考えると，次の連続の式が成り立つ．

$$\frac{\partial}{\partial t}A(x,t)+\frac{\partial}{\partial x}[A(x,t)u(x,t)]=0 \tag{F.1}$$

u は横断面積にわたる流速の平均値である．

Laplace-Young の法則によれば，液圧 p_l とガス圧 p_g との間に次の関係がある．

$$p_l = p_g - \frac{\gamma}{r}. \tag{F.2}$$

なお，$A = C^2 r^2$，$C = \sqrt{\sqrt{3}-\pi/2}$ である．

Plateau 境界の体積要素 $A(x,t)\mathrm{d}x$ を考えると，流れによる散逸力は $-f\eta_l u/A$ で与えられる．ただし，f は Plateau 境界の断面形状因子で $f \approx 49$，η_l は液体の粘度である．

この散逸力が重力 ρg および圧力勾配 $-\partial p_l/\partial x$ と釣り合う．よって，次式が成り立つ．

$$\rho g - \frac{\partial}{\partial x}p_l - \frac{\eta_l f u}{A} = 0. \tag{F.3}$$

これに式 (F.2) を代入して u を求め，次に u を式 (F.1) に代入すると次式が得られる．

$$\frac{\partial A}{\partial t} + \frac{\partial}{\partial x}\left(\frac{\rho g}{f\eta_l}A^2 - \frac{C\gamma}{2f\eta_l}\sqrt{A}\frac{\partial A}{\partial x}\right) = 0. \tag{F.4}$$

フォームの場合，Plateau 境界はすべて鉛直なわけではなく，ランダム配列していると見なせる．Plateau 境界と鉛直線とのなす角を θ とすると，上式の x の代わりに Plateau 境界上の距離 $x_\theta = x/\cos\theta$ を用いる必要がある．同様に，流れ方向の重力 ρg も $\rho g \cos\theta$ に置き換える必要がある．よって，式(F.4)は，次式のようになる．

$$\frac{\partial A}{\partial t} + \frac{\cos^2\theta}{f\eta_1}\frac{\partial}{\partial x}\left(\rho g A^2 - \frac{C\gamma}{2}\sqrt{A}\frac{\partial A}{\partial x}\right) = 0. \qquad (F.5)$$

$\cos^2\theta$ のネットワーク全体にわたる平均が得られる．

$$\langle\cos^2\theta\rangle = \frac{\int_0^\pi \cos^2\theta \sin\theta\, d\theta}{\int_0^\pi \sin\theta\, d\theta} = \frac{1}{3}. \qquad (F.6)$$

この関係は排水が等方的である限り（例えば立方構造の場合）正しい．ランダム構造の仮定は厳密には不要である．

この因子は電気伝導度の理論にも現れる（第9章および付録E参照）．電流がPlateau境界のみを流れる場合，電気伝導は排水と酷似するからである．

式(F.5)は，変数を次のように無次元化することでずっと簡素化される．

$$\xi = x/x_0, \quad \tau = t/t_0, \quad \alpha = A/x_0^2, \quad x_0 = (C\gamma/\rho g)^{1/2}, \quad t_0 = \eta^*/(C\gamma\rho g)^{1/2}$$

ここに，有効粘度 $\eta^* = 3f\eta_1 \approx 150\eta_1$ である．よって，

$$\frac{\partial \alpha}{\partial \tau} + \frac{\partial}{\partial \xi}\left(\alpha^2 - \frac{\sqrt{\alpha}}{2}\frac{\partial \alpha}{\partial \xi}\right) = 0. \qquad (F.7)$$

第2項のかっこ内は無次元の流速を表す．式(F.7)は Goldfarb ら(1988)が最初に導出したもので，Verbist らはこれを「フォームの排水方程式」と呼んだ．

参考文献

Goldfarb, I. I., Kann, K. B. and Shreiber, I. R. (1988). Liquid flow in foams. *Fluid Dynamics* (Official English translation of Transactions of USSR Academy of Science, series Mechanics of Liquids and Gases) **23**, 244-249.

Verbist, G., Weaire, D. and Kraynik, A. M. (1996). The foam drainage equation. *Journal of Physics : Condensed Matter* **8**, 3715-3731.

付録 G
葉　　序

　葉序 phyllotaxis の語源はギリシア語の phullon（葉）と taxis（配列）である。元来，樹幹から出る葉や枝の配列の驚くべき規則性を調べるのに用いられた。今日では，より一般的に，植物設計における対称性および非対称性，例えば葉序パターンの好例とされるヒマワリやヒナギクの頭花の部分にある小筒花のらせん配列をも含んでいる。この種の形態形成を調べるため，非常に複雑な数学的モデルやコンピュータシミュレーションが発達した。

　ここでは，らせん構造の記述法について言及するにとどめる。らせん構造がガラス管内の同一サイズの石けん泡の表面構造とよく似ているからである（13.11 節参照）。

　6 角形の表面セルをよく見ると，らせんが 3 組あり，その各々におけるらせんの数 n をかぞえることができる。

　六方格子の場合，これは 3 つの整数 k, l, m に帰着する。ここでもっとも急勾配のらせんの数を k，2 番目，3 番目の勾配のらせんの数をそれぞれ l, m とする。このような構造を (k, l, m) と表す。すると，次の関係がある。

$$k = l + m \tag{G.1}$$

この表面構造は，それを平面上で転がすことによって六方格子上にマッピングできる。この場合，対応する点はベクトル V により関連づけられる。ベクトル V の大きさは次式で与えられる。

$$V^2 = l^2 + lm + m^2. \tag{G.2}$$

　天然の寄生植物（例えばモミの円錐果における鱗片や，ヒマワリの小筒花）の配列は，一般に Fibonacci 数列 $(1, 1, 2, 3, 5, 8, 13\cdots)$ で表せる。例えばパイナップルは $(5, 8, 13)$ と表せる。

　Fibonacci 数は小枝の葉の配列にもよく現れるようである。葉は幹の両側に交互に並ぶか（ニレ，シナノキ），らせん状に配列する。後者の場合，回転角は 2π の分数倍になり，分数は次のように Fibonacci 数で与えられる：1/3（ブナ，ハシバミ），2/5（オーク，アプリコット），3/8（ポプラ，セイヨウナシ），5/13（ヤナギ，アーモ

ンド).

　Fibonacci 数はフォーム構造を記述する際にはあまり重要でない．したがって，著者らの知る限り，フォームで黄金分割が問題になることはない．

参考文献

Jean, R. V. (1994). *Phyllotaxis. A Systematic Study in Plant Morphogenesis*. Cambridge University Press.

付録 H
液体フォームのシミュレーション

H.1 2次元ドライフォーム

　Kermodeが開発したコンピュータソフトを以下に紹介する．これを使えば，2次元石けんフォームの平衡モデル構造を計算でき，粗大化中あるいは外力でひずまされたときのフォームの機械的性質を見積もることもできる．このソフトは構造変化や機械的性質の解析に有効で，種々の応用が可能である．このソフトはクイーンズ大学ベルファスト校（北アイルランド）のCPCライブラリーから入手できる．ここで用いた方法は，釣り合いの式を解いて頂点座標とセルの内圧を求め，平衡構造を決める方法である．図6.1に計算結果の一例を示す．

　初期構造に周期的な境界条件を与える必要がある．次に構造を修正し，平衡化させ，必要に応じて成長させる．例えば，Voronoi配列（ランダム分布する多数の点で同時に核生成したセルが，同じ速度で成長してできる不規則な構造）を用いたり，完全六方構造を修正したりする．

　図H.1に2次元Voronoi配列と，平衡に達した不規則フォーム構造を示す．

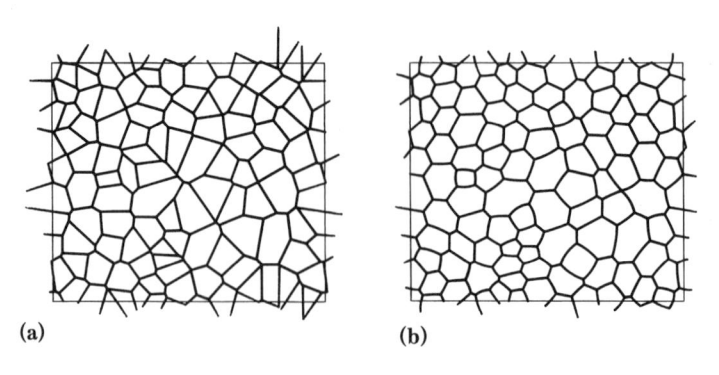

図 H.1 Voronoi配列は，2次元不規則フォームを作るためのよい出発点となる．

ここで重要なのは，平衡後のネットワークの全エネルギーは最小でなく，極小である，ということである．

値を指定しなければならない変数はエッジ間の角度とセル面積であり，ともに頂点座標とセルの内圧の関数である（図 H.2）．短範囲の力によるランダム構造の緩和に関わる類似の数値解析問題との類推から，座標と圧力を局所的に再調整する方法を採用した．すなわち，ある頂点の座標とそれを取り囲む3つのセルの圧力（x, y；p_1, p_2, p_3）の変化を追跡する方法である．すべての頂点について次々に計算し，全エネルギーが収束するまでサイクルを繰り返す（代表的なサイクル数は 10 である）．セル面積（以下，ターゲット面積）一定のもとで平衡条件を満たすように構造を局所的に緩和させる．現時点での構造に関して2次まで拡張すれば，次の5組の線形方程式を容易に導ける．

$$\begin{pmatrix} \frac{\partial A_1}{\partial p_1} & \frac{\partial A_1}{\partial p_2} & \frac{\partial A_1}{\partial p_3} & \frac{\partial A_1}{\partial x} & \frac{\partial A_1}{\partial y} \\ \frac{\partial A_2}{\partial p_1} & \frac{\partial A_2}{\partial p_2} & \frac{\partial A_2}{\partial p_3} & \frac{\partial A_2}{\partial x} & \frac{\partial A_2}{\partial y} \\ \frac{\partial A_3}{\partial p_1} & \frac{\partial A_3}{\partial p_2} & \frac{\partial A_3}{\partial p_3} & \frac{\partial A_3}{\partial x} & \frac{\partial A_3}{\partial y} \\ \frac{\partial \phi_1}{\partial p_1} & \frac{\partial \phi_1}{\partial p_2} & \frac{\partial \phi_1}{\partial p_3} & \frac{\partial \phi_1}{\partial x} & \frac{\partial \phi_1}{\partial y} \\ \frac{\partial \phi_2}{\partial p_1} & \frac{\partial \phi_2}{\partial p_2} & \frac{\partial \phi_2}{\partial p_3} & \frac{\partial \phi_2}{\partial x} & \frac{\partial \phi_2}{\partial y} \end{pmatrix} \begin{pmatrix} \Delta p_1 \\ \Delta p_2 \\ \Delta p_3 \\ \Delta x \\ \Delta y \end{pmatrix} = \begin{pmatrix} \Delta A_1 \\ \Delta A_2 \\ \Delta A_3 \\ \Delta \phi_1 \\ \Delta \phi_2 \end{pmatrix}.$$

粗大化のシミュレーションにおいては，セルの正味の成長速度は von Neumann 則

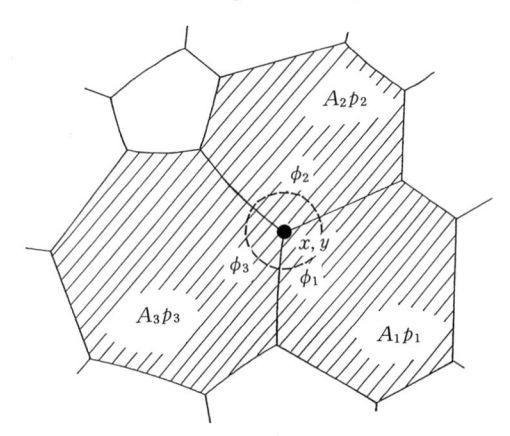

図 H.2 繰り返し法で使われるパラメータ．

で与えられる．ただし，あるしきい値より小さい面積のセルは消滅することもある，ということを確認する必要がある（図3.2参照）．

プログラムはまた T1 過程に対処できなくてはならない（図2.5参照）．T1 過程の効果は，2個のセルの辺を1つだけ減らし，他の2個のセルの辺数を1つだけ増やすことである．T1 過程に対処するためにとるべき方法は，繰り返しの各段階で，隣接する頂点から見たある頂点の位置 R_i と，その頂点の規定された位置変化 Δ とを比較することである．もし，

$$R_i \cdot R_i < R_i \cdot \Delta, \tag{H.1}$$

が満たされれば，T1 過程は進行し，新しい局部構造が計算され，次の計算段階に進む．ここで，図 H.3 に示す2つの局部構造が新たに可能となるため，別の複雑さが加わる．これに対処するには，2つのうち平衡構造により近い方を次式によって判別すればよい．

$$(R_1 - R_2) \cdot R \gtreqless (R_1 - R_2) \cdot R \tag{H.2}$$

ここで，ベクトルの意味は図 H.3 に示すとおりである．この式の不等号 > および < は，それぞれ図 H.3 のプロセス（a）および（b）に対応する．この結果，しばしば平衡構造と大きく異なる構造が得られる．

機械的性質を計算するには，フォームにひずみを与えればよい．これにより，表面エネルギーと応力がわかる．

フォームに引張せん断変形を与えることもできる．すなわち，X（または Y）方向に引張ると同時に，面積を一定に保ちながら Y（または X）方向に押し付ける．

構造の平衡化が済むと，次にフォームの辺の全長が計算され，系の表面エネルギー

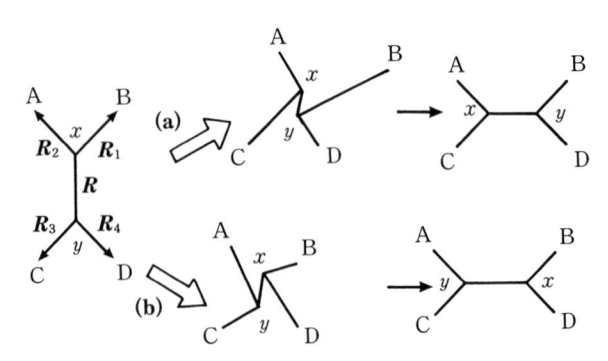

図 H.3 T1 過程を起こさせる場合，（a），（b）いずれかの構造を選択する必要がある．

が求まる.

このソフトにより，以下の諸量が計算できる.
- 辺数の分布, $f(n)$.
- 平均値の周りの $f(n)$ の2次モーメント, μ_2.
- 平均面積と辺数の関係, A_n.
- n 角形セルと隣り合うセルの平均辺数, m_n.
- セル面積の分布, $f(A)$.
- セルの辺長の分布, $f(s)$.
- その他の特殊情報. セル辺数, セル面積, 隣接セルの平均面積と平均辺数など. パラメータ入力により, 特定のセルを選び出せる.

H.2　2次元ウェットフォーム

Plateau境界を含む2次元ウェットフォームの大型サンプルのシミュレーションは，ドライフォームのそれよりはるかに厄介である．ここでは，Boltonが行ったこの種の最初の試みを紹介する．シミュレーション結果の一例が既出の図6.2である．周囲の影響を抑えるため，シミュレーションは周期的境界条件の下で行われた．図6.2のネットワークは(a)(b)とも1つの周期的ボックスを構成している．

H.2.1　フォームネットワークの表記

H.1で述べた2次元ドライフォームのシミュレーション法に従って，ウェットフォームの場合も非常に直接的な表記法を用いる．この場合も，セル，Plateau境界，頂点がプログラムを実行するのに必要な基本構成要素とする（図2.6）．ネットワークの頂点 (x_k, y_k) はセルエッジとPlateau境界が出会う点に位置する．圧力と表面張力の釣り合い条件から，頂点間をつなぐ種々の曲線は単純な円弧となることがわかる．セルとセルの間の円弧の曲率半径は $r_{ij}=2\gamma/(p_i-p_j)$，セルとPlateau境界の間の円弧のそれは $r_{ib}=\gamma/(p_i-p_b)$ である．ただし，p_i と p_j は隣接するセルの内圧，p_b はPlateau境界圧である．よって，ネットワークを正確に表記するには，p_i と p_b との値を知っておく必要がある．

このプログラムは，位相幾何学的な情報のみならず定量的な情報を提供できなくてはならない．前者に関しては，プログラムは構造（セル，Plateau境界，頂点）の情報とそれらの相関関係を確保している．周期的境界条件を取り込むためには，ある頂

点に隣接する頂点が周期的ボックスの境界上にあるかどうかを記録する必要がある．定性的には，我々は頂点座標 (x_k, y_k)，セル面積 A_i，セル圧 p_i，Plateau 境界圧 p_b を把握している（図2.6）．2次元であっても実際との対応をよくするため，圧力 p_b をネットワーク内のすべての Plateau 境界で一定とする．

考慮すべき最後の複雑さは，Plateau 境界を縁取る円弧は大円弧，小円弧のいずれかという問題である（図 H.4）．2つの点を結ぶ曲率半径の等しい円弧は2つあるため，与えられた境界が大小いずれの円弧なのかを指定する必要がある．この問題については，次節でさらに触れる．

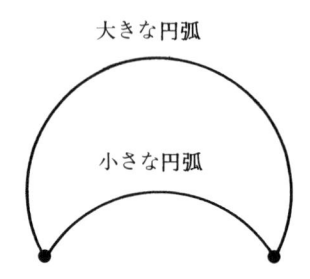

図 H.4 同一の Laplace 圧力差と釣り合う2点間の円弧は大，小2つある．

H.2.2 系の平衡

ネットワークの基本構造を決める変数は頂点座標 (x_k, y_k) とセル圧 p_i である．系が平衡状態にあるかどうかを決める制約条件は以下の2つである．

（1）セル面積が与えられた値 A_i に等しい．
（2）円弧が頂点で互いに接する（図 H.5 で $\theta_1 = \theta_2 = \pi$）．

これらの条件をそのまま適用することによって平衡化を進めることができる．

まず，面積の条件（1）を当てはめて，セル圧 p_i を決める．どの段階でも，p_i は次式で表せる．

$$\Delta p_i = -\frac{\gamma_\mathrm{A} \Delta A_i}{\mathrm{d}A_i/\mathrm{d}p_i} \tag{H.3}$$

ここに，ΔA_i は実際の面積と真の面積との差，$\mathrm{d}A_i/\mathrm{d}p_i$ は数値計算された面積微分，γ_A はアルゴリズムを安定化させるのに必要な調整因子である．この繰り返し演算は，A_i が高い精度で妥当な値に落ち着くまで，あるいは異常な挙動に由来して発散するまで，続けられる．

次に，接線勾配に関する制約（2）を適用して，頂点座標 (x_k, y_k) を決める．座標の

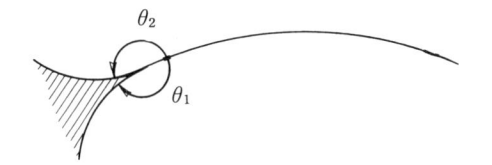

図 H.5 理想化されたモデルで表面張力が釣り合うための条件は $\theta_1=\theta_2=\pi$ である．

増分 $(\Delta x_k, \Delta y_k)$ は次式で計算される．

$$\begin{pmatrix}\Delta x_k \\ \Delta y_k\end{pmatrix}=\gamma_\theta\begin{pmatrix}\dfrac{\partial\theta_1}{\partial x_k} & \dfrac{\partial\theta_1}{\partial y_k} \\ \dfrac{\partial\theta_2}{\partial x_k} & \dfrac{\partial\theta_2}{\partial y_k}\end{pmatrix}^{-1}\begin{pmatrix}\pi-\theta_1 \\ \pi-\theta_2\end{pmatrix},$$

θ_1 と θ_2 は図 H.5 を参照．4 つの微分係数は数値計算される．γ_θ は調整因子である．実際のプログラムでは，増分 $(\Delta x_k, \Delta y_k)$ の大きさを変えたりして，アルゴリズムが十分作動するように努める．初期の平衡化段階とは異なり，この時点でさらに頂点座標を緩和させることはない．

最後に，位相幾何学的な変化が起こるかどうかを知るためのシステムチェックを行う．これによって，Plateau 境界の分離や合体が起こる．位相幾何学的な変化のチェックは頂点座標の増分を変えるたびに行う必要がある．予想外の異常構造によって，プログラムは簡単に破綻してしまうからである．これで 1 つの平衡化のサイクルが完了する．頂点座標の増分の最大値がある収束のしきい値以下になるまで同じプロセスを繰り返す．

ここで用いた圧力および頂点座標の緩和法は初等的だが，反面アルゴリズムが柔軟になるという利点もある．アルゴリズムは克服すべき多くの困難を抱えていることを考えると，これは重要である．様々なサイズの Plateau 境界が非常に多様な振る舞いを示すので，このアルゴリズムは広範囲の気相体積率 ϕ_g に対して作動しなくてはならない．加えて，著しい非平衡状態にも対処できなくてはならない．幸い，このような状況でも，このアルゴリズムは平衡状態に向かって作動する．小さな系での経験ではあるが，我々はこのアルゴリズムが安定な平衡構造をもたらすものと確信している．しかし，証拠があるわけではなく，今後のコンピュータシミュレーションにおける興味ある技術的課題として残されている．今 1 つの重要な問題は，Plateau 境界の円弧の接触角 (θ) が π に近づいたときに起こる．頂点間の距離が増すと，与えられ

た曲率半径の円弧によって頂点と頂点の間をつなぐことができなくなるからである．この制約に対する解は特異的になる．この困難に対処するには，境界部の角 θ を，例えば $|\theta-\pi|>\delta$ というように，π から少しずらせばよい．境界角が π に近づくと（半円に相当），小さな円弧から大きな円弧への転換が起こり得る（図 H.4）．このことはセルがきわめて不安定な状態にあり，ひとたび円弧の転換が起こるとセルが今の位置から隣の「ポケット」へ移ることを意味し，物理的に興味ある内容を含んでいる．

H.2.3 計算されたフォームの一般化と修正

フォームの一般化のために，まずランダム Voronoi フォームを作る．初期 Voronoi 配列は不規則度を変えることによって容易に一般化できる．この Voronoi 配列は Plateau 境界をまったく含まないドライフォームと見なせる．よって，次のステップは，Voronoi 配列内の各頂点を小さな3角状 Plateau 境界に置き換えることである．これで位相幾何学的な準備は整ったが，平衡構造には程遠いので，平衡化アルゴリズムを用いて，このフォームを小さな Plateau 境界を含む正しい構造に緩和させる．気相体積率 ϕ_g が減少すると何が起こるかを調べるには，ϕ_g を現在の状態からより大きな Plateau 境界を含む状態まで徐々に減らすようなアルゴリズムが必要となる．この作業は，基本的には，個々のセル面積を少し減らし，この新しい面積制約条件の下でフォームを平衡化させることによって行うことができる．このプロセスは段階的に，かつ規格化面積 $A_i/A=$ 一定という条件下で行われる（A は平均セル面積）．

このシミュレーションプログラムは外部からの伸張に対するフォームの応答を調べるのにも使われている（図 8.1 参照）．伸張ひずみとして Hencky のひずみパラメータ ε を用いるのが便利である．ここで，1辺 l なる正方形を，面積を保ったまま，辺長 $le^{+\varepsilon}$, $le^{-\varepsilon}$ なる長方形に変形したときのひずみ ε を Hencky のひずみと定義する．ひずみを微小量 $\Delta\varepsilon$ だけ付与し，構造を各ステップごとに平衡化させる．有限のひずみに対して，応力はエネルギーを（第8章で用いた線形ひずみではなく）Hencky ひずみで微分して得られる．レオロジー特性も，エネルギー E のひずみ ε 依存性から求められる．エネルギーの不連続的変化はフォーム内でのセルの形状変化を意味する．

H.2.4 ウェットフォームの限界点における フォーム崩壊の検出

気相体積率 ϕ_g を減らしてゆくと，フォームが崩壊して泡がばらばらになる限界点（ウェット限界）に至る．このプログラムはこの事象の開始点を検出できる．Plateau 境界が周期的ボックス内にしみ出るか否かを決める臨界点があるからである．ある Plateau 境界上の1つの頂点を選び，ついで境界上を頂点から頂点へ移動して行けば，同じ周期的ボックス内の起点に立ち戻るだろう．しかし，Plateau 境界がしみ出ると，奇妙にも出発時とは別の周期ボックス内の起点と再結合する．このような不測の事態は，Plateau 境界がちょうど合体しようとする際に確認することができる．

H.3 3次元フォームのシミュレーション (Surface Evolver)

Surface Evolver は，張力，圧力，重力などの作用下での平衡表面を調べるためのコンピュータソフトである．1990年代半ばに Brakke が中心となって開発したもので，その後応用範囲と柔軟性を増した改訂版が一般的に入手できるようになった．この分野だけではあるが，このソフトは劇的なインパクトを与え，他の分野でも，基礎・応用を問わず多くの用途を見出している．

ワイヤ枠，壁，閉じた空間など，石けん泡を取り巻く環境に応じて種々の制約条件もしくは境界条件が規定される．気体の拡散も考慮できる．ウェットフォームを表す単一表面と2重表面の組み合わせも構築できる．

Surface Evolver の最も簡単な形は，3角形のフラットタイルの碁盤目状配列による表面の表記である（例えば図6.4参照）．相応しい精度を持たせるために，この表記に様々な洗練化と改良が加えられている（図6.4，6.6参照）．

洗練化の単純な方法は，1つの3角形の3辺の中点を新しい頂点とする4個の3角形で置き換えることである（図 H.6 参照）．

頂点を調整することにより全表面エネルギーを繰り返し減少させるため，このソフトでは勾配減少法を用いる．このエネルギーは単純に表面積で与えられるが，その量は表面積分として表記される．発散定理によれば，重力と圧力は以下のように表せる．

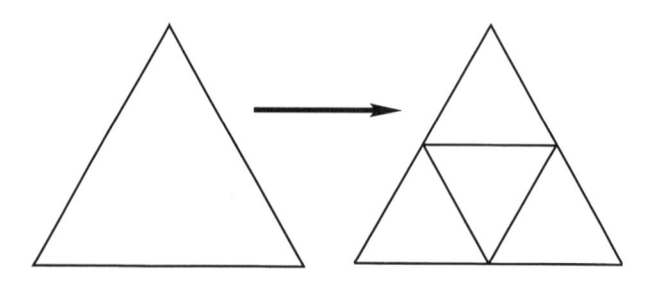

図 H.6 1枚の3角タイルを4等分することでモザイク化が可能である．

$$E_{\text{gravity}} = \rho g \iint \frac{z^2}{2} \boldsymbol{n} \cdot \mathrm{d}\boldsymbol{S} \tag{H.4}$$

$$E_{\text{pressure}} = -p \iint z \boldsymbol{n} \cdot \mathrm{d}\boldsymbol{S} \tag{H.5}$$

ここで，$\boldsymbol{n}$ は単位ベクトルである．

収束性や，魅力的だが真のエネルギー最小でないと考えられている構造を調べる方法がある．他の多くの特徴も引き続き加味され，その内容は関心のあるユーザーに定期的に配信されている．

現時点で重大な欠陥が1つだけある．必要なときに，位相幾何学的な変化を自動的に起こさせる手段がないことである．

参考文献

Bolton, F. and Weaire, D. (1991). The effects of Plateau borders in the two-dimensional soap froth. I. Decoration lemma and diffusion theorem. *Philosophical Magazine* **B63**, 795-809.

Bolton, F. and Weaire, D. (1992). The effects of Plateau borders in the two-dimensional soap froth. II. General simulation and analysis of rigidity loss transition. *Phil. Mag.* **B65**, 473-487.

Brakke, K. (1992). The Surface Evolver. *Experimental Mathematics* **1**, 141-165.

Kermode, J. P. and Weaire, D. (1990). *Comp. Phys. Commun.* **60**, 75-109.

Phelan, R. (1996). Foam Structure and Properties (Ph. D. thesis). University of Dublin.

付録

2次元固体フォームのシミュレーション

固体フォームの弾性エネルギーを表す式（式(16.1)，(16.2)，(16.3)）をどのようにコンピュータシミュレーションに取り込むかを以下に示す．頂点の曲げエネルギーについても計算する．

まず，連続曲線（セルエッジ）を間隔 l_i なる不連続な点で表す（図I.1）．次に，積分を総和の形に直す．

伸長のエネルギー（式(16.2)）は次のように表せる．

$$E_{\text{stretch}} = \frac{1}{2} k_s \sum_i \left(\frac{(l_i - l_{i;0})^2}{l_{i;0}} \right) \tag{I.1}$$

l_i は伸長前の素片の長さ，総和はネットワーク内のすべての素片についてとる．

同様にして，曲げエネルギーは次式で与えられる．

$$E_{\text{bend}} = \frac{1}{2} k_b \sum_{i \neq j} (c_{i,j} - c_{i,j;0})^2 \left(\frac{l_{i;0} + l_{j;0}}{2} \right) \tag{I.2}$$

曲率 $c_{i,j}$ は次式で与えられる．

$$c_{i,j} = \frac{\theta_{i,j}}{(l_i + l_j)/2} \tag{I.3}$$

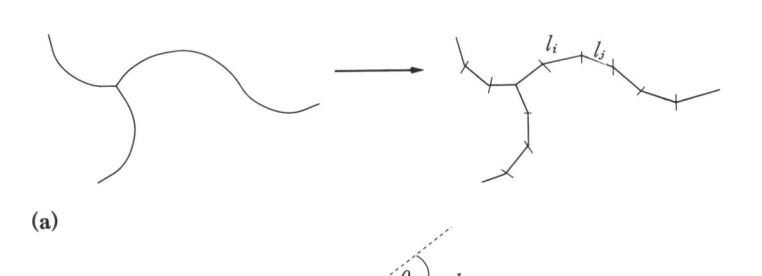

図 I.1 セル壁の細分化．

ただし，$\theta_{i,j}$ は素片 l_i と l_j のなす角（図 I.1），$c_{i,j;0}$ は変形前の曲率である．ハニカムの直線的なエッジの曲率は 0 である．

ここで，曲げエネルギーを各頂点と関連づける問題が残されている．このエネルギーは隣り合う 3 つのセルエッジの曲げに由来して，不連続点モデルでの各頂点の変化によって表すことができる．かくして，式(I.2)と式(I.3)の演算を実行できるが，3 つの頂角のすべてについて総和をとる場合，正解を得るには補正因子 2/3 を乗じる必要がある．

索　引
(五十音順)

あ
アルコール醸造 …………………………108
アワフキムシ …………………………224
アンチバブル …………………………201-203
アンチフォーム …………………………203

い
異常粘性挙動 …………………………122
位相幾何学的な変化………10,12,38-41,
　　250,253
板状フォーム …………………………175
一般的黒膜…………………………78,156

う
ウェットフォーム…9,27-29,47,105,116
　　──のエネルギー …………………41
　　──の限界(点)…8,43,116,174,255
　　2次元── ……………………84,251
海 …………………………………………221

え
液相体積率 ……………………31,40,68-70
液面保留時間………………………………57
エッジ ……………………………………6,26
エマルジョン ………………………4,194,195
エラストマーフォーム ……………………208

お
応力-ひずみ曲線…………………………122
オープンセル型固体フォーム ………205

か
ガーネット膜 ……………………195,196

界面活性剤…………………………7,51,155
海綿骨 ……………………………224,225
化学分解法 ………………………………207
核磁気共鳴(NMR) ………………………74
核生成法……………………………………52
ガス吹き込み法 ……………………52,55
干渉縞………………………………………77

き
キャパシタンス ……………………69-71,150
強制排水 …………………………53,134,136,141
　　──試験 …………………………………56
曲率……………………………23,24,35,232
　　Gauss── ……………………23,37
　　──駆動成長 ………………………192
銀河クラスター ………………………191
金属フォーム ……………………3,215-220
金属フレーム ……………………………232

く
クリープ……………………………………122
クリーミング ………………………131,194
クローズドセル型固体フォーム ……205
黒膜 ……………………………………78,156,157

け
蛍光…………………………………………86
結合点(部)……………………………6,28,127
結晶粒構造 ………………………………192
結晶粒成長 ………………………………193

こ
光学トモグラフィ ……………………64-66

剛性喪失点 ·················113
剛性率(弾性率)·········11,110,112,208
剛体膜 ····················158
降伏応力 ·············12,110,123
固体フォーム ········3,4,205,257
　　　オープンセル型——············205
　　　クローズドセル型——············205
骨粗鬆症 ·················226
孤立波 ····················141
コルク ················223,224
コロイド粒子 ·············155
混合気体 ·················108
コンダクタンス·············73

さ

座屈 ················212,213
3次元単分散フォーム ·········164
3次元フォーム ·············85

し

磁気共鳴画像（MRI）········73,150
磁気流体 ·················195
磁性泡 ····················195
磁性ドメイン ·············97
ジャンクション ·········6,28
シャンプー ···············186
シャンペン ···············187
　　　——コルク ···········224
修飾定理 ·······28,36,116,239-241
自由排水 ··············136,145
重力 ······················131
酒石英 ···················187
準安定状態 ··············9
準静的 ··············110,125
消火用フォーム ···········189
伸長のエネルギー ·········257
浸透圧 ·············29,43,45,195

振盪法·····················52

す

数密度 ·····················31
スケーリング則·······12,95-98,100-103
スパージング法··············52

せ

石油回収 ·················190
石けん ················51,186
　　　——泡 ················2
繊維光学プローブ··········76
遷移領域 ·················103
洗剤水溶液 ···············51
せん断応力 ···············110
せん断弾性係数············11

そ

相対伝導度·················73
総和則·····················35
塑性変形 ············110,115
粗大化 ···10,12,95-98,105-108,163,198
　　　——理論 ··············106
損失弾性率 ···············121

た

体心立方構造 ···············167
体積弾性率 ···············113
多重散乱(光の) ········63,79,100
多重頂点 ············39,47-49,235
多重 Plateau 境界 ········37,46
断熱材料 ·················212
単分散(フォーム) ·······52,55,62,162,
　168,169
　　　2次元—— ··············162

ち

蓄積エネルギー …………………………217
柱状フォーム……………64, 169, 178-182
頂点モデル ………………………88-90
調和ポテンシャル ………………………93
貯蔵弾性率 ……………………………121

て

定常的排水 ……………………………149
T2過程 …………………………………38
T1過程 …………………………27, 38, 250
電気的斥力 ……………………………156
電気的2重層 …………………………156
電気伝導(度)………69-70, 126-129, 138, 242, 243
天然スポンジ …………………………206

と

等周問題 ………………………………237
ドライフォーム ………………… 6, 26, 27
　　　　——の極限 ………………40, 113
　　　　2次元——…………… 25, 45, 82
トリプルバブル ………………………202

な

なだれ現象 ……………………118, 119

に

2次元ウェットフォーム ………… 84, 251
2次元断層画像 …………………………64
2次元単分散規則フォーム ……………162
2次元ドライフォーム ……………25, 82
　　　　——の4重点……………………45

ね

熱伝導度 ………………………212, 214
粘性挙動 ………………………………120

異常—— ………………………………122
粘性抵抗 ………………………………110

は

排水………………………………12, 136, 194
　　自由—— ……………………136, 145
　　強制—— …………53, 134, 136, 141
　　定常的—— …………………………149
　　——方程式 …142-145, 147, 244, 245
薄化 ……………………………………157
8重頂点 …………………………49, 235
発泡金属 ………………………………215
発泡剤 …………………………………51
　　——添加法 …………………………207
発泡性 …………………………………55
発泡抑制剤 ……………………………160
ハニカム構造 ……103, 114, 162-164, 176
バブルクラスター ……………………237
パン ……………………………………206
反転 ……………………………………239

ひ

ビール ………………………2, 52, 57, 187
光ファイバ ……………………………76
微小重力状態……………………………57
ヒステリシス …………………122, 208
非線形偏微分方程式 …………………142
表面液体分率……………………………50
表面エネルギー ………………………231
表面積最小化……………………………86
表面セル ……………164, 169, 175, 176
表面張力………………………23, 154, 231

ふ

フィルム ………………………………128
フェース ……………………………6, 26
フォームパーティー …………………186

262　索　引

フォーム分留 …………………188
フォーム抑制剤 ………………160
複素剛性率 ……………………121
沸騰法 …………………………207
物理的発泡法 …………………219
負の Poisson 比 ………………209
浮遊選鉱 ………………………188
フラクタルフォーム …………182
プリズム状セル ………………223
浮力 ……………………………133
不連続点表示モデル …………210
フロート …………………………1
分布関数 …………………………32
粉末冶金法 ……………………217
分離圧力 …………………………25

へ
平均液相体積率 …………………68

ほ
崩壊 ……………………………13,154
ポリウレタンフォーム …………3,206
ポリスチレンフォーム ………206,207

ま
マイクロエマルジョン ………194
膜厚測定 …………………………77
曲げエネルギー ………………257

み
ミセル …………………………155

密度分布 ……………………71,131
ミツバチ ……………163,177,178

め
面心立方構造 …………………167

も
毛管定数 ………………………132

や
軟らかい物質 …………………19,110

ゆ
有効直径 …………………………31

よ
葉序 ……………………………246
4 面体頂点 ………………………27

ら
卵白 ……………………………187

り
理想的空間充填セル …………167
立体配置による斥力 …………156
粒成長 ………………………191-194
稜 ………………………………6,26
両極性 ……………………………7
臨界ミセル濃度 ………………155

索 引
(アルファベット順)

A
Aboav ······18, 100
Aboav の式 ······34
Aboav-Weaire 則 ······34, 35
Archimedes の原理 ······68
Ashby, M. F. ······207, 210

B
Bikerman 試験 ······56
Bingham モデル ······110, 123
Bloch 壁 ······198
Bolton, F. ······251
Born 斥力 ······156
Boyle, R. ······78
Boys, C. V. ······18
Brakke ······85, 175

C
Clark ······129
Coxeter の式 ······37
Culman ······224

D
de Gennes ······110
Dodd, J. D. ······62
Durian, D. J. ······93, 116

E
Earnshaw, J. ······119
Euler-Lagrange 方程式 ······233
Euler の式 ······33, 36

F
Fejes Tóth ······178
Fick の法則 ······97
Flyvbjerg, H. ······107
Fomenko ······17
Fortes, M. A. ······60
Frankel ······17
Frank-Kasper 相 ······173
froth ······1
funeous ······10, 209

G
Gauss 曲率 ······23, 37
Gibbs 弾性 ······159
Gibbs-Marangoni 効果 ······159
Gibson, L. J. ······207, 210
Glazier, J. ······99, 100
Godrèche, C. ······35

H
Hales ······174
Henry ······17
Hirt ······54
HRV ······57

K
Kawasaki, K. ······88
Kelvin ······15, 18, 164-168, 233
Kelvin 構造(フォーム,充塡) ······32, 41, 62, 103, 167-170
Kelvin 問題 ······164, 173
Keplar 問題 ······174

Koehler, S. ……………………80
Kraynik ……………………144, 175
Kusner, B. ……………………36

L

Lake ……………………209
Lamarle, E. ……………………27, 234
Lamarle の定理 ……………………234
Langmuir 単分子層 ……………………199
Laplace の法則 ……………23, 25, 28, 240
Laplace-Young の法則 ……23, 231, 244
Lawrence ……………………78
Lemlich, R. ……………………126
Lemlich 式 ……………………242

M

Matzke, E. B. ……………………61, 168
Matzke の実験 ……………………61, 62, 168
Maxwell, J. C. ……………………17
Maxwell の式 ……………………128
Monnereau, C. ……………………106
Morgan, F. ……………………237
MRI ……………………73, 150
Mysels ……………………17, 158

N

Neumann 則 ……………35, 98, 99, 250
Newton 型の黒膜 ……………78, 156, 157
NIBEM 法 ……………………57
NMR ……………………74

P

Perrin ……………………195
Phelan, R. ……………………86, 175
Pittet, N. ……………………69, 180
Plaskowski ……………………69
Plateau, J. ……………………14, 16, 26, 50

Plateau 境界 ……6-8, 24, 26-28, 31, 32, 41, 47-50, 84, 106, 126, 136-139, 159, 239, 242, 244, 251
　多重—— ……………………37, 46
Plateau 問題 ……………………233
Plateau の法則 ……………………26-28
Plateau の規則 ……………………45, 234
Poiseuille 型 ……………………244
Poiseuille 流れ ……………………136
Poisson 比（負の）……………………209
Potts モデル ……………………90-92
Princen ……………………19, 45
Princen の式 ……………………44
Prins ……………………75

R

Rämme ……………………19
Rayleigh 不安定 ……………………46
Ronteltap ……………………75
Rudin テスト ……………………56

S

Schwarz ……………………237
Shell 研究所 ……………………71
Shinoda ……………………17
Smith, C. S. ……………15, 18, 88, 100
Stamenovic 式 ……………………115
Stavans, J. ……………………100
Surface Evolver ……41, 65, 85-88, 255

T

T1 過程 ……………………27, 38, 39, 250
T2 過程 ……………………38, 40
Taylor, J. ……………………27, 234
Thomas ……………………64
Thompson, D. W. ……………………18, 221
Thomson, W. ……………………15, 18, 164

V

van der Waals力 ……………………156
Verbist, G. ………………………245
Voronoi配列 ………………82, 248

W

Weaire-Phelan構造（フォーム）……41,
　170-174
Weierstrass……………………237
Wolffの法則 ……………………224

訳者略歴

大塚　正久（おおつか　まさひさ）
　1966年　東京大学工学部冶金学科卒業
　現　在　芝浦工業大学工学部材料工学科教授
　　　　　工学博士

佐藤　英一（さとう　えいいち）
　1983年　東京大学工学部金属材料学科卒業
　現　在　宇宙航空研究開発機構宇宙科学研究本部助教授
　　　　　工学博士

北薗　幸一（きたぞの　こういち）
　1994年　京都大学工学部金属加工学科卒業
　現　在　宇宙航空研究開発機構宇宙科学研究本部助手
　　　　　博士（工学）

THE PHYSICS OF FOAMS

2004年7月10日　第1版1刷発行

訳者の了解により検印を省略いたします

泡 の 物 理

著　者　Denis Weaire
　　　　Stefan Hutzler

訳　者　大塚　正久
　　　　佐藤　英一
　　　　北薗　幸一

発行者　内田　悟
印刷者　山岡景仁

発行所　株式会社　内田老鶴圃ほ　〒112-0012　東京都文京区大塚3丁目34番3号
　　　　電話（03）3945-6781（代）・FAX（03）3945-6782
　　　　印刷/三美印刷K.K.・製本/榎本製本K.K.

Published by UCHIDA ROKAKUHO PUBLISHING CO., LTD.
3-34-3 Otsuka, Bunkyo-ku, Tokyo 112-0012, Japan

U. R. No. 535-1

ISBN 4-7536-5095-2 C3042

ギブソン・アシュビー著
セル構造体　　多孔質材料の活用のために
大塚正久訳　A5・504頁・定価8400円（本体8000円）

Allen & Thomas
物質の構造　　マクロ材料からナノ材料まで
斎藤秀俊・大塚正久共訳　A5・548頁・定価9240円（本体8800円）

アシュビー・ジョーンズ著
材料工学入門　増訂版
堀内　良・金子純一・大塚正久共訳　A5・376頁・定価5040円（本体4800円）

アシュビー・ジョーンズ著
材料工学
堀内　良・金子純一・大塚正久共訳　A5・488頁・定価5775円（本体5500円）

アシュビー著
機械設計のための材料選定
金子純一・大塚正久訳　B5・384頁・定価9240円（本体8800円）

金属電子論　上・下
水谷宇一郎著　（上）A5・276頁・定価3150円（本体3000円）　（下）A5・272頁・定価3360円（本体3200円）

X線構造解析
早稲田嘉夫・松原英一郎著　A5・308頁・定価3990円（本体3800円）

高温強度の材料科学　改訂版
丸山公一編著・中島英治著　A5・352頁・定価6510円（本体6200円）

ブルックス他著
金属の疲労と破壊
加納　誠・菊池正紀・町田賢司訳　A5・360頁・定価6300円（本体6000円）

材料強度解析学　　基礎から複合材料の強度解析まで
東郷敬一郎著　A5・336頁・定価6300円（本体6000円）

液晶の物理
折原　宏著　A5・264頁・定価3780円（本体3600円）

定価（本体価格＋税5％）は2004年7月現在.